高职高专土建类"十二五"规划教材

建筑施工组织

主　编　赵继伟　刘　强
副主编　侯旭华　孔庆健　张　蓓　杨　丹
参　编　侯旭魁　刘　宇　张晓云

东南大学出版社
·南京·

内容简介

　　本书是根据高等职业教育人才培训目标编写而成,全面系统地介绍了建筑施工组织的理论和方法,并列举了实际案例。主要内容包括建筑施工组织概论、施工准备工作、建筑工程流水施工、网络计划技术、施工组织总设计、单位工程施工组织设计、建筑工程施工进度计划的控制与应用和施工组织设计案例。表述力求言简意赅,便于读者接受和掌握。每章之后均有一定数量的思考题与习题,以便学生巩固所学知识。

　　本书采用了国家最新公布的施工规范与技术标准,系统地介绍了工程施工组织的基本知识、基本理论与方法,便于学生熟练地掌握建筑施工组织设计的编制方法。

　　本书主要适用于高职高专建筑工程技术、建筑工程管理等土建类专业教学用书,也可作为岗位培训、工程类执业资格考试人员的参考用书。

图书在版编目(CIP)数据

建筑施工组织 / 赵继伟,刘强主编. —南京:东南大学出版社,2015.10(2018.7 重印)
ISBN 978 - 7 - 5641 - 6053 - 1

Ⅰ.①建… Ⅱ.①赵…②刘… Ⅲ.①建筑工程-施工组织-高等职业教育-教材 Ⅳ.①TU721

中国版本图书馆 CIP 数据核字(2015)第 237352 号

建筑施工组织

出版发行:东南大学出版社
社　　址:南京市四牌楼 2 号　邮编:210096
出 版 人:江建中
责任编辑:史建农　戴坚敏
网　　址:http://www.seupress.com
电子邮箱:press@seupress.com
经　　销:全国各地新华书店
印　　刷:南京京新印刷有限公司
开　　本:787mm×1092mm　1/16
印　　张:14.25
字　　数:365 千字
版　　次:2015 年 10 月第 1 版
印　　次:2018 年 7 月第 3 次印刷
书　　号:ISBN 978 - 7 - 5641 - 6053 - 1
印　　数:4001—6000 册
定　　价:42.00 元

本社图书若有印装质量问题,请直接与营销部联系。电话:025 - 83791830

前　言

本书是根据高职高专土建类专业的教学需求,结合多年的工学结合人才培养经验,依据现行国家相关规范、标准和技术规定等编写而成。在保证理论知识系统性和完整性的前提下,注重理论联系实际,突出使用性,并注重能力培养,力求做到特色鲜明,条理清晰,结构合理,可操作性强,有利于学生对理论的学习和实践技能的培养。

本书在编写过程中,为了适应建筑业改革与发展的形势,满足教学和实际工作的需要,编者在总结多年教学与实践经验的基础上,根据专业人才培养目标的基本要求,并以"必需、够用"为原则来确定本书的编写大纲、结构和内容。

本书主要讲述建筑施工组织概论、工程施工准备工作、建筑工程流水施工、工程网络计划技术、施工组织总设计、单位工程施工组织设计、建筑工程施工进度控制及工程施工组织设计实例等。

本书主要特色如下:

(1) 坚持"以应用为目的,专业理论知识以需求够用为度"的原则,注重理论联系实际的适用性,突出建筑施工组织的实践性。

(2) 书中提供了丰富的案例和解析,深入浅出、通俗易懂,以培养和提高学生解决问题的能力为最终目的,力求体现高等职业技术教育的特色,达到培养高等技术应用型专业人才的目标。

(3) 本书全面兼顾施工组织设计的各个环节,重点突出分项工程施工组织,兼顾施工企业要求的专业性和多元性要求之间的矛盾和学生的就业方向的不确定性,本书所讲知识力求全面,为学生的再学习和持续提高打下基础。

(4) 本书编写中将目前项目施工中较为关注的工程施工进度控制管理问题的相关内容单独列为一章,是本教材的一个特色。

(5) 本书各章均设置了丰富的复习思考题,利于读者巩固所学知识。同时,编写内容还与当前的执业资格考试内容相结合,方便相关工程技术人员备考,这是本书的另一个特色。

本书由济南工程职业技术学院赵继伟、刘强任主编;山东建筑大学侯旭华,济南工程职业技术学院孔庆健、张蓓,武汉工程职业技术学院杨丹任副主编;淄博福田建筑安装有限公司侯旭魁,济南工程职业技术学院刘宇、张晓云参加编写。具体编写分工如下:侯旭华编写第1章,侯旭魁、杨丹编写第2章,刘强编写第3章,赵继伟编写第4章,孔庆健编写第5章,刘宇编写第6章,张蓓编写第7章,张晓云编写第8章。全书由赵继伟和刘强统稿并定稿。

在本书的编写过程中,我们参阅和引用了相关专家和学者的著作,在此对他们致以衷心的感谢!

由于编者水平所限,书中难免存在缺点、错误和不足,诚挚希望读者提出宝贵意见,给予批评指正。

编 者

2015 年 7 月

目　录

1

建筑施工组织概论

教学内容

本章为建筑工程施工组织的基础知识，主要介绍了建筑工程施工组织研究对象和任务；基本建设和施工程序的概念及其构成；根据建筑产品及其生产的特点，叙述施工组织的复杂性和编制施工组织设计的必要性；介绍了施工组织的概念、分类及作用。

教学要求

理解建筑工程施工组织研究对象和任务；理解基本建设程序，掌握建筑施工程序的主要阶段（环节）；熟悉建筑产品的特点及建筑产品生产特点；明确施工组织设计的概念、作用及分类。以便对建筑工程施工组织有一个初步认识。

【引例】

某工程位于某市建设路北侧，东、西均有建筑物，总建筑面积 13 518.66 m²，局部地下室为水泵房，其面积 126.53 m²，建筑物高度 42.6 m，主楼 10 层，附属用房 5 层，框架结构。基础采用钻孔混凝土灌注桩，外墙采用 390 mm 加气混凝土砌块，填充墙采用 190 mm 厚和 90 mm 厚加气混凝土砌块，内外墙装饰均为涂料。屋面采用 SBS120 防水卷材两层。本地区夏季主导风向东南风，最高气温 41.8℃；冬季主导风向西北风，最低气温—16.7℃；最大风力 7～8 级；雨季时期为 7、8 月份；地表有 50 cm 耕土层，以下为砂质黏土，地下水深度—18 m。施工用砖、砂、石子等地方材料由施工单位备料并运到施工现场；钢材、木材、水泥由建设单位申报指标，交施工单位组织备料，负责运到现场。本工程拟定于 2008 年 8 月 1 日正式开工，2009 年 11 月 30 日完工。请思考，根据这些原始资料，本工程开工前，都需要做些什么？

随着建筑技术的现代化发展和进步，建筑产品的施工生产已成为一项综合而复杂的系统工程。无论是在规模上还是在功能上，它们有的高耸入云，有的跨度巨大，有的深入水下，这就给施工带来许多复杂和困难的问题。要做好施工准备工作就应该进行拟建工程的实地勘测和调查，获得有关数据的第一手资料，这对于拟定一个先进合理、切合实际的施工组织设计是非常必要的。如何在施工季节和环境、工期的长短、工人的水平和数量、机械装备程度、材料供应情况、构件生产方式、运输条件等众多因素影响下，选出最优、最可行的方案，是施工人员在开始施工之前必须解决的问题，也是本章学习的重点内容。

1.1 建筑施工组织的研究对象和任务

1.1.1 建筑施工组织的研究对象

建筑施工组织就是针对建筑产品(一个建筑项目或单位工程等)生产(即施工)过程中生产诸要素(劳动力、材料、机具、资金、施工方法等)进行统筹安排与系统管理的学科。因此,建筑施工组织就是针对建筑工程施工的复杂性,探讨与研究工程建设的统筹安排与系统管理的客观规律,根据工程项目(产品)单件性生产的特点,进行特有的资源配置的生产组织。

不同的建筑物或构筑物均有不同的施工方法,即使按照同一个标准设计的建筑物或构筑物,因为建造地点的不同,其施工方法也不可能完全相同,所以根本没有完全统一的、固定不变的施工方法可供选择,应根据不同的拟建工程,编制不同的施工组织设计。这样必须详细地研究工程的特点、地区环境和施工条件的特征,从施工的全局和技术经济的角度出发,遵循施工工艺的要求,合理地安排施工过程的空间布置和时间排列,科学地组织物质资源的供应和消耗,把施工中各单位、各部门及各施工阶段之间的关系更好地协调起来。这就需要在拟建工程开工之前,进行统一部署,并通过施工组织设计科学地表达出来。

1.1.2 建筑施工组织的任务

本学科的任务在于深入研究国内外施工组织与管理科学的成就,总结我国施工组织与管理实践的规律,给建设工程的施工提供良好的组织与管理方案,为社会主义现代化建设服务。具体来讲,就是根据建筑施工的技术经济特点、国家的建设方针政策和法规、业主(建设单位)的计划与要求、施工现场的条件与环境,对人力、资金、材料、机械以及施工方法等进行合理的安排,协调各种关系,使之在一定的时间和空间内有组织、有计划、有秩序地施工,使整个工程施工在可能的范围内达到最佳效果。即进度符合业主合同要求、质量优、成本低。

在我国,建筑施工组织与管理作为一门学科还很年轻,也还不够完善,但正日益引起广大施工管理者的重视,因为科学的施工组织与管理可为企业带来巨大的经济效益。目前,建筑施工组织与管理学科已作为建筑工程专业的必修课程,也是工程项目管理者必备的知识。

学习和研究建筑施工组织与管理,必须具有本专业的基础知识、建筑结构知识和施工技术知识。进行施工的组织与管理工作,是对专业知识、组织管理能力、应变能力等的综合运用。目前,在施工组织与管理中还引入了现代化的计算机技术以及组织方法(即采用立体交叉流水作业等),以使得在组织施工和工程的进度、质量、安全、成本控制中,达到更快、更准、更简便的效果。

必须指出,施工对象千差万别,需要组织协调的关系错综复杂,不能局限于一种固定不变的管理方法与模式,必须充分掌握施工的特点和规律,从每一个环节入手,做到精心组织,科学管理与安排,制定切实可行的施工组织设计,并据此严格控制与管理,全面协调施工中的各种关系,充分利用各种资源以及时间与空间,以取得最佳效果。

1.2　基本建设程序与建筑施工程序

1.2.1　建设项目及其组成

基本建设项目,简称建设项目,一般指在一个总体设计或初步设计范围内组织施工,建成后具有完整的系统,可以独立地形成生产能力或使用价值的建设工程。在工业建设中,一般以拟建的厂矿企业单位为一个建设项目,如一个棉纺厂、一个制药厂等;在民用建设中,一般以拟建的企事业单位为一个建设项目,如一所大学、一所医院等。

【知识链接】

根据国家《建筑工程施工质量验收统一标准》(GB 50300—2013)规定,工程建设项目可分为单项工程、单位工程、分部工程、分项工程和检验批。

1）单项工程

单项工程是指一个建设项目中,具有独立的设计文件,能够独立组织施工,竣工后可以独立发挥生产能力或效益的工程。一个建设项目,可由一个单项工程组成,也可由若干个单项工程组成。如一所大学中的教学楼、图书馆、宿舍楼等。

2）单位工程

具备独立施工条件并能形成独立使用功能的建筑物及构筑物为一个单位工程。工业建设项目(如各个独立的生产车间、实验大楼等)、民用建筑(如学校的教学楼、食堂、图书馆等)都可以称为一个单位工程。单位工程是工程建设项目的组成部分,一个工程建设项目有时可以仅包括一个单位工程,也可以包括许多单位工程。从施工的角度看,单位工程就是一个独立的交工系统,在工程建设项目总体施工部署和管理目标的指导下,形成自身的项目管理方案和目标,按其投资和质量的要求,如期建成交付生产和使用。对于建设规模较大的单位工程,还可将其能形成独立使用功能的部分划分为若干子单位工程。

由于单位工程的施工条件具有相对的独立性,因此,一般要单独组织施工和竣工验收。单位工程体现了工程建设项目的主要建设内容,是新增生产能力或工程效益的基础。

3）分部工程

分部工程是按单位工程的专业性质、建筑部位划分的,是单位工程的进一步分解。一般工业与民用建筑可划分为地基与基础工程、主体结构工程、装饰装修工程、屋面工程,其相应的建筑设备安装工程由给水、排水及采暖、建筑电气、通风与空调工程、电梯安装工程等组成。

当分部工程较大或较复杂时,可按材料种类、施工特点、施工程序、专业系统及类别等划分为若干子分部工程。如主体结构又可分为混凝土结构、砌体结构、钢结构、木结构等子分部工程。

4）分项工程

分项工程是分部工程的组成部分，一般是按主要工种、材料、施工工艺、设备类别等进行划分。例如，砖混结构的基础，可以分为挖土、混凝土垫层、砌砖基础、回填土等分项工程；主体混凝土结构可以分为安装模板、绑扎钢筋、浇筑混凝土等分项工程。分项工程是建筑施工生产活动的基础，也是计量工程用工用料和机械台班消耗的基本单元。分项工程既有其作业活动的独立性，又有相互联系、相互制约的整体性。

5）检验批

分项工程可由一个或若干检验批组成，检验批可根据施工及质量控制和专业验收需要按变形缝、施工段、楼层等进行划分。

下面以某高校为例，对建设工程项目的基本组成进行说明。如图 1-1 为某高校建设项目组成图。

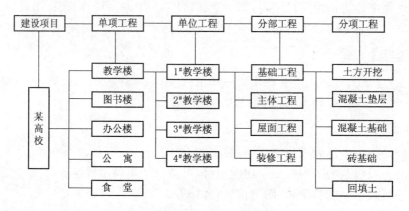

图 1-1　某高校建设项目组成图

1.2.2　基本建设程序

基本建设是固定资产的投资过程，也就是指建造、购置和安装固定资产的活动以及与此有关的其他工作。基本建设是一项极为复杂而又对国家建设和提高人民物质文化生活水平关系密切的工作，能否把这一工作做好，意义甚为重大。

基本建设程序是基本建设项目从策划、选择、评估、决策、设计、施工、竣工验收到投入生产或交付使用的整个建设过程中，各项工作必须遵循的先后工作次序。基本建设程序是经过大量实践工作所总结出来的工程建设过程中客观规律的反映，是工程项目科学决策和顺利进行的重要保证。按照我国现行规定，一般大中型工程项目的建设程序可以分为以下几个阶段，如图 1-2 所示。

基本建设程序一般可分为决策、设计、施工、竣工验收 4 个阶段。

1）决策阶段

决策阶段是根据国民经济中长期发展规划，进行建设项目的可行性研究，编制建设项目的计划任务书。其主要工作包括调查研究、可行性论证、选择与确定建设项目的性质类别、地址、

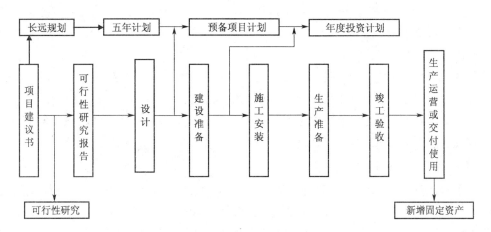

图1-2 大中型及限额以上基本建设项目程序简图

规模和时间要求等。这个阶段解决了"做什么"的问题。

2）设计阶段

设计工作是基本建设中的关键。正确良好的设计能够在满足设计任务书规定功能的前提下节约基本建设投资,为顺利施工创造条件。这个阶段主要是根据批准的计划任务书,进行勘察设计,做好建设准备,安排建设计划。其主要工作包括工程地质勘察,进行扩大初步设计和施工图设计,编制概算,设备订货,征地拆迁,编制分年度的投资及项目建设计划等。这个阶段解决了"怎样做"的问题。

3）施工阶段

设计出来的工程还只是纸上的东西,要把它变成现实的固定资产还有赖于建筑施工和施工的质量。这个阶段主要是根据设计图纸和标准规范,合理地组织施工,保证工程符合设计要求和质量标准。它也是实现基本建设要求的一个重要环节。

4）竣工验收阶段

竣工验收是基本建设的最后一个环节。通过验收,就可以鉴定工程的使用功能,检查其是否符合设计要求和质量标准,决定其是否可以投入生产或交付使用。这个阶段主要是做好生产或使用准备工作,组织验收,办理工程移交手续等。

【知识链接】

固定资产是指企业使用期限超过1年的房屋、建筑物、机器、机械、运输工具以及其他与生产、经营有关的设备、器具、工具等。不属于生产经营主要设备的物品,单位价值在规定标准以上,并且使用年限超过2年的,也应当作为固定资产。固定资产是企业的劳动手段,也是企业赖以生产经营的主要资产。

流动资产是指企业可以在1年或者超过1年的一个营业周期内变现或者运用的资产,是企业资产中必不可少的组成部分。流动资产的内容包括货币资金、短期投资、应收票据、应收账款和存货等。

1.2.3 建筑施工程序

建筑施工程序是拟建工程项目在整个施工阶段中必须遵循的客观规律,它是多年来施工实践经验的总结,反映了整个施工阶段必须遵循的先后次序。不论是一个建设项目或是一个单位工程的施工,通常分为 3 个阶段进行,即施工准备阶段、施工过程阶段、竣工验收阶段,这也就是施工程序。一般建筑施工程序按以下步骤进行:

1) 承接施工任务,签订施工合同

施工单位承接任务的方式一般有 3 种:国家或上级主管部门直接下达;受建设单位(业主)委托而承接;通过投标而中标承接。不论是采用哪种方式承接任务,施工单位都要核查其施工项目是否有批准的正式文件,是否列入基本建设年度计划,是否落实投资等。

承接施工任务后,建设单位与施工单位应根据《合同法》和《建筑安装工程承包合同条例》的有关规定及要求签订施工承包合同。施工合同应规定承包的内容、要求、工期、质量、造价及材料供应等,明确合同双方应承担的义务和职责以及应完成的施工准备工作(如土地征购,申请施工用地,施工许可证,拆除障碍物,接通场外水源、电源、道路等内容)。施工合同应采用书面形式,经双方负责人签字盖章后具有法律效力,必须共同遵守。

2) 全面统筹安排,编制施工组织设计

签订施工合同后,施工单位应全面了解工程性质、规模、特点及工期要求等,进行场址勘察、技术经济和社会调查,收集有关资料,编制施工组织总设计。

当施工组织总设计经批准后,施工单位应组织先遣人员进入施工现场,与建设单位密切配合,共同做好各项开工前的准备工作,为顺利开工创造条件。

3) 落实施工准备,提出开工报告

根据施工组织总设计的规划,对首批施工的各单位工程,应抓紧落实各项施工准备工作。如会审图纸,编制单位工程施工组织设计,落实劳动力、材料、构件、施工机具及现场"三通一平"等。具备开工条件后,提出开工报告,并经审查批准,即可正式开工。

4) 精心组织施工,加强各项科学管理

施工过程是施工程序中的主要阶段,应从整个施工现场的全局出发,按照施工组织设计精心组织施工,加强各单位、各部门的配合与协作,协调解决各方面的问题,使施工活动顺利开展。

在施工过程中,应加强技术、材料、质量、安全、进度等各项管理工作,按工程项目管理方法,落实施工单位内部承包的经济责任制,全面做好各项经济核算与管理工作,严格执行各项技术、质量检验制度,抓紧工程收尾竣工。

施工阶段是直接生产建筑产品的过程,所以也是施工组织与管理工作的重点所在。这个阶段需要进行质量管理,以保证工程符合设计与使用的要求,并做好成本控制以增加经济效益。

5) 进行工程验收,交付使用

这是施工的最后阶段。在交工验收前,施工单位内部应先进行预验收,检查各分部分项工程的施工质量,整理各项交工验收的技术经济资料。在此基础上,由建设单位组织竣工验收,经上级主管部门验收合格后,办理验收签证书,并交付使用。

竣工验收也是施工组织与管理工作的结束阶段,这一阶段主要做好竣工文件的准备工作和组织好工程的竣工收尾,同时也必须搞好施工组织与管理工作的总结,以积累经验,不断提高管理水平。

从以上所讲的基本建设程序与施工程序来看,各环节之间的关系是极为密切的,其先后顺序是严格的,没有前一步的工作,后一步就不可能进行,但它们之间又是交叉搭接、平行进行的。顺序反映了客观规律的要求,交叉则体现了争取建设时间的主观努力。工作顺序不能违反,交叉则应适当,不适当的交叉不是违反了规律而造成损失,就是丧失时间而延误了建设的进程,都是对建设事业不利的。所以,掌握各个建设与施工环节交叉搭接的界限是一个极为重要的问题。在这里,我们必须反对两种不正确的做法:一种是盲目冒进,不顾客观规律而违反基本建设与施工的程序,把各个环节的工作交叉搭接得超过了客观允许的界限;另一种是等待各种条件自然成熟,不发挥人的主观能动性,不争取可以争取到的时间。这也是在施工组织与管理工作中必须特别注意的问题。

【知识链接】

竣工决算编制完成后,需由审计机关组织竣工审计,审计机关的审计报告作为竣工验收的基本资料。对于工程规模较大、技术复杂的项目,可组织有关人员先进行初步验收,不合格的工程不予验收;有遗留问题的项目,必须提出具体处理意见,限期整改。

1.3 建筑产品及其生产(施工)的特点

建筑产品是建筑施工的最终成果,建筑产品多种多样,但归纳起来有体形庞大、整体难分、不能移动等特点,这些特点就决定了建筑产品生产与一般的工业产品生产不同,只有对建筑产品及其生产的特点进行研究,才能更好地组织建筑产品的生产,保证产品的质量。

1.3.1 建筑产品的特点

由于建筑产品的生产都是根据每个建设单位各自的需要,按设计规定的图样,在指定地点建造的,加之建筑产品所用材料、结构与构造,以及平面与空间组合的变化多样,就构成了建筑产品的特殊性。与一般工业产品相比,建筑产品具有自己的特点:

1)建筑产品在空间上的固定性

任何建筑产品(建筑物或构筑物)都是在建设单位所选定的地点建造和使用的,建筑及其所承受的荷重通过基础全部传给地基,直到拆除,它与所选定地点的土地是不可分割的。因此,建筑产品的建造和使用地点在空间上是固定的。这是建筑产品与一般工业产品的最大区别,建筑生产(施工)的特点都是由此引出的。

2）建筑产品的多样性

建筑产品一般是由设计和施工部门根据建设单位（业主）的委托，按特定的要求进行设计和施工的。由于对建筑产品的功能要求多种多样，因而对每一建筑产品的结构、造型、空间分割、设备配置、内外装饰都有具体要求。即使功能要求相同，建筑类型相同，但由于地形、地质等自然条件不同以及交通运输、材料供应等社会条件不同，在建造时施工组织、施工方法也存在差异。建筑产品的这种多样性特点决定了建筑产品不能像一般工业产品那样进行批量生产。

3）建筑产品体形庞大（庞体性）

建筑产品是生产与生活的场所，要在其内部布置各种生产与生活必需的设备与用具，因而与其他工业产品相比，建筑产品体形庞大，占有空间广阔，排他性很强。因其体积庞大，建筑产品对城市的形成影响很大，城市必须控制建筑区位、面积、层高、层数、密度等，建筑必须服从城市规划的要求。

4）建筑产品的综合性

建筑产品不仅涉及土建工程的建筑功能、结构构造、装饰做法等多方面、多专业的技术问题，也综合了工艺设备、采暖通风、供水供电、通信网络等各类设施，因此建筑产品是一个错综复杂的有机整体。

【知识链接】

《建筑结构可靠度设计统一标准》（GB 50068—2001）规定，制定建筑结构设计各类规范时所采用的设计基准期为 50 年。与之相对应，根据各类建筑结构的使用要求及重要性不同，结构的设计使用年限应按表 1-1 采用。

表 1-1　设计使用年限分类

类别	设计使用年限（年）	示　　例
1	5	临时性结构
2	25	易于替换的结构构件
3	50	普通房屋和构筑物
4	100	纪念性建筑和特别重要的建筑结构

1.3.2　建筑产品生产（施工）的特点

建筑产品生产（施工）的特点是由建筑产品的特点决定的。建筑产品（建筑物或构筑物）的特点是在空间上的固定性、多样性、体形庞大及综合性。这些产品特点决定了建筑产品施工的特点。

1）建筑施工的流动性

建筑产品的固定性决定了建筑产品生产的流动性。一般工业产品的生产地点、生产者和生产设备是固定的，产品是在生产线上流动的。而建筑施工则相反，建筑产品是固定的，参与施工的生产者、材料和生产设备等不仅要随着建筑产品的建造地点变更而流动,而且还要随着建筑产品施工部位的不同而不断地在空间流动,这就要求事先有一个周密的施工组织设计,使参与施工的生产者、材料和生产设备等互相协调配合,做好流水施工的安排,使建筑物的施工连续、均衡地进行。

2)建筑施工的单件性

建筑产品地点的固定性和类型的多样性,决定了建筑产品生产的单件性。由于建筑产品的多样性,不同的甚至相同的建筑物,在不同的地区、季节及现场条件下,施工准备工作、施工工艺和施工方法等也不尽相同,一般没有固定的模式。因此,建筑施工是按工程个别地、单件地进行的。这就要求事先有一个可行的施工组织设计,因地制宜、因时制宜、因条件制宜地搞好建筑施工。

3)建筑施工工期长(长期性)

建筑产品的体积庞大决定了建筑施工的工期长。建筑产品的工程量巨大,生产中要消耗大量的人力、物力和财力,需要多工种、多班组相互配合、共同劳动,经过长时间生产才能完成。因此应科学地组织建筑生产,不断缩短生产周期,尽快提升投资效果。

4)建筑施工的复杂性

建筑产品的综合性决定了建筑施工的复杂性。建筑产品的生产是一个时间长、工作量大、资源消耗多、涉及专业广的过程。它涉及力学、材料、建筑、结构、施工、水电和设备等不同专业,加上施工的流动性和单件性,受自然条件影响大,高处作业、立体交叉作业、地下作业和临时用工多,协作配合关系较复杂,从而使建筑施工生产的组织协作综合复杂。

1.4 施工组织设计概述

1.4.1 施工组织设计的概念

施工组织设计是以施工项目为对象编制的,用以指导施工的技术、经济和管理的综合性文件,规划和指导拟建工程从工程投标、签订承包合同、施工准备到竣工验收全过程的一个综合性的技术经济文件,是对拟建工程在人力和物力、时间和空间、技术和组织等方面所作的全面合理的安排,是沟通工程设计和施工之间的桥梁。作为指导拟建工程项目的全局性文件,施工组织既要体现拟建工程的设计和使用要求,又要符合建筑施工的客观规律。它应尽量适应施工过程的复杂性和具体施工项目的特殊性,通过科学、经济、合理的规划安排,使工程项目能够连续、均衡、协调地进行施工,满足工程项目对工期、质量、投资方面的各项要求。

1.4.2 施工组织设计的作用

施工组织设计是用以指导施工组织与管理、施工准备与实施、施工控制与协调、资源的配置与使用等全面性的技术经济文件,是对施工活动的全过程进行科学管理的重要手段。

其作用具体表现在以下 8 个方面:

(1) 施工组织设计是施工准备工作的重要组成部分,同时又是做好施工准备工作的依据和保证。

(2) 施工组织设计是根据工程各种具体条件拟定的施工方案、施工顺序、劳动组织和技术组织措施等,是指导开展紧凑、有序施工活动的技术依据。

(3) 施工组织设计所提出的各项资源需要量计划,直接为组织材料、机具、设备、劳动力需要量的供应和使用提供数据。

(4) 通过编制施工组织设计,可以合理利用和安排为施工服务的各项临时设施,可以合理地部署施工现场,确保文明施工、安全施工。

(5) 通过编制施工组织设计,可以将工程的设计与施工、技术与经济、施工全局性规律和局部性规律、土建施工与设备安装、各部门之间、各专业之间有机结合,统一协调。

(6) 通过编制施工组织设计,可分析施工中的风险和矛盾,及时研究解决问题的对策、措施,从而提高了施工的预见性,减少了盲目性,能有效地降低工程造价。

(7) 施工组织设计是统筹安排施工企业生产的投入与产出过程的关键和依据。工程产品的生产和其他工业产品的生产一样,都是按要求投入生产要素,通过一定的生产过程,而后生产出成品,而中间转换的过程离不开管理。施工企业也是如此,从承接工程任务开始到竣工验收交付使用为止的全部施工过程的计划、组织和控制的基础就是科学的施工组织设计。

(8) 施工组织设计可以指导投标与签订工程承包合同,并作为投标书的内容和合同文件的一部分。

施工组织设计作用,实质上就是为了我们追求的进度、成本、质量目标。

1.4.3 施工组织设计分类

施工组织设计是一个总的概念,根据工程项目的类别、工程规模、编制阶段、编制对象和范围的不同,在编制的深度和广度上也有所不同。

1) 按施工组织设计阶段不同分类

根据工程施工组织设计阶段和作用的不同,工程施工组织设计可以划分为两类:一类是投标前编制的施工组织设计(简称标前设计);另一类是签订工程承包合同后编制的施工组织设计(简称标后设计)。两类施工组织设计的特点和区别见表 1-2。

表 1-2 两类施工组织设计的特点和区别

种类	服务范围	编制时间	编制者	主要特点	追求的主要目标
标前设计	投标与签约	投标书编制前	经营管理层	规划性	中标和经济效益
标后设计	施工准备与验收	签约后开工前	项目管理层	作业性	施工效率和效益

2) 按施工组织设计的工程对象分类

按施工组织设计的工程对象范围分类,可分为施工组织总设计、单位工程施工组织设计及分部(分项)工程施工组织设计。

（1）施工组织总设计

施工组织总设计是以若干单位工程组成的群体工程或特大型项目为主要对象编制的施工组织设计，对整个项目的施工过程起统筹规划、重点控制的作用。它是对整个建设项目的全面规划，涉及范围较广，内容比较概括。施工组织总设计一般在初步设计或扩大初步设计被批准之后，由总承包企业的总工程师负责，会同建设、设计和分包单位的工程师共同编制。

施工组织总设计用于确定建设总工期、各单位工程开展的顺序及工期、主要工程的施工方案、各种物资的供需计划、全工地性暂设工程及准备工作、施工现场的布置等工作，同时它也是施工单位编制年度施工计划和单位工程施工组织设计的依据。

（2）单位工程施工组织设计

单位工程施工组织设计是以单位（子单位）工程为主要对象编制的施工组织设计，对单位（子单位）工程的施工过程起指导和制约作用。它是施工单位年度施工计划和施工组织总设计的具体化，用以直接指导单位工程的施工活动，是施工单位编制作业计划和制订季、月、旬施工计划的依据。单位工程施工组织设计一般在施工图设计完成后，在拟建工程开工之前，由工程项目的技术负责人负责编制。单位工程施工组织设计，根据工程规模、技术复杂程度不同，其编制内容的深度和广度亦有所不同。对于简单单位工程，施工组织设计一般只编制施工方案并附以施工进度和施工平面图，即"一案一表一图"。

（3）分部（分项）工程施工组织设计

分部（分项）工程施工组织设计也叫分部（分项）工程施工作业设计。它是以分部（分项）工程为编制对象，用以具体实施其分部（分项）工程施工全过程的各项施工活动的技术、经济和组织的实施性文件。一般对于工程规模大、技术复杂、施工难度大或采用新工艺、新技术施工的建筑物或构筑物，在编制单位工程施工组织设计之后，常需对某些重要的又缺乏经验的分部（分项）工程再深入编制专业工程的具体施工设计。例如深基础工程、大型结构安装工程、高层钢筋混凝土主体结构工程、无黏结预应力混凝土工程、定向爆破、冬雨期施工、地下防水工程等。分部（分项）工程作业设计一般在单位工程施工组织设计确定了施工方案后，由施工队（组）技术人员负责编制，其内容具体、详细、可操作性强，是直接指导分部（分项）工程施工的依据。

施工组织总设计、单位工程施工组织设计和分部（分项）工程施工组织设计，是同一工程项目，不同广度、深度和作用的三个层次。

1.4.4 施工组织设计的编制原则、依据与内容

1）施工组织设计的编制原则

施工组织设计的编制必须遵循工程建设程序，并应符合下列原则：

（1）符合施工合同或招标文件中有关工程进度、质量、安全、环境保护、造价等方面的要求。

（2）积极开发、使用新技术和新工艺，推广应用新材料和新设备。

（3）坚持科学的施工程序和合理的施工顺序，采用流水施工和网络计划等方法，科学配置资源，合理布置现场，采取季节性施工措施，实现均衡施工，达到合理的经济技术指标。

（4）采取技术和管理措施，推广建筑节能和绿色施工。

（5）与质量、环境和职业健康安全3个管理体系有效结合。

2）施工组织设计的编制依据

施工组织设计应以下列内容作为编制依据：

（1）与工程建设有关的法律、法规和文件。

（2）国家现行有关标准和技术经济指标。

（3）工程所在地区行政主管部门的批准文件，建设单位对施工的要求。

（4）工程施工合同或招标投标文件。

（5）工程设计文件。

（6）工程施工范围内的现场条件，工程地质及水文地质、气象等自然条件。

（7）与工程有关的资源供应情况。

（8）施工企业的生产能力、机具设备状况、技术水平等。

3）施工组织设计的编制内容

施工组织设计内容包括编制依据、工程概况、施工部署、施工进度计划、施工准备与资源配置计划、主要施工方法、施工现场平面布置及主要施工管理计划等基本内容。

本章小结

本章内容包括工程施工组织研究对象和任务，工程建设程序和施工程序，建筑产品及其生产特点，施工组织设计的概念、作用与分类。

通过对本章的学习，应该熟悉工程施工组织研究对象和任务，能在主要工程施工技术的基础上，分析建筑产品和建筑产品施工特点对施工组织的影响，熟悉工程建设程序和施工程序，明确施工组织设计的概念、作用及分类。

思考与练习

一、单项选择题

1. 凡是有独立设计文件，可以独立施工，并能形成独立使用功能的建筑物及构筑物为（　　）。

A. 单项工程　　　　B. 单位工程　　　　C. 分部工程　　　　D. 分项工程

2. 具有独立的设计文件，在竣工投产后可独立发挥效益或生产能力的工程称为（　　）。

A. 单项工程　　　　B. 单位工程　　　　C. 分部工程　　　　D. 分项工程

3. 下列属于分部工程的是（　　）。

A. 一个钢铁厂　　　B. 学校教学楼　　　C. 工业管道工程　　D. 基础工程

4. 基本建设程序正确的是（　　）。

A. 投资决策→设计→施工招投标→施工→竣工决算

B. 投资决策→施工招投标→设计→施工→竣工决算

C. 设计→投资决策→施工招投标→施工→竣工决算

D. 设计→施工招投标→投资决策→施工→竣工决算

5. 某新建办公楼工程，地上28层，地下2层，并设有大型设备层，地下室标高−17.5 m，地下情况复杂，施工困难，针对该情况，施工单位应当编制（　　）。

A. 施工规划 　　　　　　　　　　　B. 单位工程施工组织设计

C. 施工组织总设计 　　　　　　　　D. 分部分项工程施工组织设计

6. 根据编制的广度、深度和作用的不同,施工组织设计可分为施工组织总设计、单位工程施工组织设计及(　　　)。

A. 分部(分项)工程施工组织设计 　　B. 施工详图设计

C. 施工工艺和施工方案设计 　　　　D. 施工平面图设计

二、多项选择题

1. 建筑产品的特点是(　　　　)。

A. 固定性 　　　　B. 流动性 　　　　C. 多样性 　　　　D. 综合性

E. 单件性

2. 施工组织设计根据编制对象范围不同可分为(　　　　　)。

A. 施工组织总设计 　　　　　　　　B. 单位工程施工组织设计

C. 分部分项工程施工组织设计 　　　D. 标前设计

E. 标后设计

三、思考题

1. 建筑施工组织课程的研究对象和任务是什么?

2. 什么是建筑施工程序? 它分为哪几个阶段?

3. 什么是基本建设程序? 它分为哪几个阶段?

4. 试述建筑产品的特点及其生产(施工)的特点。

5. 什么是施工组织设计? 建筑工程施工为什么要编制施工组织设计?

6. 施工组织设计有几种类型? 其基本内容有哪些?

7. 如何使施工组织设计起到组织和指导施工全过程的作用?

2 施工准备工作

教学内容

本章为施工准备工作的知识，主要介绍了施工准备工作的意义、要求与分类；施工准备工作的内容，主要包括原始施工资料的调查分析、资源准备、施工现场准备、技术资料准备和季节性施工准备等。

教学要求

了解施工准备工作的意义、要求与分类；熟悉施工准备工作的内容；掌握如何进行图纸会审，了解编制施工组织设计、施工图预算和施工预算的内容；熟悉各种资源准备的内容。掌握后具有编制施工准备工作计划和开工报告的能力。

【引例】

某工程施工准备工作计划见表2-1，回答下面的问题。

表 2-1   施工准备工作计划表

序号	施工准备工作项目	负责单位(负责人)	涉及单位	备注
1	编制施工组织设计	生产经营科	质安科、材料设备科	
2	图纸会审	技术科	质安科、业主	
3	机械进场	设备科		
4	周转材料进场	材料科		
5	大型临时设施搭设	工程负责人	材料科	
6	工程预算编制	工程科		
7	技术交底	技术负责人	工长	
8	劳动力组织	劳资科		
9	确定构件供应计划	生产管理科		
10	材料采购	材料科	业主	

问题：1. 为做好各项施工准备工作，你认为是否需要先收集施工准备资料？如何收集？

2. 你认为该如何进行图纸会审？

14

2.1 概述

施工准备工作是为拟建工程的施工创造必要的技术、物资条件,统筹安排施工力量和部署施工现场,确保工程施工顺利进行。它是建设程序中的重要环节,不仅存在于开工之前,而且贯穿在整个施工过程之中。

2.1.1 施工准备工作的意义、要求与分类

1) 施工准备工作的意义

现代的建筑施工是一项十分复杂的生产活动,它需要耗用大量的人工、材料和机具,不仅数量巨大,而且组织安排的工种众多,使用的材料、机具设备繁多,另外还要处理各种复杂的技术问题、协调各种协作配合关系,所遇到的条件也是多种多样的,涉及的范围上至国家机关,下至各协作单位,十分广泛。可谓涉及面广、情况繁杂、千头万绪。如果事先缺乏统筹安排和准备,势必会形成某种混乱,使施工无法正常进行。而事先全面细致地做好施工准备工作,则对调动各方面的积极因素,合理组织、使用各种资源,加快施工进度,提高工程质量,降低工程成本,提高经济效益,都会起着重要的作用。

2) 施工准备工作的要求

为了确保施工准备工作的有效实施,应采取以下 4 个方面的具体措施。

(1) 编制施工准备工作计划

作业条件的施工准备工作,要编制详细的计划,列出施工准备工作内容,要求完成的时间,负责单位(人)等,计划表格可参照表 2-2。

表 2-2 施工准备工作计划表

序号	项目	施工准备工作内容	要求	负责单位(负责人)	涉及单位	要求完成日期	备注

由于各项准备工作之间有相互依存关系,单纯的计划表格还难以表达明白,提倡编制施工准备工作网络计划,明确搭接关系并找出关键工作,在网络图上进行施工准备期的调整,尽量缩短时间。

作业条件的施工准备工作计划,应当在施工组织设计中予以安排,作为施工组织设计的基本内容之一,同时注重施工过程中短安排。

(2) 施工准备工作应有组织、有计划、分阶段、有步骤地进行。主要包括以下几个方面:

① 建立施工准备工作的组织机构,明确落实相应人员的管理。

② 编制施工准备工作计划表,保证施工准备工作按计划落实。

③ 将施工准备工作按工程的具体情况划分为开工前、地基基础工程、主体工程、屋面与装饰装修工程等时间区段,分期、分阶段、有步骤地进行。

(3) 建立严格的施工准备工作责任制与检查制度

① 建立施工准备工作责任制

由于施工准备工作项目多,范围广,因此必须要有严格的责任制。按施工准备工作计划将责任落实到有关部门和个人,同时明确各级技术负责人在施工准备工作中应负的责任。各级技术负责人应是各阶段施工准备工作的负责人,负责审查施工准备工作计划和施工组织计划,督促检查各项施工准备工作的实施,及时总结经验教训。在施工准备阶段,也要实行单位工程技术负责制,将建设、设计、施工三方组织在一起,并组织土建、专业协作配合单位,共同完成施工准备工作。

② 建立施工准备工作检查制度

施工准备工作不但要有计划、有分工,而且要有布置、有检查,以利于经常督促、发现薄弱环节,不断改进工作。一是要做好日常检查;二是在检查施工计划完成情况时,应同时检查施工准备工作完成情况。

(4) 施工准备工作应做好几个结合

① 施工与勘测、设计的结合

施工任务一旦确定后,施工单位应尽早与勘测、设计单位结合,着重在总体规划、平面布局、基础选型、结构选型、构件选择、新材料、新技术的采用和出图顺序等方面与勘测、设计单位取得一致的意见,以利于日后施工。大型工程尽可能在初步阶段插入,一般工程可在施工图阶段插入。

② 内业与现场准备工作的结合

内业,指室内的准备工作,主要是指各种技术经济资料的编制和汇集(如熟悉图纸、编制施工组织设计等)、合同签订(劳务分包、材料采购、机械租赁等);现场准备工作主要是指施工现场的临时设施及物资进场。内业对现场准备起着指导作用,现场准备则是内业的具体落实。

③ 施工总承包单位与专业工程施工队伍的结合

在施工准备工作中,施工总承包单位与专业工程施工队伍应互相配合。施工总承包单位(一般为土建施工单位)在明确施工任务、拟定出施工准备工作的初步计划时要考虑到专业工程的需要,并将计划和任务及时告知各协作专业单位,使各单位都能心中有数,各自及早做好必要的准备工作,同时协助和配合施工总承包单位。

④ 开工前准备与施工中准备的结合

由于施工准备工作周期长,有一些是开工前做的,有一些是在开工后交叉进行的。因此,既要立足于前期的准备工作,又要着眼于后期的准备工作。要统筹安排好前、后期的准备工作,把握好时机,及时做好近期的施工准备工作。

3) 施工准备工作的分类

(1) 按施工准备工作的范围不同进行分类

按准备工作范围分类,施工准备可分为全场性施工准备、单项(单位)工程施工条件准备、分部(分项)工程作业条件准备3种。

① 全场性施工准备。它是以一个建设项目为对象而进行的各项施工准备,其目的和内容都是为全场性施工服务的,它不仅要为全场性的施工活动创造有利条件,而且要兼顾单项工程施工条件的准备。

② 单项(单位)工程施工条件准备。它是以一个建筑物或构筑物为对象而进行的施工准备,其目的和内容都是为该单项(单位)工程服务的,它既要为单项(单位)工程做好开工前的一切准备,而且要为分部(分项)工程施工进行作业条件的准备。

③ 分部(分项)工程作业条件准备。它是以一个分部(分项)工程或冬、雨季施工工程为对象而进行的作业条件准备。

(2) 按工程所处的施工阶段不同进行分类

按工程所处施工阶段分类,施工准备可分为开工前的施工准备和开工后的施工准备两种。

① 开工前的施工准备工作。它是在拟建工程正式开工之前所进行的一切施工准备工作,其目的是为工程正式开工创造必要的施工条件。

② 开工后的施工准备工作。它是在拟建工程开工之后,每个施工阶段正式开始之前所进行的施工准备工作,为每个施工阶段创造必要的施工条件。如混合结构住宅的施工,通常分为地下基础工程、主体结构工程、装饰工程和屋面工程等施工阶段,每个阶段的施工内容不同,其所需的物资技术条件、组织要求和现场布置等方面也不同。因此,必须做好每个施工阶段施工前的相应施工准备工作。

当施工准备工作完成,具备开工条件后,项目经理部应申请开工,递交开工报告,报审批后方可开工。实行建设监理的工程,企业还应将开工报告送监理工程师审批,由监理工程师签发开工通知书,在限定时间内开工,不得拖延。

【知识链接】

申请办理施工许可证的条件

申请办理施工许可证的条件如下:

(1) 已经办理该建筑工程用地批准手续(建设工程用地规划许可证)。

(2) 在城市规划区的建筑工程,已经取得建设工程规划许可证(建设工程规划许可证)。

(3) 施工场地已经基本具备施工条件,需要拆迁的,其拆迁进度符合施工要求(施工总承包企业出具的施工场地已经具备施工条件的证明文件)。

(4) 已经确定施工企业(中标通知书及施工合同)。

(5) 有满足施工需要的施工图纸及技术资料,施工图设计文件已按规定进行了审查(施工图纸及施工图设计文件审查合格书)。

(6) 有保证工程质量和安全的具体措施(经监理单位审查的施工组织设计,工程质量安全监督通知书)。

(7) 按照规定应该委托监理的工程已委托监理(监理合同)。

(8) 建设资金已经落实。建设工期不足 1 年为合同价的 50%,超过 1 年的为 30%。

(9) 法律、行政法规规定的其他条件。

2.1.2 施工准备工作的内容

施工准备工作要贯穿于整个施工过程的始终,根据施工顺序的先后,有计划、有步骤、分阶段地进行。按准备工作的性质,主要包括原始施工资料的调查分析、资源准备、施工现场准备、技术资料准备和季节性施工准备等。

2.2 原始资料的调查分析

原始资料是工程设计及施工组织设计的重要依据之一。原始资料的调查主要是对工程条件、工程环境特点和施工条件等施工技术与组织的基础资料进行调查，以此作为施工准备工作的依据。原始资料调查工作应有计划、有目的地进行，且事先要拟定明确、详细的调查提纲。调查的范围、内容、要求等，应根据拟建工程的规模、性质、复杂程度、工期及对当地熟悉了解程度而定。

原始资料调查分析包括自然条件调查分析和技术经济条件调查分析。

2.2.1 自然条件调查分析

自然条件调查分析主要包括以下 3 个方面的内容：

(1) 施工现场的调查，即建设地区的地形图、控制桩与水准基点的位置、地形、地貌、现场地上和地下障碍物状况，如建筑物、构筑物、树木、人防工程、地下管线等项的调查。

(2) 建设场地的工程地质和水文地质的调查，包括地质稳定性资料、地下水水位变化、流向、流速及流量等水质资料。

(3) 气象资料的调查，包括全年、各月最高气温及平均气温，冬雨季起止时间，最大降水量及平均降水量，主导风向等资料。这些资料的调查与分析为编制施工现场的"三通一平"，绘制施工平面图，制定冬雨季施工措施等提供了依据。

2.2.2 技术经济条件调查分析

技术经济条件调查分析主要包括地方建筑生产企业、地方人力资源、交通运输、水电及其他能源、主要设备、国拨材料和特种物资等项的调查。

(1) 给水、供电等能源资料可向当地城建、电力和建设单位等进行调查收集，主要满足施工临时供水、供电的需求。

(2) 交通运输资料可向当地铁路、公路运输管理部门进行调查收集，主要解决组织施工运输任务、选择运输方式等工作。

(3) 设备与材料的调查，主要指施工项目的工艺设备、建筑机械和建筑材料的"三材"（水泥、钢材、木材）以及地方材料的砂、石、砖、灰、特种材料和成品、半成品、构配件等的供应能力、质量、价格情况，以便确定材料的供应计划、加工方式、储存和堆放场地及临时设施的建设。

(4) 建设地区的社会劳动力和周围环境的调查，用以拟定劳动力安排计划、建立职工生活基地、确定临时设施的面积等。

2.3 建筑工程施工准备工作

2.3.1 各种资源的准备

施工资源准备是指施工中必需的劳动力组织和物质资源的准备。它是一项较为复杂而又细致的工作,一般应考虑以下几方面的内容。

1)劳动力组织的准备

(1)项目经理部的设置

建筑施工企业要根据拟建项目规模、结构特点和复杂程度,组建项目经理部。选派与工程复杂程度和类型相匹配资质等级的项目经理,并配备项目副经理、技术管理、质量管理、材料管理、计划管理、成本管理、安全管理等人员。

项目经理部是由项目经理在企业的支持下组建、领导、进行项目管理的组织机构,是企业在项目上的管理层,是项目经理的办事机构,凝聚管理人员,可设置进度、质量、安全、成本、生产要素、合同、信息、现场、协调等职能部门。

(2)建立施工队组,组织劳动力进场

施工队组的建立要考虑专业、工种的配合,技工、普工的比例要满足合理的劳动组织,符合流水施工组织方式的要求;要坚持合理、精干的原则,建立相应的专业或混合工作队组,按照开工日期和劳动力需要量计划,组织劳动力进场。

(3)做好技术、安全交底和岗前培训

施工前,应将设计图纸内容、施工组织设计、施工技术、安全操作规程和施工验收规范等要求向施工队组和工人讲解交代,以保证工程严格地按照设计图纸、施工组织设计等要求进行施工。同时,企业要对施工队伍进行安全、防火和文明施工等方面的岗前教育和培训,并安排好职工的生活。

(4)建立健全各项管理制度

为了保证各项施工活动的顺利进行,必须建立、健全工地的各项管理制度。施工现场的各项管理制度主要内容有:工程质量检查与验收制度,工程技术档案管理制度,建筑材料的检查验收制度,材料出入库制度,施工技术交底制度,施工图纸会审制度,安全操作制度,机具使用、保养制度,施工安全管理制度等。

2)物质资源的准备

(1)建筑材料的准备

建筑材料的准备主要是根据施工预算、施工进度计划、材料储备定额和消耗定额,来确定材料的名称、规格、使用时间等,汇总后编制出材料需要量计划,并依据工程形象进度,分别落实货源厂家进行合同评审与订货,安排运输储备,以满足开工之后的施工生产需要。

(2)构(配)件、制品的加工准备

根据施工预算、施工方法和施工进度计划来确定构(配)件、制品的名称、规格、质量、消耗量和进入施工现场的时间,以及进场后的储存方式和地点,并据此来确定供货厂家,制定加工方案和供应渠道,签订加工订货合同,组织运输,为确定堆场面积等提供依据。

（3）施工机具的准备

施工过程中选用的各种土方机械、混凝土、砂浆搅拌设备、垂直及水平运输机械、吊装机械、动力机具、钢筋加工设备、木工机械、焊接设备、打夯机、抽水设备等应根据施工方案、施工进度计划确定施工机械的类型、数量、进场时间和进场后的存放地点。对已有的机械机具做好维修试车工作,对尚缺的机械机具要立即订购、租赁或制作。

2.3.2 施工现场准备

施工现场的准备工作,主要是为了给拟建工程的施工创造有利的施工条件,是保证工程按计划开工和顺利进行的重要环节。其工作按施工组织设计的要求划分为拆除障碍物、"三通一平"、控制网测量和搭设临时设施等。

1）拆除障碍物

施工现场内的地上或地下一切障碍物应在开工前拆除。这项工作一般是由建设单位来完成,有时也委托施工单位来完成。如果委托施工单位来完成这项工作,一定要先摸清情况,尤其是原有障碍物情况复杂,而且资料不全,应采取相应措施,防止发生事故。架空电线（电力、通信）及埋地电缆（包括电力、通信）、自来水、污水、煤气、热力等管线拆除,都应与有关部门取得联系并办好手续后方可进行,一般最好由专业公司来进行。场内的树木,需报请园林部门批准后方可砍伐。一般平房只要把水源、电源切断后即可进行拆除,若房屋较大较坚固,则有可能采用爆破方法,这需要专业施工队来承担,并且必须经过主管部门的批准。

2）三通一平

在工程用地的施工现场,应接通施工用水、用电、道路、通信及燃气,做好施工现场排水及排污畅通和平整场地的工作,但是最基本的还是通水、通电、通路和场地平整工作,这些工作简称为"三通一平"。

通水专指给水,包括生产、生活和消防用水。在拟建工程开工之前,必须接通给水管线,尽可能与永久性的给水系统结合起来,并且尽量缩短管线的长度,以降低工程的成本。

通电包括施工生产用电和生活用电。在拟建工程开工之前,必须按照安全和节能的原则,接通电力和电信设施。电源首先应考虑从建设单位给定的电源上获得,如其供电能力不能满足施工用电需要,则应考虑在现场建立自备发电系统,确保施工现场动力设备和通信设备的正常运行。

通路指施工现场内临时道路已与场外道路连接,满足车辆出入的条件。在拟建工程开工之前,必须按照施工总平面图的要求,修好施工现场的永久性道路（包括场区铁路、场区公路）以及必要的临时性道路,以便确保施工现场运输和消防用车等的行驶畅通。

场地平整指在建筑场地内,进行厚度在 300 mm 以内的挖、填土方及找平工作。其根据建筑施工总平面图规定的标高,通过测量,计算出填挖土方工程量,设计土方调配方案,组织人力或机械进行平整工作。

"三通一平"工作一般都是由建设单位完成的,也可以委托施工单位来完成,其不仅仅要求在开工前完成,而且要保障在整个施工过程中都要达到要求。

3）控制网测量

为了使建筑物或构筑物的平面位置和高程符合设计要求,施工前应按总平面图,设置永久性的经纬坐标桩及水平坐标桩,建立工程测量控制网,以便建筑物在施工前的定位放线。

建筑物定位、放线,一般通过设计定位图中平面控制轴线来确定建筑物四周的轮廓位置。按建筑总平面及给定的永久性的平面控制网和高程控制基桩进行现场定位和测量放线工作。重要建筑物必须由规划测绘部门定位和测量放线。这项工作是确定建筑物平面位置和高程的关键环节,测定经自检合格后,提交有关部门(规划、设计、建设、监理单位)验线,以保证定位放线的准确性,并做好定位测量、放线、验线记录。沿红线(规划部门给定的建筑红线,在法律上起着建筑四周边界用地的作用)建的建筑物放线后,必须由城市规划部门验线,以防止建筑物压红线或超红线。

4）搭设临时设施

施工企业的临时设施是指企业为保证施工和管理的进行而建造的各种简易设施,包括现场临时作业棚、机具棚、材料库、办公室、休息室、厕所、储水池等设施;临时道路、围墙;临时给排水、供电、供热等设施;临时简易周转房,以及现场临时搭建的职工宿舍、食堂、浴室、医务室、理发室、托儿所等临时性福利设施。

所有生产及生活用临时设施的搭设,必须合理选址、正确用材,确保满足使用功能和安全、卫生、环保、消防要求;并尽量利用施工现场或附近原有设施(包括要拆迁但可暂时利用的建筑物)和在建工程本身供施工使用的部分用房,尽可能减少临时设施的数量,以便节约用地、节省投资。

【知识链接】

房地产开发需要的"五证两书"

合法的房地产开发需要五证齐全,这五证包括:

1.《建筑用地规划许可证》 建设单位向土地管理部门申请征用划拨土地前,经城市规划行政主管部门确认,该项目位置范围符合城市规划的法律凭证。

2.《建设工程规划许可证》 有关建设工程符合城市规划需求的法律凭证。

3.《国有土地使用证》 经土地使用者申请,经城市各级人民＊＊颁布的国有土地使用权的法律凭证。

4.《建设工程开工许可证》 建设单位进行工程施工的法律凭证,也是房屋权属登记的主要依据之一,没有开工证的建筑属违章建筑,不受法律保护。

5.《商品房销售(预售)许可证》 市、县人民＊＊房地产管理部门允许房地产开发企业,销售商品房的批准性文件。

"两书"是指《商品房质量保证书》《商品房使用说明书》。

2.3.3 施工技术准备

施工技术准备是施工准备工作的核心,是现场施工准备工作的基础。其内容包括:熟悉与会审图纸、编制施工组织设计、编制施工图预算和施工预算。

1）熟悉、审查施工图纸和有关设计资料

建筑物或构筑物的施工依据就是施工图纸,施工技术人员必须在施工前熟悉施工图中各项设计的技术要求,在熟悉施工图纸的基础上,由建设、施工、设计单位共同对施工图纸组织会审。

会审后要有图纸会审纪要,各参加会审的单位盖章,可作为与设计图纸同时使用的技术文件。

（1）熟悉施工图纸的重点

基础及地下室部分:核对建筑、结构、设备施工图中关于基础留口、留洞的位置及标高,地下室排水的去向,变形缝及人防出口的做法,防水体系的交圈及收头要求等。

主体结构部分:各层所用砂浆、混凝土的强度等级,墙、柱与轴线的关系,梁、柱(包括圈梁、构造柱)的配筋及节点做法,悬挑结构的锚固要求,楼梯间构造,设备图和土建图上洞口尺寸及位置的关系。

屋面及装修部分:结构施工应为装修施工提供的预埋件或预留洞,内、外墙和地面的材料做法,屋面防水节点等。

在熟悉图纸过程中,对发现的问题应做出标记,做好记录,以便在图纸会审时提出。

（2）图纸会审的主要内容

图纸会审一般先由设计人员对设计图纸中的技术要求和有关问题先作介绍和交底,对于各方提出的问题,经充分协商将意见形成图纸会审纪要,由建设单位正式行文,参加会议各单位加盖公章,作为与设计图纸同时使用的技术文件。

图纸会审主要内容包括:

① 施工图的设计是否符合国家有关技术规范。

② 图纸及设计说明是否完整、齐全、清楚;图纸中的尺寸、坐标、轴线、标高、各种管线和道路的交叉连接点是否准确;一套图纸的前、后各图纸及建筑与结构施工图是否吻合一致,有无矛盾;地下与地上的设计是否有矛盾。

③ 施工单位技术装备条件能否满足工程设计的有关技术要求;采用新结构、新工艺、新技术在施工时是否存在困难,土建施工、设备安装、管道、动力、电器安装要求采取特殊技术措施时,施工单位技术上有无困难;是否能确保施工质量和施工安全。

④ 设计中所选用的各种材料、配件、构件(包括特殊的、新型的),在组织采购供应时,其品种、规格、性能、质量、数量等方面能否满足设计规定的要求。

⑤ 对设计中不明确或疑问处,请设计人员解释清楚。

⑥ 对图纸中的其他问题,提出合理化建议。

2）编制施工组织设计

编制施工组织设计是施工准备工作的重要组成部分。施工组织设计是全面安排施工生产的技术经济文件,是指导施工的主要依据。编制施工组织设计本身就是一项重要的施工准备工作。所有施工准备的主要工作均集中反映在施工组织设计中。

施工组织设计文件要经过公司技术部门批准,并报业主、监理单位审批,经批准后方可使用,对于深基坑、脚手架、特殊工艺等关键分项要编制专项方案,必要时,请有关专家会审方案,确保安全施工。

3）编制施工图预算和施工预算

施工组织设计被批准后，即可着手编制施工图预算和施工预算，以确定人工、材料和机械费用的支出，并确定人工数量、材料消耗数量及机械台班使用量，以便于签订劳务合同和采购合同。

施工图预算是施工单位依据施工图纸所确定的工程量、施工组织设计拟定的施工方法、建筑工程预算定额和有关费用定额等编制的建筑安装工程造价和各种资源需要量的经济文件。施工预算是施工单位根据施工图纸、施工组织设计或施工方案、施工定额等文件进行编制的企业内部经济文件。

【知识链接】

施工图预算是招投标中确定标底和报价的依据；是建设单位拨付工程价款和进行工程结算的依据；是确定人工、材料、机械消耗量，编制施工组织设计的依据；是施工单位签订承包合同的依据。

施工预算是企业内部控制各项成本支出，加强施工管理的依据；是衡量工人劳动生产率，计算工人劳动报酬的依据；是签发施工任务书、限额领料、进行经济活动分析的依据。

2.3.4　季节性施工准备

冬、雨季施工对施工质量、成本、工期和安全生产都会产生很大影响，为此必须做好冬、雨季施工准备工作。

1）冬季施工准备工作

（1）明确冬季施工项目，编制进度安排

由于冬季气温低、施工条件差、技术要求高、费用增加等原因，所以应把便于保证施工质量，而且费用增加较少的施工项目安排在冬季施工。例如安装、打桩、室内粉刷、装修、室内管道、电线铺设、可用蓄热法养护（或加促凝剂）的砌筑和混凝土工程，也可先完成供热系统，安装好门窗玻璃等，保证室内其他项目顺利施工；对费用增加多又不能确保施工质量的土方基础工程、外装修、屋面防水等工程不宜安排在冬季施工。

（2）做好冬季测温工作

冬季昼夜温差大，为保证工程施工质量，应指定专人负责收听气象预报及测温工作，及时采取措施防止大风、寒流和霜冻袭击而导致质量冻害和安全事故。如防止砂浆、混凝土在凝结硬化前受到冰冻而被破坏。

（3）做好物资的供应、储备和机具设备的保温防冻工作

根据冬季施工方案和技术措施做好防寒物资的准备工作，如草帘、煤炭、保温用塑料薄膜、温度计、混凝土搅拌热水等。冬季来临之前，对冬季紧缺的材料要抓紧采购并入场储备，各种材料根据其性质及时入库或覆盖，不得堆存在坑洼积水处。及时做好机具设备的防冻工作，搭设必要的防寒棚，把积水放干，严防积水冻坏设备。

（4）施工现场的安全检查

对施工现场进行安全检查，及时整修施工道路，疏通排水沟，加固临时工棚、水管、水龙头，对灭火器要进行保温。做好停止施工部位的保温维护和检查工作。

(5)加强安全教育,严防火灾发生

准备好冬季施工用的各种热源设备,要有防火安全技术措施,并经常检查落实,同时做好职工培训及冬季施工的技术操作和安全施工的教育,确保施工质量,避免事故发生。

2)雨季施工准备工作

雨季施工主要以预防为主,采用防雨措施及加强排水手段确保雨季正常地进行生产,以保证雨季施工不受影响。

(1)施工场地的排水工作

场地排水:对施工现场及车间等应根据地形对场地排水系统进行合理疏通,以保证水流畅通,不积水,并防止相邻地区地面雨水倒排入场内。

道路:现场内主要行车道路两旁要做好排水沟,保证雨季道路运输畅通。

(2)机电设备的防护

对现场的各种机电设施、机具等的电闸、电箱要采取防雨、防潮措施,并安装接地保护装置,特别是脚手架、垂直运输设施等,要采取防倒塌、防雷击、防漏电等一系列技术措施。

(3)原材料及半成品的防护

对怕雨淋的材料及半成品应采取防雨措施,可放入防护棚内,垫高并保持通风良好以防淋雨浸水而变质。在雨季到来前,材料、物资应多储存,减少雨季运输量,以节约费用。

(4)临时设施的检修

对现场的临时设施,如工人宿舍、办公室、食堂、库房等应进行全面检查与维修,四周要有排水沟渠,对危险建筑物应进行翻修加固或拆除。

(5)落实雨季施工任务和计划

一般情况下,在雨季到来之前,应争取提前完成不宜在雨季施工的任务,如基础、地下工程、土方工程、室外装修及屋面等工程,而多留些室内工作在雨季施工。

(6)加强施工管理,做好雨季施工安全教育

组织雨季施工的技术、安全教育,严格岗位职责,学习并执行雨季施工的操作规范、各项规定和技术要点,做好对班组的交底,确保工程质量和安全。

本章小结

施工准备工作要贯穿于整个施工过程的始终,根据施工顺序的先后,有计划、有步骤、分阶段地进行。按准备工作的性质,划分为原始施工资料的调查分析、资源准备、施工现场准备、技术资料准备和季节性施工准备等。劳动力、施工物资、施工现场的准备是基础,要保证工人能够正确地使用工具、机械把原材料建成高楼大厦,就必须要有科学、合理、先进的技术做后盾。所以技术准备是具指导性的,只有确定了施工方案、施工方法等技术层面的问题,才能去组织劳动力、施工物资,并着手布置施工现场。二者相互影响,有时,当地的劳动力、施工物资条件、场地因素决定了施工方案、施工方法。本章也就是从原始资料的调查分析、技术准备、资源准备、施工现场准备等方面介绍准备工作的主要内容。

思考与练习

一、单项选择题

1.施工准备工作的核心是( )。

A. 物资准备　　　B. 劳动组织准备　　　C. 现场准备　　　D. 技术准备

2. 施工组织设计是( )的一项重要内容。

A. 施工准备工作　　　　B. 施工过程　　　　C. 竣工验收　　　　D. 质量计划

3. 施工图纸会审一般是由( )组织并主持会议。

A. 建设单位　　　　B. 施工单位　　　　C. 设计单位　　　　D. 监理单位

4. 下列( )项不是技术资料准备的内容。

A. 社会劳动力调查　　　　　　　　B. 熟悉和会审图纸

C. 编制施工图预算　　　　　　　　D. 编制施工组织设计

5. 下列( )项不属于施工现场准备。

A. 三通一平　　　　　　　　　　　B. 测量放线

C. 搭设临时设施　　　　　　　　　D. 地方材料准备

6. 清除场地障碍物,一般由( )单位来完成。

A. 建设单位　　　　B. 政府部门　　　　C. 质监单位　　　　D. 设计单位

7. ( )是施工企业内部经济核算的依据。

A. 设计概算　　　　B. 施工图预算　　　　C. 施工预算　　　　D. 施工定额

8. 施工准备工作是( )。

A. 施工前的准备　　　　　　　　　B. 施工中的准备

C. 施工过程中的准备　　　　　　　D. 施工全过程的准备

二、多项选择题

1. 建筑施工准备包括( )。

A. 工程地质勘察

B. 完成施工用水、电、通信及道路等工程

C. 征地、拆迁和场地平整

D. 劳动定员及培训

E. 组织设备和材料订货

2. 按施工准备工作的范围不同可分为( )。

A. 全场性施工准备　　　　　　　　B. 单位工程施工条件准备

C. 分部(分项)工程作业条件准备　　D. 开工前的施工准备

E. 开工后的施工准备

三、思考题

1. 试述施工准备工作的意义。

2. 施工准备工作的主要内容有哪些?

3. 施工准备工作的要求有哪些?

4. 简述施工准备工作的种类和主要内容。

5. 施工资源准备包括哪些内容?

6. 施工现场的准备工作包括哪些内容?

7. 何谓"三通一平"?

8. 技术准备工作包括哪些内容?

9. 简述图纸会审的主要内容。

10. 施工图预算和施工预算有何区别?

3 建筑工程流水施工

 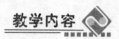
本章为建筑工程流水施工的基础知识,主要介绍了组织施工的方式、流水施工的概念、分类和表达方式;重点阐述了流水施工参数及其确定方法、组织流水施工的基本方式,并结合实例阐述了有节奏和无节奏流水施工组织方法在实践中的应用步骤和方法。

教学要求

通过本章内容的学习,要求理解并掌握流水施工的原理及实质;熟悉3种组织施工的优缺点、流水施工的经济效果、进度计划的表达方式;理解流水施工有关参数的概念及流水施工参数的确定方法,重点掌握流水施工的组织方式,通过实例的学习掌握流水施工原理及组织方式;能独立编制一个单位工程流水施工进度计划图表。

【引例】

某工程包括四幢完全相同的砖混住宅,以每个单幢为一个施工段组织单位工程流水施工。已知:

(1)地面±0.000 m以下部分有4个施工过程:土方开挖、基础施工、底层预制板安装、回填土。4个施工过程,流水节拍均为2周。

(2)地上部分有3个施工过程:主体结构、装饰装修、室外工程。3个施工过程的流水节拍分别为4周、4周、2周。

问题:

1.地下、地上部分分别适合组织何种形式的施工方式?按此施工方式如何计算地下、地上部分施工工期?

2.如果地上、地下均采用相应适合的流水施工组织方式,现在要求地上部分与地下部分最大限度地搭接,各施工过程间均没有间歇时间,如何计算最大限度搭接时间?

3.1 流水施工的基本概念

建筑工程的"流水施工"来源于工业生产中的"流水作业"。理论分析和工程实践证明流水作业法是组织产品生产最佳的、科学的形式,它能使建筑施工连续和均衡生产,降低工程项目成本和提高经济效益。但是,由于建筑产品及其生产特点不同,流水施工概念、特点和效果与其他产品生产有所不同。本章主要介绍建筑工程流水施工的基本概念、组织方式和具体应用。

3.1.1　组织施工的基本方式

任何一个建筑工程都是由许多施工过程组成的,而每一个施工过程可以组织一个或多个施工队组来进行施工。如何组织各施工队组的先后顺序和平行搭接施工,是组织施工中的一个基本问题。通常,组织施工时有依次施工、平行施工和流水施工3种方式,下面将以应用案例3-1为例来讨论这3种施工方式的特点和效果。

【案例3-1】　现有4幢相同类型的建筑物,按一幢为一个施工段,其编号分别为Ⅰ、Ⅱ、Ⅲ、Ⅳ,它们的基础工程量都相等,而且都是由挖土方、做垫层、砌砖基础和回填土4个施工过程组成,每个施工过程的施工天数均为5天,挖土方施工班组的人数为8人,做垫层施工班组的人数为6人,砌砖基础施工班组的人数为14人,回填土施工班组的人数为5人。要求分别采用依次、平行和流水的施工方式对其组织施工,分析各种施工方式的特点。

【解析】　组织施工的方式如图3-1所示。

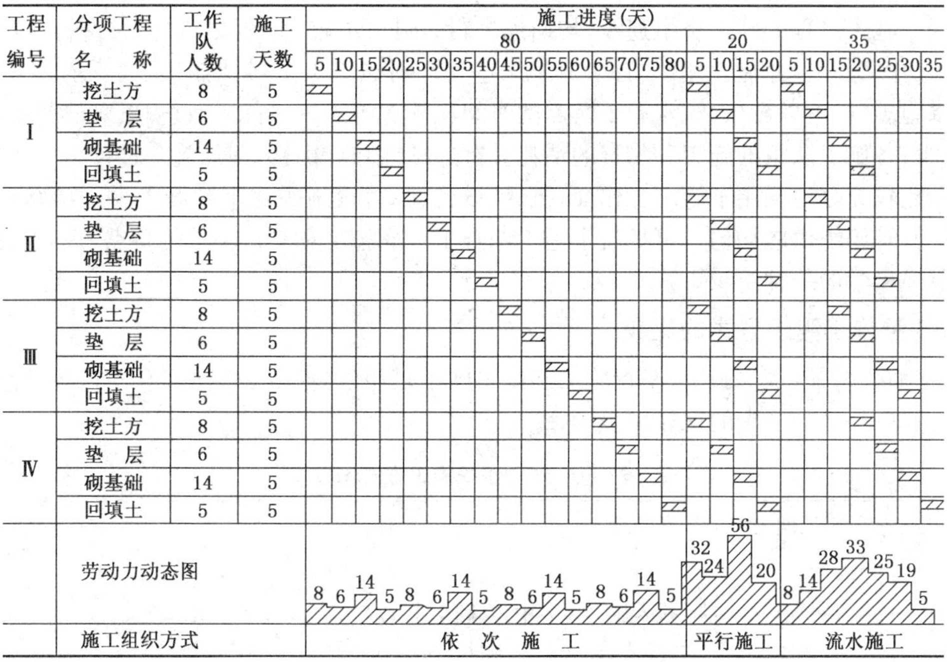

工程编号	分项工程名称	工作队人数	施工天数	施工进度(天)
Ⅰ	挖土方	8	5	
	垫层	6	5	
	砌基础	14	5	
	回填土	5	5	
Ⅱ	挖土方	8	5	
	垫层	6	5	
	砌基础	14	5	
	回填土	5	5	
Ⅲ	挖土方	8	5	
	垫层	6	5	
	砌基础	14	5	
	回填土	5	5	
Ⅳ	挖土方	8	5	
	垫层	6	5	
	砌基础	14	5	
	回填土	5	5	
劳动力动态图				
施工组织方式				依次施工　　平行施工　流水施工

图 3-1　组织施工的3种方式比较图

1)依次施工组织方式

依次施工又称顺序施工,是将工程对象任务分解成若干个施工过程,按照一定的施工顺序,前一个施工过程完成后,后一个施工过程才开始施工;或前一个施工段完成后,下一个施工段才开始施工。它是一种最基本、最原始的施工组织方式。

按照依次施工组织方式施工,施工进度计划安排如图3-1中"依次施工"栏所示。从

图 3-1 中"依次施工"栏可以看出,采用此种方式组织施工时单位时间投入的劳动力和物质资源较少,施工现场管理简单,便于组织和安排,适用于工程规模较小的工程。但采用依次施工各专业队组不能连续作业,有间歇性,造成窝工,工地物质资源消耗也有间断性,由于没有充分利用工作面去争取时间,拖长了工程的周期,工期长达 80 天。

2)平行施工

平行施工是指全部工程任务的各施工段同时开工、同时完成的一种施工组织方式。

在案例 3-1 中,如果采用平行施工组织方式,其施工进度计划如图 3-1 中"平行施工"所示。从图 3-1 中"平行施工"栏可以看出,平行施工组织方式的优点是充分利用了工作面,完成工程任务的时间最短,工程的周期仅为一幢建筑物的施工时间(20 天);施工队组数成倍增加,机具设备也相应增加,材料供应集中;临时设施、仓库和堆场面积也要增加,从而造成组织安排和施工管理困难,增加施工管理费用。

平行施工一般适用于工期要求紧的工程。大规模的建筑群及分批分期组织施工只有在各方面的资源供应有保障的前提下,平行施工才是合理的。

3)流水施工

流水施工是指所有施工过程按一定的时间间隔依次进行,各个施工过程陆续开工、陆续竣工,使同一施工过程的施工班组连续、均衡地进行,不同的施工过程尽可能平行搭接施工。在案例 3-1 中,采用流水施工组织方式,其施工进度计划如图 3-1"流水施工"栏所示。从图 3-1中"流水施工"栏可以看出,流水施工所需的时间比依次施工短,各施工过程投入的劳动力比平行施工少;各施工队组的施工和物资的消耗具有连续性和均衡性,前后施工过程尽可能平行搭接施工,比较充分地利用了施工工作面;机具、设备、临时设施等比平行施工少,节约施工费用支出;材料等组织供应均匀。可见流水施工综合了依次施工和平行施工的特点,是建筑施工中最合理、最科学的一种组织方式。

4)3 种施工组织方式的比较

由上面分析知,依次施工、平行施工和流水施工是组织施工的 3 种基本方式,其特点及适用的范围不尽相同,三者的比较见表 3-1。

表 3-1　3 种组织施工方式比较

方式	工期	资源投入	评　价	适用范围
依次施工	最长	投入强度低	劳动力投入少,资源投入不集中,有利于组织工作。现场管理工作相对简单,可能会产生窝工现象	规模较小,工作面有限的工程适用
平行施工	最短	投入强度最大	资源投入集中,现场组织管理复杂,不能实现专业化生产	工程工期紧迫,资源有充分的保证及工作面允许情况下可采用
流水施工	较短,介于依次施工与平行施工之间	投入连续均衡	结合了依次施工与平行施工的优点,作业队伍连续,充分利用工作面,是较理想的组织施工方式	一般项目均可采用

3.1.2 流水施工的技术经济效果

流水施工是在依次施工和平行施工的基础上产生的,它既克服了依次施工和平行施工的缺点,又具有它们两者的优点。它的特点是施工的连续性和均衡性,使各种物资资源可以均衡地使用,使施工企业的生产能力可以充分地发挥,劳动力得到了合理的安排和使用,从而带来了较好的技术经济效果,具体可归纳为以下几点:

(1) 由于流水施工的连续性,减少了专业工作的间隔时间,达到了缩短工期的目的,可使拟建工程项目尽早竣工、交付使用,发挥投资效益。

(2) 便于改善劳动组织,改进操作方法和施工机具,有利于提高劳动生产率。

(3) 专业化的生产可提高工人的技术水平,使工程质量相应提高。

(4) 工人技术水平和劳动生产率的提高,可以减少用工量和施工临时设施的建造量,降低工程成本,提高利润水平。

(5) 可以保证施工机械和劳动力得到充分、合理的利用。

(6) 由于工期短、效率高、用人少、资源消耗均衡,可以减少现场管理费和物资消耗,实现合理储存与供应,有利于提高项目经理部的综合经济效益。

3.1.3 组织流水施工的条件

流水施工的实质就是连续、均衡施工。在社会化大生产的条件下,分工已经形成,由于建筑产品体形庞大,通过划分施工段就可将单件产品变成假想的多件产品。组织流水施工的条件主要有以下几点:

1) 划分施工段

根据组织流水施工的需要,将拟建工程在平面上或空间上,划分为劳动量大致相等的若干个施工段。

2) 划分施工过程

根据工程结构的特点及施工要求,划分为若干个分部工程;其次按照工艺要求,工程量大小和施工班组情况,将各分部工程划分为若干个施工过程(即分项工程)。

3) 按照施工过程设置专业班组

根据每个施工过程尽可能组织独立的施工班组,这样可使每个施工班组按施工顺序,依次地、连续地、均衡地从一个施工段到另一个施工段进行相同的施工。

4) 主要施工过程的施工班组必须连续、均衡地施工

对工程量较大、施工时间较长的主要施工过程,必须组织连续、均衡施工;对于其他次要的施工过程,可连续施工也可安排间断施工。

5) 不同的施工过程尽可能组织平行搭接施工

根据施工先后顺序要求,不同的施工过程,在有工作面的条件下,除必要的技术和组织间歇时间外,尽可能组织平行搭接施工,这样可缩短工期。

3.1.4 建筑流水施工的分级与表达形式

1）按照流水施工组织的范围分类

（1）分项工程流水施工

分项工程流水施工也称为细部流水施工，即一个工作队利用同一生产工具，依次、连续地在各施工区域中完成同一施工过程的工作，如浇筑混凝土的工作队依次连续地在各施工区域完成浇筑混凝土的工作，即为分项工程流水施工。

（2）分部工程流水施工

分部工程流水施工也称为专业流水施工，是在一个分部工程内部、各分项工程之间组织的流水施工。例如某办公楼的钢筋混凝土工程是由支模、绑钢筋、浇混凝土等在工艺上有密切联系的分项工程组成的分部工程。施工时，将该办公楼的主体部分在平面上划分为几个区域，组织3个专业工作队，依次、连续地在各施工区域中各自完成同一施工过程的工作，即为分部工程流水施工。

（3）单位工程流水施工

单位工程流水施工也称为综合流水施工，它是在一个单位工程内部、各分部工程之间组织起来的流水施工。如一幢办公楼、一个厂房车间等组织的流水施工。

（4）群体工程流水施工

群体工程流水施工也称为大流水施工，它是在一个个单位工程之间组织起来的流水施工。它是为完成工业或民用建筑而组织起来的全部单位流水施工的总和。

2）建筑流水施工的表达方式

建筑流水施工的表达方式，主要有水平指示图表（横道图）、垂直指示图表（斜线图）和网络图3种。

（1）流水施工水平指示图表

水平指示图表由纵、横坐标两个方向的内容组成，纵坐标表示开展流水施工的施工过程、专业工作队的名称、编号和数目；横坐标表示流水施工的持续时间；呈梯形分布的水平线段表示流水施工的开展情况。

（2）流水施工垂直指示图表

在垂直指示图表中，横坐标表示流水施工的持续时间；纵坐标表示开展流水施工所划分的施工段编号，施工段编号自下而上排列；斜线段表示各专业工作队或施工过程开展流水施工的情况，如图3-2所示。

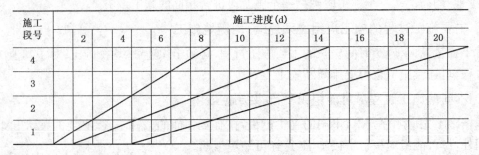

图3-2　流水施工垂直指示图表

（3）网络图

流水施工网络图的表示方式又可分为单代号网络图、双代号网络图、双代号时标网络图和单代号搭接网络图几种,将在第4章网络计划技术中讲述。

3.2　流水施工的基本参数

在组织拟建工程项目流水施工时,用以表达流水施工在工艺流程、空间布置和时间安排等方面开展状态的参数,称为流水参数。在施工组织设计中,一般把流水施工参数分为3类,即工艺参数、空间参数和时间参数。

3.2.1　工艺参数

在组织流水施工时,用以表达流水施工在施工工艺上开展顺序及其特征的参数,称为工艺参数。通常,工艺参数包括施工过程数和流水强度两种。

1）施工过程数（n）

施工过程数是指参与一组流水的施工过程数目,以 n 表示。施工过程是指工序、分项工程、分部工程、单位工程。施工过程划分的数目多少、粗细程度一般与下列因素有关:

（1）施工计划的性质与作用

对工程施工控制性计划、长期计划及建筑群体规模大、结构复杂、施工期长的工程的施工进度计划,其施工过程划分可粗些,综合性大些,一般划分至单位工程或分部工程。对中小型单位工程及施工工期不长的工程的施工实施性计划,其施工过程划分可细些、具体些,一般划分至分项工程。对月度作业性计划,有些施工过程还可分解为工序,如安装模板、绑扎钢筋等。

（2）施工方案及工程结构

施工过程的划分与工程的施工方案及工程结构形式有关。如厂房的柱基础与设备基础挖土,如同时施工,可合并为一个施工过程;若先后施工,可分为两个施工过程。承重墙与非承重墙的砌筑也是如此。砌体结构、大墙板结构、装配式框架与现浇钢筋混凝土框架等不同的结构体系,其施工过程划分及其内容也各不相同。

（3）劳动组织及劳动量大小

施工过程的划分与施工队组的组织形式有关。如安装玻璃、油漆施工可合也可分。施工过程的划分还与劳动量大小有关。劳动量小的施工过程,当组织流水施工有困难时,可与其他施工过程合并。如垫层劳动量较小时可与挖土合并为一个施工过程,这样可以使各个施工过程的劳动量大致相等,便于组织流水施工。

（4）施工过程内容和工作范围

施工过程的划分与其劳动内容和范围有关。如直接在施工现场与工程对象上进行的劳动过程,可以划入流水施工过程,而场外劳动内容（如预制加工、运输等）可以不划入流水施工过程。

施工过程是对某项工作由开始到结束的整个过程的泛称,其内容有繁有简。流水施工中的施工过程的划分应充分考虑到工程项目的结构类型、施工计划的性质、施工方案、劳动组织和劳动内容的不同特点,以能指导施工为原则。

2) 流水强度

流水强度是指某施工过程在单位时间内所完成的工程量,一般以 V_i 表示。

(1) 机械施工过程的流水强度按式(3-1)计算

$$V_i = \sum_{i=1}^{x} R_i \cdot S_i \tag{3-1}$$

式中:V_i——某施工过程 i 的机械操作流水强度;

R_i——投入施工过程 i 的某种施工机械台数;

S_i——投入施工过程 i 的某种施工机械产量定额;

x——投入施工过程 i 的施工机械种类数。

(2) 人工操作过程的流水强度按式(3-2)计算

$$V_i = R_i \cdot S_i \tag{3-2}$$

式中:V_i——某施工过程 i 的人工操作流水强度;

R_i——投入施工过程 i 的专业工作队工人数;

S_i——投入施工过程 i 的专业工作队平均产量定额。

3.2.2 空间参数

空间参数是用来表达流水施工在空间布置上所处状态的参数,包括工作面、施工段和施工层。

1) 工作面

工作面是指供某专业工种的工人或某种施工机械进行施工的活动空间。工作面的大小,表明能安排施工人数或机械台班数的多少。每个作业的工人或每台施工机械所需工作面的大小,取决于单位时间内其完成的工程量和安全施工的要求。工作面确定得合理与否,直接影响专业工作队的生产效率,因此必须合理确定工作面。表3-2列出了主要专业工种的工作面参考数据。

某专业工种的工人在从事建筑产品施工生产过程中,所必须具备的活动空间,这个活动空间称为工作面。它的大小是根据相应工种单位时间内的产量定额、工程操作规程和安全规程等的要求确定的。工作面确定的合理与否,直接影响到专业工种工人的劳动生产效率,因此必须合理确定工作面。表3-2列出了主要专业工种的工作面参考数据。

表 3-2 主要专业工种工作面参考数据表

工 作 项 目	每个技工的工作面	说 明
砖基础	7.6 m/人	以1砖半计,2砖乘以0.8,3砖乘以0.55
砌砖墙	8.5 m/人	以1砖计,1砖半乘以0.7,2砖乘以0.57

续表 3-2

工作项目	每个技工的工作面	说明
毛石墙基	3.0 m/人	以 60 cm 计
毛石墙	3.3 m/人	以 40 cm 计
混凝土柱、墙基础	8.0 m³/人	机拌、机捣
混凝土设备基础	7.0 m³/人	机拌、机捣
现浇钢筋混凝土柱	2.45 m³/人	机拌、机捣
现浇钢筋混凝土梁	3.20 m³/人	机拌、机捣
现浇钢筋混凝土墙	5.0 m³/人	机拌、机捣
现浇钢筋混凝土楼板	5.3 m³/人	机拌、机捣
预制钢筋混凝土柱	3.6 m³/人	机拌、机捣
预制钢筋混凝土梁	3.6 m³/人	机拌、机捣
预制钢筋混凝土屋架	2.7 m³/人	机拌、机捣
预制钢筋混凝土平板、空心板	1.91 m³/人	机拌、机捣
预制钢筋混凝土大型屋面板	2.62 m³/人	机拌、机捣
混凝土地坪及面层	40 m²/人	机拌、机捣
外墙抹灰	16 m²/人	
内墙抹灰	18.5 m²/人	
卷材屋面	18.5 m²/人	
防水水泥砂浆屋面	16 m²/人	
门窗安装	11 m²/人	

2）施工段

将施工对象在平面上划分成若干个劳动量大致相等的施工段。施工段的数目通常用 m 表示,它是流水施工的基本参数之一。划分施工段的目的在于能使不同工种的专业队同时在工程对象的不同工作面上进行作业,这样能充分利用空间,为组织流水施工创造条件。划分施工段时需要考虑的因素如下:

(1) 首先要考虑结构界限(沉降缝、伸缩缝、单元分界限等),有利于结构的整体性。

(2) 尽量使各施工段上的劳动量相等或相近。

(3) 各施工段要有足够的工作面。

(4) 施工段数不宜过多。

(5) 尽量使各专业队(组)连续作业。这就要求施工段数与施工过程数相适应,划分施工段数应尽量满足下列要求:

$$m \geqslant n \qquad\qquad (3-3)$$

式中:m——每层的施工段数。

n——每层参加流水施工的施工过程数或作业班组总数。

① 当 $m > n$ 时，各专业队（组）能连续施工，但施工段有空闲。

② 当 $m = n$ 时，各专业队（组）能连续施工，各施工段上也没有闲置。这种情况是最理想的。

③ 当 $m < n$ 时，对单栋建筑物组织流水时，专业队（组）就不能连续施工而产生窝工现象。但在数幢同类型建筑物的建筑群中，可在各建筑物之间组织大流水施工。

【知识链接】

施工缝：受到施工工艺的限制，按计划中断施工而形成的接缝，被称为施工缝。混凝土结构由于分层浇筑，在本层混凝土与上一层混凝土之间形成的缝隙，就是最常见的施工缝。所以并不是真正意义上的缝，而应该是一个面。

沉降缝：为克服结构不均匀沉降而设置的缝，须从基础到上部结构完全分开。

伸缩缝：为克服过大的温度应力而设置的缝，基础可不断开。

抗震缝：为使建筑物较规则，以期有利于结构抗震而设置的缝，基础可不断开。

【案例 3-2】 某两层现浇钢筋混凝土工程，其施工过程为安装模板、绑扎钢筋和浇筑混凝土。若工作队在各施工过程的工作时间均为 2 天，试安排该工程的流水施工。

【解析】 （1）当 $m < n$ 时，即每层分 2 个施工段组织流水施工时，其进度安排如图 3-3 所示。

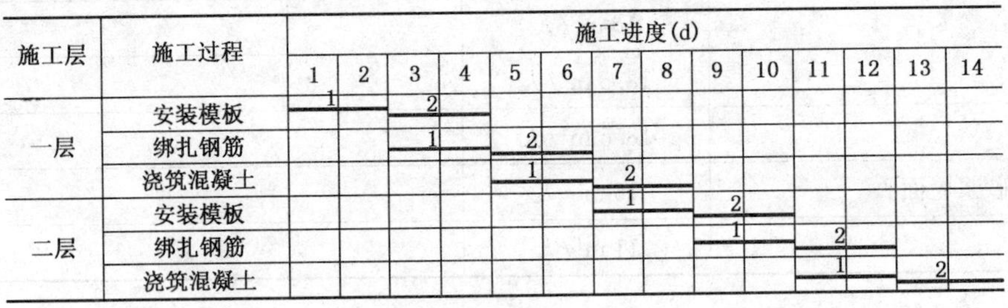

施工层	施工过程	施工进度(d)													
		1	2	3	4	5	6	7	8	9	10	11	12	13	14
一层	安装模板	1		2											
	绑扎钢筋			1		2									
	浇筑混凝土					1		2							
二层	安装模板							1		2					
	绑扎钢筋									1		2			
	浇筑混凝土											1		2	

图 3-3 流水施工进度安排方法一（$m < n$）

从图 3-3 可看出这种施工进度安排方法，尽管施工段上未出现停歇，但各专业施工队组做完了第一层，因不能及时进入第二层施工段施工而轮流出现窝工现象，这对一个建筑物组织流水施工是不适宜的。但有若干幢同类型建筑物时，以一个建筑物为一个施工段，可组织幢号大流水施工。

（2）当 $m = n$ 时，即每层分 3 个施工段组织流水施工时，其进度安排如图 3-4 所示。

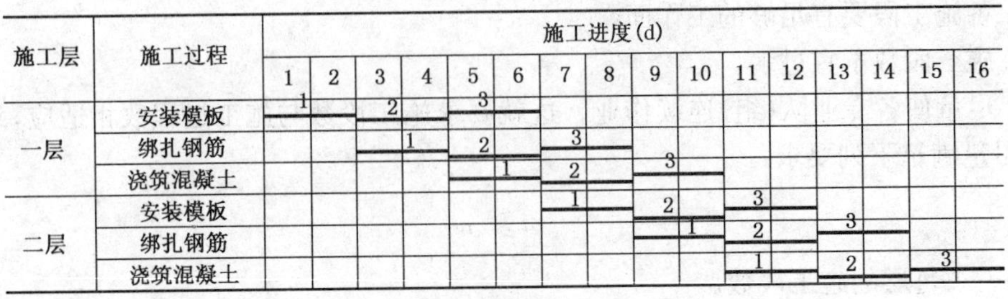

施工层	施工过程	施工进度(d)															
		1	2	3	4	5	6	7	8	9	10	11	12	13	14	15	16
一层	安装模板	1		2		3											
	绑扎钢筋			1		2		3									
	浇筑混凝土					1		2		3							
二层	安装模板							1		2		3					
	绑扎钢筋									1		2		3			
	浇筑混凝土											1		2		3	

图 3-4 流水施工进度安排方法二（$m = n$）

从图 3-4 可看出这种施工进度安排方法,各施工班组均能保持连续施工,每一施工段始终有施工班组,工作面能充分利用,无停歇现象,也不会产生工人窝工现象,这是比较理想的情况。

(3) 当 $m > n$ 时,即每层分 3 个施工段组织流水施工时,其进度安排如图 3-5 所示。

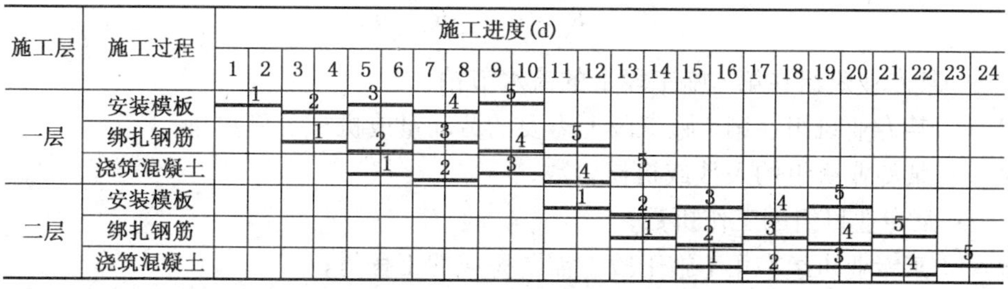

施工层	施工过程	施工进度(d)																							
		1	2	3	4	5	6	7	8	9	10	11	12	13	14	15	16	17	18	19	20	21	22	23	24
一层	安装模板																								
	绑扎钢筋																								
	浇筑混凝土																								
二层	安装模板																								
	绑扎钢筋																								
	浇筑混凝土																								

图 3-5　流水施工进度安排方法三($m > n$)

从图 3-5 可看出这种施工进度安排方法,施工班组的施工仍是连续的,但第一层第一施工段浇筑混凝土后不能立即投入第二层的第一施工段工作,即施工段上有停歇。同样,其他施工段上也发生同样的停歇,致使工作面出现空闲的情况。但工作面的空闲并不一定有害,有时还是必要的,如可以利用空闲的时间做养护、备料、弹线等工作。但当施工段数目过多,必然使工作面减小,从而减少施工班组的人数,势必延长工期。

3) 施工层

施工层是指为满足竖向流水施工的需要,在建筑物垂直方向上划分的施工区段。施工层的划分视工程对象的具体情况而定,一般以建筑物的结构层作为施工层。例如:一个 18 层的全现浇剪刀墙结构的房屋,其结构层数就是施工层数。如果该房屋每层划分为 3 个施工段,那么其总的施工段数:

$$m = 18 \text{层} \times 3 \text{段} / \text{层} = 54 \text{段}$$

3.2.3　时间参数

在组织流水施工时,用以表达流水施工在时间排列上所处状态的参数,称为时间参数。时间参数包括:流水节拍、流水步距、平行搭接时间、技术间歇时间与组织管理间歇时间、工期。

1) 流水节拍(t)

流水节拍是指在施工段上的持续时间。即指从事某一施工过程的施工队组在一个施工段上完成施工任务所需的时间,用符号 t_i 表示($i = 1, 2\cdots$)。

(1) 流水节拍的确定

流水节拍的大小直接关系到投入的劳动力、机械和材料量的多少,决定着施工速度和施工的节奏,因此,合理确定流水节拍具有重要的意义。流水节拍可按下列 3 种方法确定:

① 定额计算法。这是根据各施工段的工程量和现有能够投入的资源量(劳动力、机械台数和材料量等),按式(3-4)或式(3-5)进行计算。

$$t_i = \frac{Q_i}{S_i \cdot R_i \cdot b_i} = \frac{P_i}{R_i \cdot b_i} \tag{3-4}$$

或

$$t_i = \frac{Q_i \cdot H_i}{R_i \cdot b_i} = \frac{P_i}{R_i \cdot b_i} \tag{3-5}$$

式中：t_i——某专业班组在第 i 施工段上的流水节拍；

　　　P_i——某专业班组在第 i 施工段上需要的劳动量或机械台班数量；

　　　R_i——某专业班组的人数或机械台数；

　　　b_i——某专业班组的工作班数；

　　　Q_i——某专业班组在第 i 施工段上需要完成的工程量；

　　　S_i——某专业班组的计划产量定额（如：m³/工日）；

　　　H_i——某专业班组的计划时间定额（如：工日/m³）。

在式(3-4)和式(3-5)中，S_i 和 H_i 应是施工企业的工人或机械所能达到的实际定额水平。

② 经验估算法。它是根据以往的施工经验进行估算。一般为了提高其准确程度，往往先估算出该流水节拍的最长、最短和最可能 3 种时间，然后据此求出期望时间作为某施工队组在某施工段上的流水节拍。因此，本方法又称为 3 种时间估算法。一般按式(3-6)计算。

$$t_i = \frac{a + 4c + b}{6} \tag{3-6}$$

式中：t_i——某施工过程在某施工段上的流水节拍；

　　　a——某施工过程在某施工段上的最短估算时间；

　　　b——某施工过程在某施工段上的最长估算时间；

　　　c——某施工过程在某施工段上的最可能估算时间。

这种方法多适用于采用新工艺、新方法和新材料等没有定额可循的工程。

③ 工期计算法。对某些施工任务在规定日期内必须完成的工程项目，往往采用倒排进度法，即根据工期要求先确定流水节拍 t_i，然后应用式(3-4)、式(3-5)求出所需的施工队组人数或机械台数。但在这种情况下，必须检查劳动力和机械供应的可能性，物资供应能否与之相适应。

(2) 确定流水节拍的要点

① 施工班组人数主要符合该施工过程最少劳动组合人数的要求。例如：现浇钢筋混凝土施工过程，它包括上料、搅拌、运输、浇捣等施工操作环节，如果人数太少，是无法组织施工的。

② 要考虑工作面的大小或某种条件的限制，施工班组人数也不能太多，每个工人的工作面要符合最小工作面的要求。否则，就不能发挥正常的施工效率或不利于安全生产。主要工种的最小工作面可参考表 3-2 的有关数据。

③ 要考虑各种机械台班的效率（吊装次数）或机械台班产量的大小。

④ 要考虑各种材料、构件等施工现场堆放量、供应能力及其他有关条件的制约。

⑤ 要考虑施工及技术条件的要求。例如不能留施工缝必须连续浇筑的钢筋混凝土工程，有时要按三班制工作的条件决定流水节拍，以确保工程质量。

⑥ 确定一个分部工程各施工过程的流水节拍时，首先应考虑主要的工程量大的施工过程

节拍(它的节拍值最大,对工程起主要作用),其次确定其他施工过程的节拍值。

⑦ 流水节拍的数值一般取整数,必要时可取半天。

2) 流水步距(K)

在组织流水施工时,相邻的两个施工专业班组先后进入同一施工段开始施工的间隔时间,称为流水步距。通常以 $K_{i,i+1}$ 表示(i 表示前一个施工过程,$i+1$ 表示后一个施工过程)。

流水步距的大小,对工期有着较大的影响。一般说来,在施工段不变的条件下,流水步距越大,工期越长;流水步距越小,则工期越短。流水步距还与前后两个相邻施工过程流水节拍的大小、施工工艺技术要求、施工段数目、流水施工的组织方式有关。

流水步距的数目等于($n-1$)个参加流水施工的施工过程(队组)数。

(1) 确定流水步距的基本要求

① 主要施工队组连续施工的需要。流水步距的最小长度,必须使主要施工专业队组进场以后,不发生停工、窝工现象。

② 施工工艺的要求。保证每个施工段的正常作业程序,不发生前一个施工过程尚未全部完成,而后一个施工过程提前介入的现象。

③ 最大限度搭接的要求。流水步距要保证相邻两个专业队在开工时间上最大限度地合理地搭接。

④ 要满足保证工程质量,满足安全生产、成品保护的需要。

(2) 确定流水步距的方法

① 分析计算法。在流水施工中,如果同一施工过程在各施工段上的流水节拍相等,则各相邻施工过程之间的流水步距可按式(3-7)计算:

$$K_{i,i+1} = \begin{cases} t_i + (t_j - t_d) & (当 t_i \leqslant t_{i+1} 时) \\ mt_i - (m-1)t_{i+1} + (t_j - t_d) & (当 t_i > t_{i+1} 时) \end{cases} \tag{3-7}$$

式中:t_i——第 i 个施工过程的流水节拍;

t_{i+1}——第 $i+1$ 个施工过程的流水节拍;

t_j——第 i 个施工过程与第 $i+1$ 个施工过程之间的间歇时间;

t_d——第 $i+1$ 个施工过程与第 1 个施工过程之间的搭接时间。

【案例 3-3】 某工程有 A、B、C、D 四个施工过程,划分为 4 个施工段,每个施工过程的流水节拍分别为 4 天、3 天、3 天、4 天;施工过程 B 和 C 之间有 2 天技术间歇时间,施工过程 C 和 D 之间可以搭接 1 天。试计算各施工过程间的流水步距。

【解析】 (1) 计算 A、B 两个施工过程流水步距

由于 $t_A > t_B$,$t_j = t_d = 0$

所以 $K_{AB} = mt_A - (m-1)t_B + (t_j - t_d) = 4 \times 4 - (4-1) \times 3 + (0-0) = 7(天)$

(2) 计算 B、C 两个施工过程流水步距

由于 $t_B = t_C$,$t_j = 2$,$t_d = 0$

所以 $K_{BC} = t_B + (t_j - t_d) = 3 + (2-0) = 5(天)$

(3) 计算 C、D 两个施工过程流水步距

由于 $t_C < t_D$,$t_j = 0$,$t_d = 1$

所以 $K_{CD} = t_C + (t_j - t_d) = 3 + (0-1) = 2(天)$

② 累加数列法。累加数列法没有计算公式,它的文字表达式为:"累加数列错位相减取大差"。其计算步骤如下。

第一步:根据专业工作队在每个施工段上的流水节拍逐段累加,求出累加数列。

第二步:根据施工顺序,对所求相邻的两累加数列错位相减。

第三步:根据错位相减的结果,确定相邻施工队组之间的流水步距,即相减结果中数值最大者为流水步距。

【案例 3-4】 某工程有 A、B、C 三个施工过程,划分为 6 个施工段,各施工过程在各施工段上的流水节拍不完全相同,各施工过程在各施工段上的流水节拍如表 3-3 所示。试确定各施工过程间的流水步距。

表 3-3 各专业工作队在每个施工段上的流水节拍

施工过程	施工段					
	1	2	3	4	5	6
A	3	3	2	2	2	2
B	4	2	3	2	2	3
C	2	2	3	3	3	2

【解析】 (1)求累加数列

施工过程 A 的累加数列为:$3,3+3,\cdots,3+3+2+2+2,3+3+2+2+2+2$,即 $3,6,8,10,12,14$。

同理,施工过程 B 的累加数列为:$4,6,9,11,13,16$。

施工过程 C 的累加数列为:$2,4,7,10,13,15$。

(2)求 K_{AB}

$$
\begin{array}{rccccccc}
 & 3 & 6 & 8 & 10 & 12 & 14 & \\
-) & & 4 & 6 & 9 & 11 & 13 & 16 \\
\hline
 & 3 & 2 & 2 & 1 & 1 & 1 & -16
\end{array}
$$

所以,$K_{AB}=3$(天)

(3)求 K_{BC}

$$
\begin{array}{rccccccc}
 & 4 & 6 & 9 & 11 & 13 & 16 & \\
-) & & 2 & 4 & 7 & 10 & 13 & 15 \\
\hline
 & 4 & 4 & 5 & 4 & 3 & 3 & -15
\end{array}
$$

所以,$K_{BC}=5$(天)

3)间歇时间(Z)

在组织流水施工时,有些施工过程完成后,后续施工过程不能立即投入施工,必须有足够的间歇时间。

(1)技术间歇时间(Z_1)

技术间歇时间是指由于施工工艺或质量保证的要求,在相邻两个施工过程之间必有的时间间隔。比如砖混结构的每层圈梁混凝土浇筑以后,必须经过一定的养护时间才能进行其上预制楼板的安装工作;再如屋面找平层完后,必须经过一定的时间使其干燥后才能铺贴卷材防水层等。

(2)组织间歇时间(Z_2)

组织间歇时间是指由于组织方面的因素,在相邻两个施工过程之间留有的时间间隔。这是为对前一施工过程进行检查验收或为后一施工过程的开始做必要的施工组织准备而考虑的间歇时间。比如浇筑混凝土之前要检查钢筋及预埋件并做记录;又如基础混凝土垫层浇筑及养护后,必须进行墙身位置的弹线,才能砌筑基础墙等。

4)平行搭接时间(C)

平行搭接时间是指在同一施工段上,不等前一施工过程施工完,后一施工过程就投入施工,相邻两施工过程同时在同一施工段上的工作时间。平行搭接时间可使工期缩短,所以能搭接的尽量搭接。

5)工期(T)

工期是指完成一项工程任务或一个流水组施工所需的时间,一般可采用式(3-8)计算:

$$T = \sum K_{i,i+1} + T_n + \sum Z_{i,i+1} - \sum C_{i,i+1} \tag{3-8}$$

式中:T——流水施工工期;

$\sum K_{i,i+1}$——流水施工中各流水步距之和;

T_n——流水施工中最后一个施工过程的持续时间;

$\sum Z_{i,i+1}$——第 i 个施工过程与第 $i+1$ 个施工过程之间的间歇时间;

$\sum C_{i,i+1}$——第 i 个施工过程与第 $i+1$ 个施工过程之间的平行搭接时间。

3.3 流水施工的组织方式

建筑工程的流水施工要求有一定的节拍,才能步调和谐,配合得当。流水施工的节奏是由节拍所决定的。由于建筑工程的多样性,各分部分项的工程量差异较大,要使所有的流水施工都组织成统一的流水节拍是很困难的。在大多数情况下,各施工过程的流水节拍不一定相等,甚至一个施工过程本身在各施工段上的流水节拍也不相等。因此形成了不同节奏特征的流水施工。

根据流水施工的节奏特征不同,流水施工可划分为有节奏流水施工和无节奏流水施工,有节奏流水施工又可分为等节奏流水施工和异节奏流水施工。

3.3.1 有节奏流水施工

有节奏流水是指同一施工过程在各施工段上的流水节拍都相等的一种流水施工方式。根据不同施工过程之间的流水节拍是否相等,有节奏流水施工又可分为等节奏流水施工和异节奏流水施工。

1) 等节奏流水施工

等节奏流水施工是指同一施工过程在各施工段上的流水节拍都相等,并且不同施工过程之间的流水节拍也相等的一种流水施工方式。即各施工过程的流水节拍均为常数,故又称全等节拍流水施工或固定节拍流水施工。

(1) 等节奏流水有以下基本特征:

① 各个施工过程在各个施工段上的流水节拍彼此相等。

② 当没有平行搭接和间歇时,流水步距等于流水节拍,即 $K = t$。

③ 每个施工过程在每个施工段上均由一个专业施工队独立完成作业。即,施工班组数 (n_1) 等于施工过程数 (n)。

④ 各个施工过程的施工速度相等,均等于 mt。

(2) 等节奏流水施工根据流水步距的不同有下列两种情况:

① 等节拍等步距流水施工

等节拍等步距流水施工即各流水步距值均相等,且等于流水节拍值的一种流水施工方式。各施工过程之间没有技术与组织间歇时间 ($Z = 0$),也不安排相邻施工过程在同一施工段上的搭接施工 ($C = 0$)。有关参数计算如下。

a. 流水步距的计算

这种情况下的流水步距都相等且等于流水节拍,即 $K = t$。

b. 流水工期的计算

因为

$$\sum K_{i,i+1} = (n-1)t \qquad T_n = mt$$

所以

$$T = \sum K_{i,i+1} + T_n = (n-1)t + mt = (m+n-1)t \tag{3-9}$$

式中: T —— 流水施工的工期;

m —— 施工段数;

K —— 流水步距;

n —— 施工过程数;

T_n —— 最后一个施工过程作业持续时间,$T_n = mt$。

【案例3-5】 某工程划分为 A、B、C、D 四个施工过程,每个施工过程分为 5 个施工段,流水节拍均为 3 天,试组织等节拍等步距流水施工。

【解析】 根据题设条件和要求,该题只能组织全等节拍流水施工。

(1) 确定流水步距:由等节奏流水的特征可知

$$K = t = 3(天)$$

(2) 确定计算总工期:

$$T = (m+n-1)t = (5+4-1) \times 3 = 24(天)$$

(3) 绘制流水施工进度图,见图 3-6 所示。

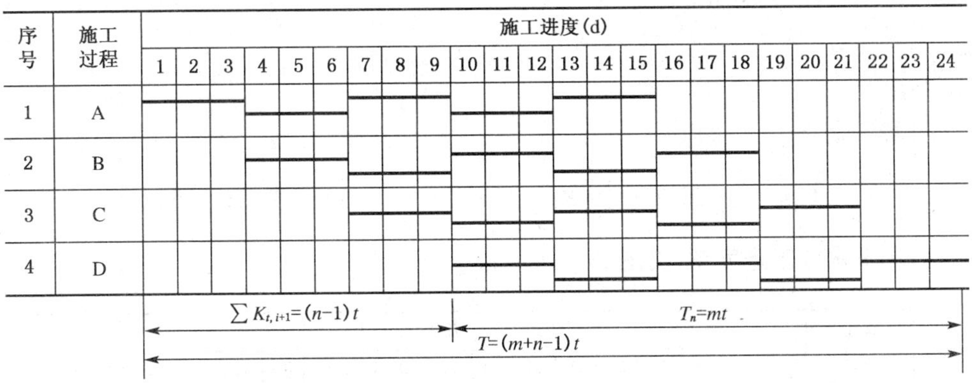

序号	施工过程	施工进度(d)																						
		1	2	3	4	5	6	7	8	9	10	11	12	13	14	15	16	17	18	19	20	21	22	23	24
1	A																								
2	B																								
3	C																								
4	D																								

$\sum K_{t,i+1}=(n-1)t$ $T_n=mt$

$T=(m+n-1)t$

图 3-6　某工程等节拍等步距流水施工进度图

② 等节拍不等步距流水施工

等节拍不等步距流水施工即各施工过程的流水节拍全部相等,但各流水步距不相等(有的步距等于节拍,有的步距不等于节拍)。这是由于各施工过程之间,有的需要有技术与组织间歇时间,有的可以安排搭接施工所致。有关参数计算如下。

a. 流水步距的计算

这种情况下的流水步距 $K_{i,i+1}=t_i+(Z_1+Z_2-C)$。

b. 流水工期的计算

因为

$$\sum K_{i,i+1}=(n-1)t+\sum Z_1+\sum Z_2-\sum C$$

$$T_n=mt$$

所以

$$T=(n-1)t+\sum Z_1+\sum Z_2-\sum C+mt=(m+n-1)t+\sum Z_1+\sum Z_2-\sum C$$

(3-10)

在组织多层建筑物既有施工层中各施工过程间技术、组织间歇时间,又有楼层间的技术、组织间歇时间和平行搭接的流水施工时,为保证工作队在层间连续施工,施工段 m 应满足下列条件:

$$m \geqslant n+\frac{\sum Z_1}{K}+\frac{Z_3}{K}-\frac{\sum C}{K}$$

(3-11)

式中: $\sum Z_1$——施工层中各施工过程间技术、组织间歇时间之和;

Z_3——楼层间的技术、组织间歇时间。

其他符号含义同前。

【案例3-6】 某4层4单元砖混结构住宅楼主体工程,由砌砖墙、现浇梁板、吊装预制板3个施工过程组成,它们的流水节拍均为3天。设现浇梁板后要养护2天才能吊装预制楼板,吊装完楼板后要嵌缝、找平弹线1天,试确定每层施工段数 m 及流水工期 T,并绘制流水进度图。

【解析】 (1)确定施工段数。

当案例属于层间施工,又有技术间歇及层间间歇时,其每个施工层施工段数可按式(3-11)

来计算：

则取
$$m = 3 + \frac{2}{3} + \frac{1}{3} = 4(段)$$

（2）计算工期。

$$T = (jm + n - 1)t + \sum Z_1 = (4 \times 4 + 3 - 1) \times 3 + 2 = 56(天)$$

（3）绘制流水施工进度图，见图3-7所示。

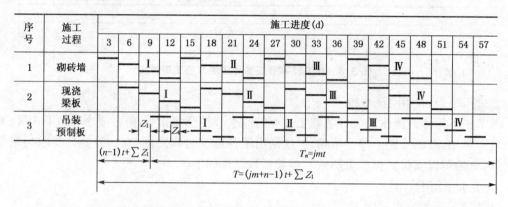

图3-7 层间有间歇等节拍不等步距流水施工进度图（Ⅰ、Ⅱ、Ⅲ、Ⅳ表示施工层）

等节奏流水施工的组织方法是：首先划分施工过程，应将劳动量小的施工过程合并到相邻施工过程中去，以使各流水节拍相等；其次确定主要施工过程的施工队组人数，计算其流水节拍；最后根据已定的流水节拍，确定其他施工过程的施工队组人数及其组成。

等节奏流水施工一般适用于工程规模较小、建筑结构比较简单、施工过程不多的房屋或某些构筑物，常用于组织一个分部工程的流水施工。

2）异节奏流水施工

异节奏流水是指同一施工过程在各施工段上的流水节拍都相等，但不同施工过程之间的流水节拍不完全相等的一种流水施工方式。异节奏流水又可分为成倍节拍流水和不等节拍流水。

（1）成倍节拍流水

成倍节拍流水是指同一施工过程在各个施工段的流水节拍相等，不同施工过程之间的流水节拍不完全相等，但各施工过程的流水节拍均为其中最小流水节拍的整数倍（或公约数）的流水施工方式，为加快流水施工速度，可按最大公约数的倍数确定每个施工过程的专业工作队，这样便构成了一个工期最短的成倍节拍流水施工方案。

① 成倍节拍流水施工的特征

a. 同一施工过程流水节拍相等，不同施工过程流水节拍之间存在整数倍（或公约数）关系。

b. 流水步距彼此相等，且等于流水节拍值的最大公约数。

c. 各专业施工队都能够保证连续作业，施工段没有空闲。

d. 施工队组数（n_1）大于施工过程数（n），即 $n_1 > n$。

② 流水步距的确定

计算公式为

$$K_{i,i+1} = K_b \tag{3-12}$$

式中：K_b——成倍节拍流水步距,取流水节拍的最大公约数。

③ 每个施工过程的施工队组数确定

计算公式为

$$b_i = \frac{t_i}{K_b} \tag{3-13}$$

$$n_1 = \sum b_i \tag{3-14}$$

④ 流水施工工期的确定

无层间关系时,有

$$T = (m + n_1 - 1)K_b + \sum (Z_1 + Z_2 - C) \tag{3-15}$$

有层间关系时,有

$$T = (mj + n_1 - 1)K_b + \sum (Z_1 + Z_2 - C) \tag{3-16}$$

式中：j——施工层数

其他符号含义同前。

【案例 3-7】 某现浇钢筋混凝土结构由支模板(A)、扎钢筋(B)和浇混凝土(C)3 个分项工程组成,分 6 段组织施工,各施工过程的流水节拍分别为支模板 6 天,扎钢筋 4 天,浇混凝土 2 天。试按成倍节拍流水组织施工。

【解析】 解:① 确定流水步距

$$K = K_b = \min\{t_A, t_B, t_C\} = \{6, 4, 2\} = 2(天)$$

② 计算各个施工过程的施工队数

$$b_A = t_A/K = \frac{6}{2} = 3(队)$$

$$b_B = t_B/K = \frac{4}{2} = 2(队)$$

$$b_C = t_C/K = \frac{2}{2} = 1(队)$$

$$n_1 = \sum_{i=1}^{3} b_i = 1 + 2 + 3 = 6(队)$$

③ 计算工期

$$T = (m + n_1 - 1)K_b + \sum (Z_1 + Z_2 - C)$$
$$= (6 \times 1 + 6 - 1) \times 2 + (0 + 0 - 0) = 22(天)$$

④ 绘制流水施工进度表(如图 3-8)

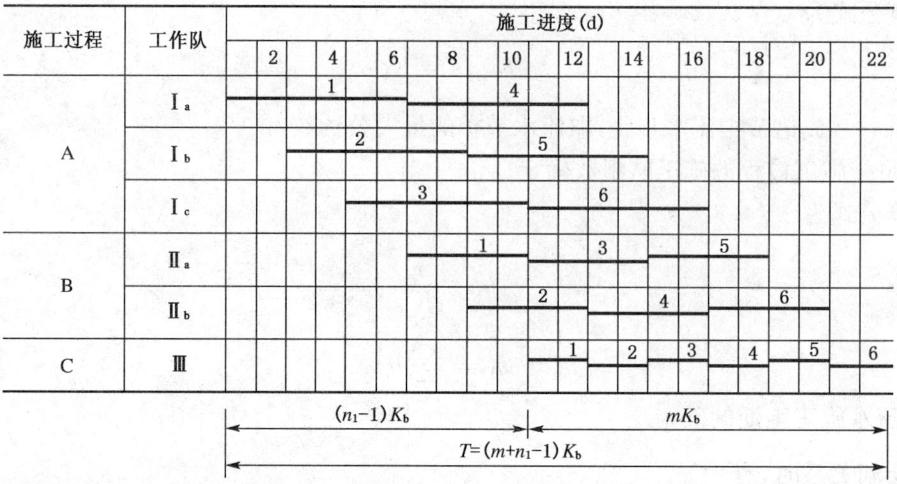

施工过程	工作队	施工进度(d)										
		2	4	6	8	10	12	14	16	18	20	22
A	Ⅰa	1				4						
	Ⅰb		2				5					
	Ⅰc			3				6				
B	Ⅱa					1		3		5		
	Ⅱb						2		4		6	
C	Ⅲ							1	2	3	4	5	6

$$(n_1-1)K_b \qquad mK_b$$
$$T=(m+n_1-1)K_b$$

图 3-8 某工程成倍节拍流水施工进度图

(2) 不等节拍流水

有时由于各施工过程之间的工程量相差很大,各施工班组的施工人数又有所不同,使得不同施工过程在各施工段上的流水节拍无规律性。这时,若组织全等节拍或成倍节拍流水均有困难,则可组织不等节拍流水。

不等节拍流水是指同一施工过程在各个施工段的流水节拍相等,不同施工过程之间的流水节拍既不相等也不成倍数的流水施工方式。组织不等节拍流水的基本要求是:各施工班组尽可能依次在各施工段上连续施工,允许有些施工段出现空闲,但不允许许多个施工班组在同一施工段交叉作业,更不允许发生工艺顺序颠倒的现象。

不等节拍流水实质上是一种不等节拍不等步距的流水施工,这种方式适用于施工段大小相等的工程施工组织。

3.3.2 无节奏流水施工

无节奏流水施工是指同一施工过程在各施工段上的流水节拍不全相等,不同的施工过程之间流水节拍也不相等的一种流水施工方式。无节奏流水施工是利用流水施工的基本概念,在保证施工工艺、满足施工顺序要求的前提下,按照一定的计算方法,确定相邻专业施工队组之间的流水步距,使其在开工时间上最大限度地、合理地搭接起来,形成每个专业施工队组都能连续作业的流水施工方式。

在实际工程中,通常每个施工过程在各个施工段上的工程量彼此不等,各专业施工队组的生产效率相差较大,导致大多数的流水节拍也彼此不相等,因此有节奏流水施工,尤其是全等节拍施工和成倍节拍流水施工往往是难以组织的。而组织无节奏流水施工,在进度安排上比较自由、灵活,是实际工程组织施工最普遍、最常用的一种方法。

1) 无节奏流水施工的特点

(1) 各个施工过程在各个施工段上的流水节拍不尽相等,也无特定规律。

(2) 各个施工过程之间的流水步距不完全相等且差异较大。

（3）各施工作业队能够在施工段上连续作业,但有的施工段之间可能有空闲时间。

（4）施工队组数 n_1 等于施工过程数 n。

2）流水步距的确定

流水施工的流水步距通常采用前述的"累加数列法"确定。

3）分别流水施工工期

$$T = \sum K_{i,i+1} + T_n + \sum Z_1 + \sum Z_2 - \sum C \qquad (3\text{-}17)$$

式中：T_n——最后一个施工过程作业持续时间,$T_n = mt$。

其他符号含义同前。

4）无节奏流水施工的组织

无节奏流水施工的实质是：各工作队连续作业,流水步距经计算确定,使专业工作队之间在一个施工段内不相互干扰(不能超前,但可能滞后),或做到前后工作队之间的工作紧紧衔接。因此,组织无节奏流水施工的关键就是正确计算流水步距。

【案例 3-8】 某基础工程划分为开挖基槽 A、混凝土垫层 B、砌砖基础 C、回填土 D 四个施工过程,分 3 个施工段组织施工,各施工过程的流水节拍见表 3-4,且施工过程 B 完成后需要有 1 天的技术间歇时间,试组织无节奏流水施工。

表 3-4 各施工过程的持续时间表

施工过程	施工段		
	①	②	③
开挖基槽 A	2	2	3
混凝土垫层 B	3	3	4
砌砖基础 C	3	2	4
回填土 D	3	4	3

【解析】 根据所给资料知：各施工过程在不同的施工段上流水节拍不尽相等,故可组织无节奏流水施工。

（1）计算流水步距

① 求累加数列

施工过程 A 的累加数列为：2,2+2,2+2+3,即 2,4,7;同理,求施工过程 B、C、D 的累加数列,得各施工过程流水节拍的累加数列如表 3-5 所示。

表 3-5 各施工过程流水节拍的累加数列表

施工过程	施工段		
	①	②	③
开挖基槽 A	2	4	7
混凝土垫层 B	3	6	10
砌砖基础 C	3	5	9
回填土 D	3	7	10

② 求 K_{AB}

$$
\begin{array}{r}
2 \quad 4 \quad 7 \\
-\quad 3 \quad 6 \quad 10 \\
\hline
2 \quad 1 \quad 1 \quad -10
\end{array}
$$

$K_{A,B} = \max\{2,1,1,-10\} = 2（天）$

③ 求 K_{BC}

$$
\begin{array}{r}
3 \quad 6 \quad 10 \\
-\quad 3 \quad 5 \quad 9 \\
\hline
3 \quad 3 \quad 5 \quad -9
\end{array}
$$

$K_{B,C} = \max\{3,3,5,-9\} = 5（天）$

④ 求 K_{CD}

$$
\begin{array}{r}
3 \quad 5 \quad 9 \\
-\quad 3 \quad 7 \quad 10 \\
\hline
3 \quad 2 \quad 2 \quad -10
\end{array}
$$

$K_{C,D} = \max\{3,2,2,-10\} = 3（天）$

（2）计算工期

$$
T = \sum K_{i,i+1} + T_n + \sum Z_1 + \sum Z_2 - \sum C
$$
$$
= (2+5+3) + (3+4+3) + 1 = 21（天）
$$

（3）绘制流水施工进度表（如图 3-9）

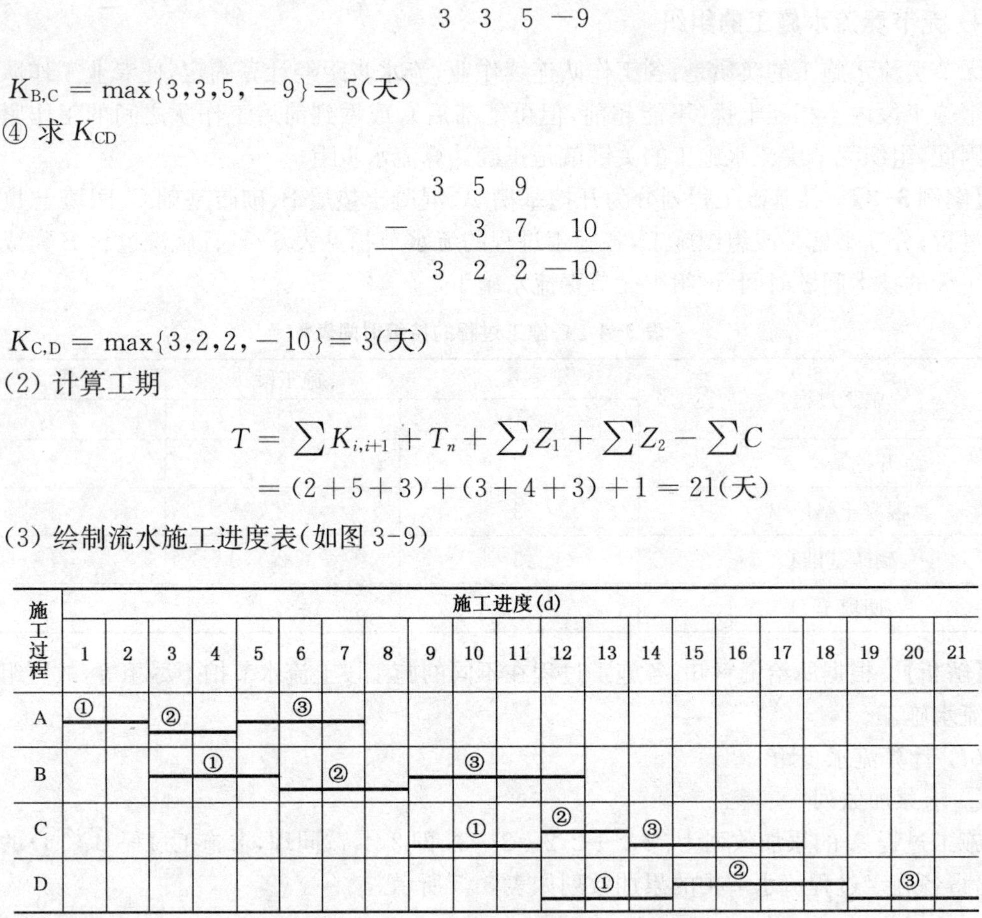

施工过程	施工进度(d)																				
	1	2	3	4	5	6	7	8	9	10	11	12	13	14	15	16	17	18	19	20	21
A	①		②		③																
B			①			②			③												
C								①			②		③								
D											①			②					③		

图 3-9　某基础工程流水施工进度图

　　无节奏流水不像有节奏流水那样有一定的时间约束，在进度安排上比较灵活、自由。适用于各种不同结构性质和规模的工程施工组织，实际应用比较广泛。

　　在上述各种流水施工的基本方式中，全等节拍和成倍节拍流水通常在一个分部或分项工程中，组织流水施工比较容易做到，即比较适用于组织专业流水或细部流水。但对一个单位工程，特别是一个大型的建筑群来说，要求所划分的各分部、分项工程都采用相同的流水参数（施工过程数、施工段数、流水节拍和流水步距等）组织流水施工，往往十分困难，也不容易达到。

因此,到底采用哪一种流水施工的组织形式,除了分析流水节拍的特点,还要考虑工期要求和项目经理部自身的具体施工条件。

任何一种流水施工的组织形式,仅仅是一种组织管理手段,其最终目的是要实现企业目标,工程质量好、工期短、效益高和安全施工。

3.4　流水施工案例

流水施工是一种科学组织施工的方法,编制施工进度计划时应尽量采用流水施工方法,以保证施工有较为鲜明的节奏性、均衡性和连续性。下面用一个工程施工实例来阐述流水施工的具体应用。

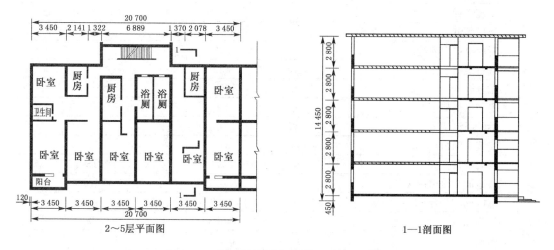

图 3-10　混合结构居住房屋平、剖面示意图

图 3-10 为某 5 层三单元砖混结构房屋的平、剖面示意图,建筑面积为 3 075 m²。钢筋混凝土条形基础,上砌基础(内含防潮层)。主体工程为砖墙,预制空心楼板,预制楼梯。为增加结构的整体性,每层设有现浇钢筋混凝土圈梁、钢窗、木门(阳台门为钢门),门上设预制钢筋混凝土过梁。屋面工程为屋面板上做细石混凝土屋面防水层和贴一毡二油分仓缝。楼地面工程为空心楼板及地坪三合土上细石混凝土地面。外墙用水泥混合砂浆,内墙用石灰砂浆抹灰。其工程量一览表见表 3-6。

对于砖混结构多层房屋的流水施工组织,一般先考虑分部工程的流水施工,然后再考虑各分部工程之间的相互搭接施工,例中组织施工的方法如下。

3.4.1　基础工程

包括基槽挖土、浇筑混凝土垫层、绑扎钢筋、浇筑混凝土、砌筑基础墙和回填土 6 个施工过程。当这个分部工程全部采用手工操作时,其主要施工过程是浇筑混凝土。若土方工程由专门的施工队采用机械开挖时,通常将机械挖土与其他手工操作的施工过程分开考虑。

表 3-6　一幢 5 层三单元混合结构居住房屋工程量一览表

顺序	工程名称	单位	工程量	需要的劳动量(工日)或台班
1	基础挖土	m³	432	12 台班,12×3 = 36 工日
2	混凝土垫层	m³	22.5	14
3	基础绑扎钢筋	kg	5 457	11
4	基础混凝土	m³	109.5	70
5	砌砖基墙	m³	81.6	60
6	回填土	m³	399	76
7	砌砖墙	m³	1 026	985
8	圈梁安装模板	m³	635	63
9	圈梁绑扎钢筋	kg	10 000	67
10	圈梁浇混凝土	m³	78	100
11	安装楼板	块	1 320	140.9 台班
12	安装楼梯	座	3	14.9×14 = 209 工日
13	楼板灌缝	m	4 200	49
14	屋面第二次灌缝	m	840	10
15	细石混凝土面层	m²	639	32
16	贴分仓缝	m	160.5	16
17	安装吊篮架子	根	54	54
18	拆除吊篮架子	根	54	32
19	安装钢门窗	m²	318	127
20	外墙抹灰	m²	1 728	213
21	楼地面和楼梯抹灰	m²	2 550,120	128,50
22	室内地坪三合土	m³	40.8	60
23	天棚抹灰	m²	2 658	325
24	内墙抹灰	m²	3 051	368
25	安装木门	扇	210	21
26	安装玻璃	m²	318	23
27	油漆门窗	m²	738	78
28	其他			15%(劳动量)
29	卫生设备安装工程			
30	电气安装工程			

本工程基槽挖土采用斗容量为 0.2 m³ 的蟹斗式挖土机进行施工,则共需 432/36 = 12 台班和 36 个工日。如果用一台机械两班制施工,则基槽挖土 6 天就可完成。

浇筑混凝土垫层工程量不大,用一个 10 人的施工班组 1.5 天即可完成。为了不影响其他施工过程流水施工,可以将其紧接在挖土过程完成之后的安排,工作一天后,再进行其他施工队过程。

基础工程中其余 4 个施工过程($n_1 = 4$)组织全等节拍流水。根据划分施工段的原则及其结构特点,以房屋的一个单元作为一个施工段,即在房屋平面上划分成 3 个施工段($m_1 = 3$)。主导施工过程是浇筑基础混凝土,共需 70 工日,采用一个 12 人的施工班组一班制施工,则每一施工段浇筑混凝土这一施工过程持续时间为 70/(3×1×12) = 2 天。为使各施工过程能相互紧凑搭接,其他施工过程在每个段的施工持续时间也采用2天($t_1 = 2$)。则基础工程的施工持续时间计算如下式:

$$T_1 = 6 + 1 + (m_1 + n_1 - 1)t_1 = 6 + 1 + (3 + 4 - 1) \times 2 = 19(天)$$

3.4.2 主体工程

包括砌筑砖墙、现浇钢筋混凝土圈梁(包括支模、扎筋、浇筑混凝土)、安装楼板和楼梯、楼板灌缝5个施工过程。其中主导施工过程为砌筑砖墙。为组织主导施工过程进行流水施工,在平面上也划分为3个施工段。每个楼层划分为2个施工层,每一施工队段上每一施工层的砌筑砖墙时间为1天,则每一施工段砌筑砖墙的持续时间为2天($t_2 = 2$)。由于现浇钢筋混凝土圈梁工程量较小,故组织混合施工班组进行施工,安装模板、绑扎钢筋、浇筑混凝土共1天,第二天为圈梁养护。这样,现浇圈梁在每一施工段上的持续时间仍为2天($t_2 = 2$)。安装一个施工段的楼板和楼梯所需时间为一个台班(即1天),第二天进行灌缝,这样两者合并为一个施工过程,它在每一施工过程,每一施工段上的持续时间仍为2天($t_2 = 2$)。因此主体工程的施工持续时间可计算如下式:

$$T_2 = (m_2 + n_2 - 1)t_2 = (5 \times 3 + 3 - 1) \times 2 = 34(天)$$

3.4.3 屋面工程

包括屋面板第二次灌缝、细石混凝土屋面防水层、贴分仓缝。由于屋面工程通常耗费劳动量较少,且其顺序与装修工程相互制约,因此考虑工艺要求,与装修工程平行施工即可。

3.4.4 装修工程

包括安装门窗、室内外抹灰、门窗油漆、楼地面抹灰等11个施工过程。其中抹灰是主导施工过程。由于安装木门和安装玻璃可以同时进行,安装和拆除吊篮架子、地坪三合土3个施工过程可与其他施工过程平行施工,不占绝对工期。因此,在计算装修工程的施工队持续时间时,施工可与其他施工过程平行施工,不占绝对工期。因此,在计算装修工程的施工持续时间时,施工过程数 $n_4 = 11 - 1 - 3 = 7$。

装修工程采用自上而下的施工顺序。结合装修的特点,把房屋的每层作为一个施工段($m_4 = 5$)。考虑到内部抹灰工艺的要求,在每一施工段上的持续时间最少需3～5天,本例中,取 $t_4 = 3$。考虑装修工程的内部各工程搭配所需的间歇时间为9天,则装修工程的施工队持续时间为:

$$T_4 = (m_4 + n_4 - 1)t_4 + \sum Z = (5 + 7 - 1) \times 3 + 9 = 42(天)$$

本例中,主体砌筑砖墙是在基础工程的回填土为其创造了足够的工作面后才开始,即在第一施工段上土方回填后开始砌筑砖墙。因此基础工程与主体工程两个分部工程相互搭接4天。同样,装修工程与主体工程两个分部工程考虑2天搭接时间。屋面工程与装修工程平行施工,不占工期。因此,总工期可用下式计算:

$$T = T_1 + T_2 + T_4 - \sum C = 19 + 34 + 42 - (4 + 2) = 89(天)$$

该工程流水施工进度计划安排如图3-11所示。

序号	分部分项工程名称		工程量 单位	工程量 数量	产量定额	劳动量（工日）需要	劳动量（工日）采用	需用机械 名称	需用机械 台班数	工作持续天数	每天工作班数	每班工人数	工作队组成混合或专业
一	基础工程												
1	基槽挖土		m^3	432	36 m^3/台班	36	36	蟹斗式挖土机	12	6	2	6	3
2	混凝土垫层		kg	23	1.63	14	15			1.5	1	10	10
3	基础钢筋绑扎		m^3	5 457	480	11	12			6	1	2	2
4	基础混凝土		m^3	110	1.58	70	72	混凝土拌合机		6	1	12	12
5	砌基础墙		m^3	82	1.36	60	60			6	1	10	10
6	回填土		m^3	399	5.3	76	72			6	1	12	6
二	主体工程												
7	砌体墙		m^3	1 026	1.04	985	960	井架		30	1	32	16
8	圈梁	安装模板	m^3	635	10	230	225			15	15	15	15
		绑扎钢筋	kg	10 000	150								
		浇筑混凝土	m^3	76	0.78			混凝土拌合机					
9	安装楼板和楼梯		块 座	1 320 3	167 1.6	209	210	台灵架拔杆	15	15	1	14	14
10	楼板灌缝		m	4 200	85	49	45			15	1	3	3
三	屋面工程												
11	屋面第二次灌缝		m	840	85	10	10			1	1	10	10
12	细石混凝土面层		m^2	639	19.8	32	32			1	1	16	16
13	贴分仓缝		m	161	10	16	15			3	1	5	5
四	装饰工程												
14	安装钢门窗		m^2	318	2.5	127	120			15	1	8	8
15	室内地坪三合土		m^3	41	0.68	60	60			4	1	15	15
16	楼地面及楼梯抹面		m^2	2 550 120	19.8 2.4	178	180			15	1	12	12
17	安装吊篮架子		只	54	2	27	27	卷扬机		3	1	9	9
18	外墙抹灰		m^2	1 728	8.4	213	210	灰浆经济指标		15	1	14	14
19	拆除吊篮架子		只	54	3	18	18	卷扬机		2	1	9	9
20	天棚抹灰		m^2	2 658	8.2	326	315	灰浆拌合机		15	1	21	21
21	内墙抹灰		m^2	3 051	11.4	268	270	灰浆拌合机		15	1	18	18
22	安装木门		扇	210	7	30	30			15	1	2	2
23	安装玻璃		m^3	318	10	32	30			15	1	2	2
24	油漆门窗		m	738	9.6	77	75			15	1	5	5
25	其他				约15%		451					5	
26	卫生技术安装工程												
27	电气安装工程												

技术经济指标

工期　89天

总工日数　3 460工日

每天平均人数　39人

每天最大人数　66人

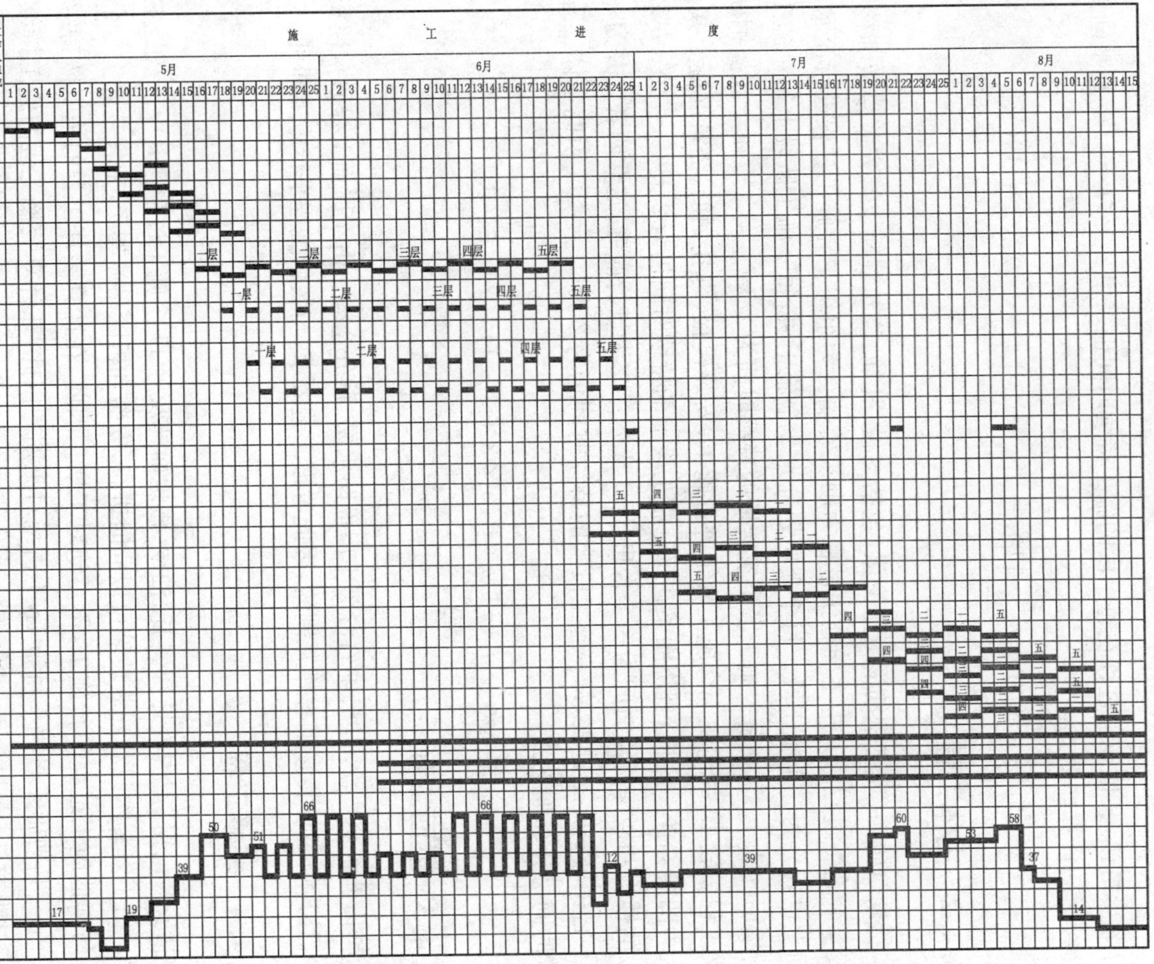

图 3-11　5层三单元砖混结构房屋流水施工进度计划

本章小结

本章通过对依次施工、平行施工和流水施工3种组织施工的方式的比较,引出流水施工的概念,并且介绍了流水施工的分类和表达方式;重点阐述了流水施工工艺参数、时间参数及空间参数的确定以及组织流水施工的3种基本方式,并且结合实例阐述了流水施工组织方式在实践中的应用步骤和方法。

通过对本章的学习,应理解流水施工基本概念,流水施工的主要参数以及流水施工的组织方法和具体应用;能应用流水施工的基础知识解决工程实际问题;能在实际工程施工组织项目上应用流水施工的管理方法,充分利用各项资源,节约材料,降低工程成本,缩短工期,使工程尽早获得经济效益和社会效益。

思考与练习

一、单项选择题

1. 组织流水施工时,流水步距是指(　　)。

A. 第一个专业队与其他专业队开始施工的最小间隔时间

B. 第一个专业队与最后一个专业队开始施工的最小间隔时间

C. 相邻专业队相继开始施工的最小间隔时间

D. 相邻专业队相继开始施工的最大间隔时间

2. 下列各项中属于流水施工空间参数的是(　　)。

A. 流水强度　　　　B. 施工队数　　　　C. 操作层数　　　　D. 施工过程数

3. 某施工过程在单位时间内所完成的工程量,称为该施工过程的(　　)。

A. 已完施工过程　　B. 完成工程量　　C. 已完工实物量　　D. 流水强度

4. 在组织流水施工时,每个专业工作队在各个施工段上完成相应的施工任务所需要的工作延续时间,称为(　　)。

A. 流水强度　　　　B. 时间定额　　　　C. 流水节拍　　　　D. 流水步距

5. 某工程划分为4个施工过程,3个施工段,流水节拍均为6天,工期为(　　)。

A. 18 天　　　　　　B. 24 天　　　　　　C. 36 天　　　　　　D. 42 天

6. 某工程劳动量为360工日,10天完成,采用二班制施工,则每天需要的人数为(　　)。

A. 10 人　　　　　　B. 12 人　　　　　　C. 18 人　　　　　　D. 20 人

7. 某分项工程实物工程量为1 500 m²,该分项工程人工时间定额为0.1工日/m²,计划每天安排2班,每班5人完成该分项工程,则在组织流水施工时其流水节拍为(　　)天。

A. 15　　　　　　　B. 30　　　　　　　C. 75　　　　　　　D. 150

8. 基础工程划分为4个施工过程(基槽开挖、垫层、混凝土浇筑、回填土)在5个施工流水段组织固定节拍流水施工,流水节拍为3天,要求混凝土浇筑3天后才能进行回填土,其中基槽开挖与垫层施工搭接1天,该工程的流水工期为(　　)天。

A. 14　　　　　　　B. 26　　　　　　　C. 29　　　　　　　D. 39

9. 某工程划分为3个施工过程在5个流水段组织加快的成倍节拍流水施工,流水节拍值分别为4、2、6天,该工程的施工总工期为(　　)天。

A. 14　　　　　　　B. 16　　　　　　　C. 20　　　　　　　D. 28

10. 某基础工程开挖与浇筑混凝土共 2 个施工过程在 4 个施工段组织流水施工,流水节拍分别为 4、3、2、5 与 3、2、4、3,则流水步距与流水施工工期分别为(   )天。

A. 5 和 17　　　　　　B. 5 和 19　　　　　　C. 4 和 16　　　　　　D. 4 和 26

二、多项选择题

1. 下列属于流水施工时间参数的有(   )。

A. 工期　　　　　　B. 流水段数　　　　　　C. 流水节拍　　　　　　D. 流水步距

E. 施工过程数

2. 关于流水施工,其组织方式有(   )。

A. 平行施工　　　　　　B. 依次施工　　　　　　C. 等节奏施工　　　　　　D. 异节奏施工

E. 无节奏施工

3. 关于组织流水施工的条件,下列说法正确的是(   )。

A. 工程项目划分为工程量大致相等的施工段

B. 工程项目分解为若干个施工过程

C. 组织尽量多的专业施工队,并确定出专业队在各施工段的流水节拍

D. 不同专业队完成各施工过程的时间适当搭接起来

E. 各专业队连续作业

4. 组织流水施工时,划分施工段的主要目的是(   )。

A. 可增加更多的专业队

B. 有利于各专业队在各施工段组织流水施工

C. 有利于不同专业队同一时间内在各施工段平行施工

D. 缩短施工工艺与组织间歇时间

E. 充分利用工作面,避免窝工,有利于缩短工期

5. 施工段是用以表述流水施工的空间参数。为了合理地划分施工段,应遵循的原则包括(   )。

A. 施工段的界限与结构界限无关,但应使同一专业工作队在各个施工段的劳动量大致相等

B. 每个施工段内要有足够的工作面,以保证相应数量的工人,主要施工机械的生产效率,满足合理劳动组织的要求

C. 施工段的界限应设在对建筑结构整体性影响小的部位,以保证结构的整体性

D. 每个施工段要有足够的工作面,以满足同一施工段内组织多个专业工作队同时施工的要求

E. 施工段的数目要满足合理组织流水施工的要求并在每个施工段内有足够的工作面

6. 关于无节奏流水施工,下列说法正确的是(   )。

A. 各施工段间可能有间歇时间

B. 相邻施工过程间的流水步距可能不相等

C. 各施工过程在各施工段上可能不连续作业

D. 专业工作队数目与施工过程数目可能不相等

E. 各施工过程在各施工段上的流水节拍可能不相等

三、思考题

1. 组织施工有哪几种方式？试述各自的特点。
2. 流水施工中,主要参数有哪些？试分别叙述它们的含义。
3. 施工过程的划分与哪些因素有关？
4. 当组织楼层结构流水施工时,施工段数与施工过程数应满足什么条件？为什么？
5. 什么叫流水节拍与流水步距？确定流水节拍时要考虑哪些因素？
6. 组织成倍节拍流水施工的条件是什么？其流水步距如何确定？
7. 如何组织全等节拍流水？如何组织成倍节拍流水？
8. 什么是无节奏流水施工？如何确定其流水步距？

四、综合练习题

1. 某基础工程施工,分成 4 个施工段,有 3 个施工过程,且施工顺序为 A→B→C→D,各施工过程的流水节拍均为 2 天,试组织流水施工并计算工期。

2. 某分部工程划分为 A、B、C、D 四个施工过程,分 3 段组织施工,各施工过程的流水节拍均为 3 天,且施工过程 B 完成后需要有 1 天的技术间歇时间,试计算总工期,绘制施工进度横道图。

3. 已知某工程施工任务,划分为 4 段流水,每段工程量如表 3-7 所示,试计算该工程工期并绘制进度计划。

表 3-7　某工程施工任务每段工程量表

工　序	工程量	时间定额	劳动量	每天人数	施工天数
A	130 m³	0.24		16 人	
B	38 m³	0.82		30 人	
C	75 m³	0.78		20 人	
D	60 m³	0.19		10 人	

4. 某现浇钢筋混凝土结构由支模板、扎钢筋和浇混凝土 3 个分项工程组成,分 3 段组织施工,各施工过程的流水节拍分别为支模板 6 天,扎钢筋 4 天,浇混凝土 2 天。试按成倍节拍流水组织施工。

5. 某工地建造 6 幢同类型的大板结构住宅,每幢房屋的主要施工过程及所需施工时间分别为基础工程 5 天,结构安装 15 天,粉刷装修 10 天,室外和清理工程 10 天。对这 6 幢住宅组织群体工程流水,试计算:
(1) 成倍节拍流水施工的工期并绘制进度表;
(2) 不等节拍流水施工的流水步距及工期并绘制进度表。

6. 某工厂需要修建 4 台设备的基础工程,施工过程包括基础开挖、基础处理和浇筑混凝土。因设备型号与基础条件等不同,使得 4 台设备(施工段)的各施工过程有着不同的流水节拍,如表 3-8 所示。

表 3-8　基础工程流水节拍表

施工过程	施工段			
	设备 A	设备 B	设备 C	设备 D
基础开挖	2	3	2	2
基础处理	4	4	2	3
浇筑混凝土	2	3	2	3

问题：(1) 基础工程组织哪种流水施工？

(2) 试计算总工期，绘制施工进度横道图。

7. 某钢筋混凝土工程施工，划分为 3 个施工段，有模板支设 A、钢筋绑扎 B、混凝土浇筑 C 3 个施工过程，施工顺序为 A→B→C，每个工序的流水节拍为 $t_A = 2$ 天，$t_B = 4$ 天，$t_C = 2$ 天，试组织该工程流水施工。

8. 某 2 层现浇钢筋混凝土工程，分为安装模板 A、绑扎钢筋 B 和浇筑混凝土 C 三个施工过程。已知每个施工过程在每层每个施工段上的流水节拍分别为：$t_A = 2$ 天，$t_B = 2$ 天，$t_C = 1$ 天。当安装模板施工队转移到第二结构层的第一施工段时，需等待第一层第一施工段的混凝土养护 1 天后才能进行施工。在保证各施工队连续施工的条件下，试安排流水施工，并绘制流水施工进度计划表。

4 网络计划技术

本章主要介绍了网络计划技术的相关概念、基本原理、分类和特点;双代号网络计划技术和单代号网络计划技术的绘制方法和时间参数的计算;双代号时标网络计划的绘制方法及时间参数的判定;单代号搭接网络计划的绘制方法和时间参数的计算;网络计划的优化及建筑施工网络计划的应用等。

教学要求

通过本章学习,使学生了解网络计划的基本原理及分类,熟悉双代号网络图的构成,工作之间常见的逻辑关系;掌握双代号网络图的绘制;掌握双代号网络计划中工作计算法、节点计算法和时标网络计划的绘制;熟悉单代号网络计划和单代号搭接网络计划时间参数的计算;熟悉工期优化和费用优化,了解资源优化;理解建筑施工网络计划的应用;熟悉网络计划与流水原理安排进度计划本质的不同,并能编制一般的施工网络计划。

【引例】

某基础工程划分为开挖基槽、垫层、混凝土基础、墙基、回填土5个施工过程,分2个施工段组织施工,各施工过程的流水节拍为2天、2天、3天、2天、1天,其双代号网络计划如图4-1所示。

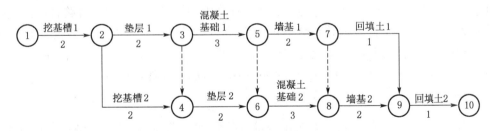

图4-1 某基础工程双代号网络计划图

问题:1. 你认为图4-1是依据什么绘制的?绘制该图有何规律?

2. 你认为图4-1有何特点?它由哪些要素组成?

3. 如何确定从开始到结束的最长时间?如何计算正常工作的网络计划时间参数?

4.1 网络计划技术概述

网络计划技术是随着现代科学技术和工业生产的发展而产生的,是现代生产管理的科学方法。它可以运用计算机进行网络计划绘图、计算、优化、检查分析、调整控制、统计;还可以将网络计划与设计、报价、统计、成本核算及结算等形成系统,达到资源共享效果。网络计划技术被公认为当前最先进的计划管理方法。

这种方法在建设领域主要用于进行规划(计划)和实施控制,因此,在缩短建设周期、提高工效、降低造价以及提高生产管理水平方面有着显著的效果。

4.1.1 网络计划技术的相关概念

1)网络图

网络图是指由箭线和节点组成,用来表示工作流程有向、有序的网状图形。

2)网络计划

网络计划是指用网络图来表达任务构成、工作顺序并加注工作时间参数的进度计划。

3)网络计划技术

网络计划技术是指利用网络图的形式表达各项工作之间的相互制约和相互依赖关系,并分析其内在规律,从而寻求最优方案的方法。

4.1.2 网络计划技术的基本原理

网络计划的基本原理是:首先应用网络图的形式来表达一项工程中各项工作之间错综复杂的相互关系及其先后顺序;然后通过计算找出计划中的关键工作及关键线路,接着通过不断地改进网络计划,寻求最优方案并付诸实施;最后在计划执行过程中进行有效的监测和控制,以合理使用资源,优质、高效、低耗地完成预定的工作。

在建筑工程计划管理中,网络计划技术的应用可按以下步骤进行:

1)网络图的绘制程序

(1)划分工作(或施工过程)。根据网络计划的管理要求和编制需要,确定项目分解的粗细程度,将项目分解为网络计划的基本组成单元(工作)。

(2)确定逻辑关系。分析逻辑关系,确定各项工作之间的顺序、相互依赖和相互制约的关系。这是绘制网络图的基础。在逻辑关系分析时,主要应分析清楚工艺关系和组织关系两类逻辑关系,列出各工作间逻辑关系表。

(3)绘制网络图。根据所选定的网络计划类型以及工作间逻辑关系,进行网络图的绘制,检查逻辑关系有无错误,是否符合绘图原则,有无多余的节点等。若无误,则按规则编节点号,得到初步网络计划。

2）时间参数计算

根据所绘网络图计算各项时间参数,并确定出关键线路。

3）检查与调整

检查:工期是否符合要求;资源配置是否符合资源供应条件;成本控制是否符合要求。如果不满足要求,则应进行调整优化。

4）绘制可行网络计划

根据调整优化后的网络图和时间参数,重新绘制网络计划,即最优网络计划。

4.1.3 网络计划的分类

按照不同的分类原则,可以将网络计划分成不同的类别。

1）按工作、工作之间的逻辑关系以及工作持续时间是否确定的性质,网络计划可分为肯定型网络计划和非肯定型网络计划

（1）肯定型网络计划是指工作、工作与工作之间的逻辑关系以及工作持续时间都肯定的网络计划。在这种网络计划中,各项工作的持续时间都是确定的单一的数值,整个网络计划有确定的工期。

（2）非肯定型网络计划是指工作、工作与工作之间的逻辑关系和工作持续时间三者中 1 项或多项不肯定的网络计划。在这种网络计划中,各项工作的持续时间只能按概率方法确定出 3 个值,整个网络计划无确定的计划工期。计划评审技术和图示评审技术就属于非肯定型网络计划。

2）按绘制网络图的代号不同,网络计划可分为双代号网络计划和单代号网络计划

（1）单代号网络计划。即以单代号表示法绘制的网络计划。网络图中,每个节点表示一项工作,箭线仅用来表示各项工作间相互制约、相互依赖关系,如图 4-2 所示。

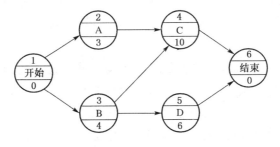

图 4-2 单代号网络图

（2）双代号网络计划。即以双代号表示法绘制的网络计划。网络图中,箭线用来表示工作,如图 4-3 所示。

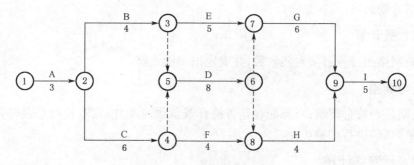

图 4-3　双代号网络图

3) 按计划目标的多少,网络计划可分为单目标网络计划和多目标网络计划

(1) 单目标网络计划是指只有一个终点节点的网络计划。即网络图只具有一个工期目标,如图 4-4(a)所示。

(2) 多目标网络计划是指终点节点不止一个的网络计划,如图 4-4(b)所示。此种网络计划具有若干个独立的工期目标。

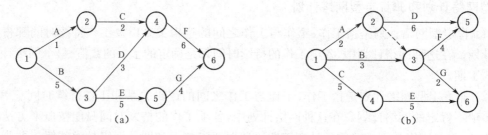

图 4-4　目标网络图类型

4) 按网络计划时间表达的不同,网络计划可分为时标网络计划和非时标网络计划

(1) 时标网络计划是指以时间坐标为尺度绘制的网络计划。网络图中,每项工作箭线的水平投影长度,与其持续时间成正比。如编制资源优化的网络计划即为时标网络计划。目前,时标网络计划的应用很流行。

(2) 非时标网络计划是指不按时间坐标绘制的网络计划。网络图中,工作箭线长度与持续时间无关,可按需要绘制。普通双代号、单代号网络计划都是非时标网络计划。

5) 按网络计划的性质不同,网络计划可分为实施性网络计划和控制性网络计划

(1) 实施性网络计划:实施性网络计划编制对象是分部分项工程,其施工过程划分较细,工期较短。

(2) 控制性网络计划:控制性网络计划编制对象是单位工程,进行总体计划的编制,是实施性网络计划编制的依据。

6) 按网络计划编制的对象和范围分类

根据计划的工程对象不同和使用范围大小,网络计划可分为局部网络计划、单位工程网络计划和综合网络计划。

(1) 局部网络计划:是指以一个分部工程或某一施工段为对象编制而成的网络计划。

（2）单位工程网络计划：是指以一个单位工程为对象编制而成的控制性网络计划。

（3）综合网络计划：是指以一个建设项目或一个单项工程为对象编制而成的网络计划。

4.1.4 横道计划与网络计划的特点分析

长期以来，在工程技术界，在生产的组织和管理上，特别是在施工的进度安排方面，一直用"横道图"的计划方法，它的特点是在列出每项工作后，画出一条横道线，以表明进度的起止时间。对于施工现场的人来说，使用"横道图"作为施工进度计划是相当熟悉的了。下面将用案例 4-1 分析"横道图"和"网络计划图"的不同之处以及各自的优缺点来说明为什么要用"网络图"安排进度计划。

【案例 4-1】 某两个同型基础组织施工，可分为挖土、垫层、砖基础 3 个施工过程，持续时间分别为 4 天、2 天、6 天。试分别采用"横道图"和"网络计划图"对其组织流水施工。

用横道图表示的进度计划见图 4-5 所示，用网络图表示的进度计划见图 4-6 所示。两者内容完全相同，表示方法却完全不同。

横道图是以横向线条结合时间坐标表示各项工作施工的起始点和先后顺序的，整个计划是由一系列的横道组成。

网络计划是以加注作业时间的箭线和节点组成的网状图形式来表示工程施工进度的。

1）横道计划的优缺点

横道图也称甘特图，是美国人甘特在 20 世纪初研究发明的。

（1）优点

① 比较容易编制，简单、明了、直观、易懂。

② 结合时间坐标，各项工作的起止时间、作业持续时间、工程进度、总工期都能一目了然。

③ 流水情况表示得很清楚。

（2）缺点

① 方法虽然简单也较直观，但是它只能表明已有的静态状况，不能反映出各项工作之间错综复杂、相互联系、相互制约的生产和协作关系。比如图 4-5 中砖基础 1 只与垫层 2 有关而与其他工作无关。

施工过程	施 工 进 度									
	2	4	6	8	10	12	14	16	18	20
挖土	挖土1		挖土2							
垫层					垫层1	垫层2				
砖基础						砖基础1			砖基础2	

图 4-5 用横道图表示的进度计划

② 反映不出哪些工作是主要的，哪些生产联系是关键性的，当然也就无法反映出工程的关键所在和全貌。也就是说不能明确反映关键线路，看不出可以灵活机动使用的时间，因而也就抓不住工作的重点，看不到潜力所在，无法进行最合理的组织安排和指挥生产，不知道如何去缩短工期、降低成本及调整劳动力。

由于横道图存在着一些不足之处,所以对改进和加强施工管理工作是不利的,即使编制计划的人员开始也仔细地分析和考虑了一些问题,但是在图面上反映不出来,特别是项目多、关系复杂时,横道图就很难充分暴露矛盾。在计划执行的过程中,某个项目完成的时间由于某种原因提前了或拖后了,将对别的项目产生多大的影响,从横道图上则很难看清,不利于全面指挥生产。

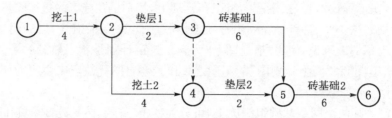

图 4-6　用网络图表示的进度计划

2）网络计划方法的优缺点

（1）优点

① 在施工过程中的各有关工作组成了一个有机的整体,能全面而明确地反映出各项工作之间的相互依赖、相互制约的关系。比如图 4-6 中砖基础 1 必须在垫层 1 之后进行而与其他工作无关,而砖基础 2 又必须在垫层 2 和砖基础 1 之后进行等。

② 网络图通过时间参数的计算,可以反映出整个工程的全貌,指出对全局性有影响的关键工作和关键线路,便于我们在施工中集中力量抓好主要矛盾,确保竣工工期,避免盲目施工。

③ 显示了机动时间,让我们知道从哪里下手去缩短工期,怎样更好地使用人力和设备。在计划执行的过程中,当某一项工作因故提前或拖后时,能从网络计划中预见到它对后续工作及总工期的影响程度,便于采取措施。

④ 能够利用计算机绘图、计算和跟踪管理。建筑工地情况是多变的,只有使用计算机才能跟上不断变化的要求。

⑤ 便于优化和调整,加强管理,取得好、快、省的全面效果。应用网络计划绝不是单纯地追求进度,而是要与经济效益结合起来。

（2）缺点

流水作业的情况很难在网络计划上反映出来,不如横道图那么直观明了。现在网络计划也在不断地发展和完善,比如采用带时间坐标的网络计划可弥补这些不足。

4.2　双代号网络计划

所谓双代号网络计划,是用双代号网络图表达任务构成、工作顺序,并加注工作时间参数的进度计划。双代号网络图是由若干个表示工作项目的箭线和表示事件的节点所构成的网状图形。

4.2.1 双代号网络图的组成

双代号网络图由若干表示工作的箭线和节点组成,其中每一项工作都用一根箭线和箭线两端的两个节点来表示,箭线两端节点的号码即代表该箭线所表示的工作,"双代号"的名称由此而来(比如,图4-1即为双代号网络图)。双代号网络图的基本三要素为箭线、节点和线路,各自表示如下含义。

1)箭线

在双代号网络图中,一条箭线与其两端的节点表示一项工作。箭线表达的内容有以下几个方面:

(1)一条箭线表示一项工作或表示一个施工过程。根据网络计划的性质和作用的不同,工作既可以是一个简单的施工过程,如支模板、绑扎钢筋、浇筑混凝土、拆模板等分项工程或者基础工程、主体工程、装修工程等分部工程,也可以是一项复杂的工程任务,如教学楼土建工程中的单位工程或者教学楼工程等单项工程。如何确定一项工作的大小范围取决于所绘制的网络计划的控制性或指导性作用。

(2)一条箭线表示一项工作所消耗的时间和一定的资源(如劳动力、材料、机具设备等)。一般而言,每项工作的完成都要消耗一定的时间和资源,如砌砖墙、绑扎钢筋、浇筑混凝土等;也存在只消耗时间而不消耗资源的工作,如混凝土养护、砂浆找平层干燥等技术间歇,有时可以作为一项工作考虑。双代号网络图的工作名称或代号标注在箭线上方,完成该工作的持续时间标注在箭线的下方,如图4-7所示。

图4-7 双代号网络图工作的表示方法

(3)在无时间坐标的网络图中,箭线的长度不代表时间的长短,画图时原则上讲,箭线的形状怎么画都行,箭线可以画成直线、折线或斜线,但不得中断。箭线尽可能以水平直线为主且必须满足网络图的绘制规则。在有时间坐标的网络图中,其箭线的长度必须根据完成该项工作所需时间长短绘制。

(4)箭线所指的方向表示工作进行的方向,箭线箭尾表示该工作的开始,箭头表示该工作的结束,一条箭线表示工作的全部内容。

(5)就某工作而言,紧靠其前面的工作称为紧前工作,紧靠其后面的工作称为紧后工作,与该工作同时进行的工作称为平行工作,则该工作本身称为本工作。两项工作前后连续进行时,代表两项工作的箭线也前后连续画下去。工程施工时还经常出现平行工作,其箭线也平行地绘制。如图4-8所示。

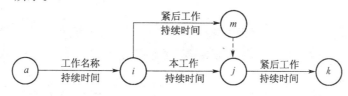

图4-8 工作的先后关系

（6）在双代号网络图中，除有表示工作的实箭线外，还有一种一端带箭头的虚箭线，称为虚工作。虚工作是一项虚拟的工作，工程实际中并不存在，因此它没有工作名称，既不消耗时间，也不消耗任何资源。它的主要作用是在双代号网络图中解决工作之间的逻辑关系问题，即起到工作之间的联系、区分和断路作用。虚工作表示方法如图4-9所示。

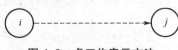

图4-9 虚工作表示方法

2）节点

网络图中箭线端部的圆圈或其他形状的封闭图形就是节点。在双代号网络图中，它表示工作之间的逻辑关系。节点表达的内容有以下几个方面：

（1）节点表示前面工作结束和后面工作开始的瞬间，所以节点不需要消耗时间和资源。

（2）箭线的箭尾节点表示该工作的开始，箭线的箭头节点表示该工作的结束。

（3）根据节点在网络图中的位置不同可以分为起点节点、终点节点和中间节点。起点节点是网络图的第一个节点，表示一项任务的开始。终点节点是网络图的最后一个节点，表示一项任务的完成。除起点节点和终点节点以外的节点称为中间节点，中间节点具有双重含义，既是前面工作的箭头节点，也是后面工作的箭尾节点。如图4-10所示。

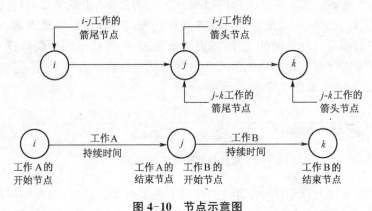

图4-10 节点示意图

（4）在网络图中，对一个节点来讲，可能有许多箭线通过该节点，这些箭线就称为内向箭线；同样也可能有许多箭线从同一节点出发，这些箭线就称为外向箭线。如图4-11所示。

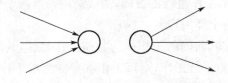

图4-11 内向箭线和外向箭线

（5）节点编号

在双代号网络图中，为了检查和识别各项工作，计算各项时间参数，以及利用电子计算机，必须对每个节点进行编号，常用正整数编号，必须使箭尾节点上的编号小于箭头节点的编号，如图4-9中的 $i < j$。

节点编号的原则：箭头节点的编号一定大于箭尾节点的编号；节点编号不能重复。

节点编号的方法,按照编号方向可分为沿水平方向编号和沿垂直方向编号两种,如图 4-12、图 4-13 所示。

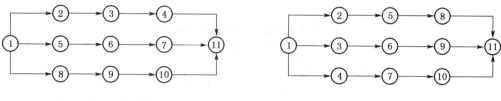

图 4-12　水平编号法　　　　　　　　　　图 4-13　垂直编号法

3）线路和关键线路

（1）线路。线路是指从网络图起点节点开始,顺着箭头所指的方向,通过一系列的箭线和节点不断到达终点节点的通路。一个网络计划中,从起点节点到终点节点,一般都存在着许多条线路,每条线路都包含着若干项工作,这些工作的持续时间之和就是这条线路的时间长度,即线路的总持续时间。

（2）关键线路和关键工作。线路上总持续时间最长的线路称为关键线路,其他线路称为非关键线路。位于关键线路上的工作称为关键工作。在关键线路上没有任何机动时间,线路上的任何工作拖延时间,都会导致总工期的后延。

一般来说,一个网络计划中至少有一条关键线路。关键线路也不是一成不变的,在一定的条件下,关键线路和非关键线路会相互转化。例如,当采取技术组织措施,缩短关键工作的持续时间,或延长非关键工作的持续时间时,关键线路就有可能发生转移。但在网络计划中,关键工作的比重不宜过大,这样有利于抓主要矛盾。

关键线路宜用粗箭线、双箭线或彩色箭线标注,以突出其在网络计划中的重要位置。

4）逻辑关系

网络图中的逻辑关系是指网络计划中所表示的各个工作之间客观上存在或主观上安排的先后顺序关系。这种顺序关系划分为两类:一类是施工工艺关系,称为工艺逻辑;另一类是施工组织关系,称为组织逻辑。

（1）工艺逻辑关系。由工艺过程或工作程序决定的顺序关系叫做工艺逻辑关系,工艺逻辑关系是客观存在的,不能随意改变。如图 4-14 所示,支模 1→扎筋 1→混凝土 1 为工艺关系。

（2）组织逻辑关系。组织逻辑关系是指在不违反工艺逻辑关系的前提下,安排工作的先后顺序,组织逻辑关系可根据具体情况进行人为安排。如图 4-14 所示,支模 1→支模 2；扎筋 1→扎筋 2 等为组织关系。

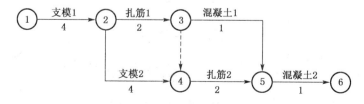

图 4-14　某混凝土工程双代号网络计划

（3）网络计划图中,要正确反映各工作的逻辑关系,即根据施工顺序和施工组织要求,正确反映各项工作的先后顺序和相互关系,这些关系是多种多样的,以下列举了几种常见的表示方法,见表 4-1。

表 4-1　网络图中常见工作逻辑关系表示方法

序号	工作之间的逻辑关系	双代号网络图中表示方法	单代号网络图中表示方法
1	A 完成后进行 B、C	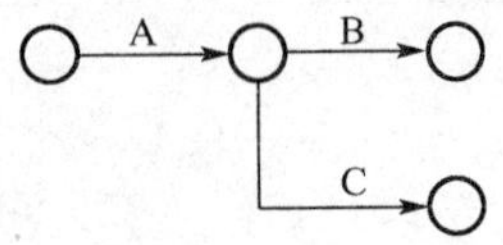	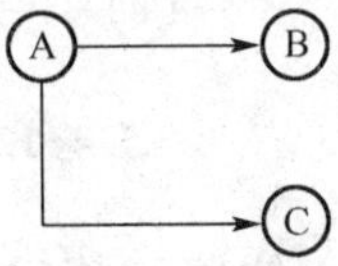
2	A、B 完成后进行 C	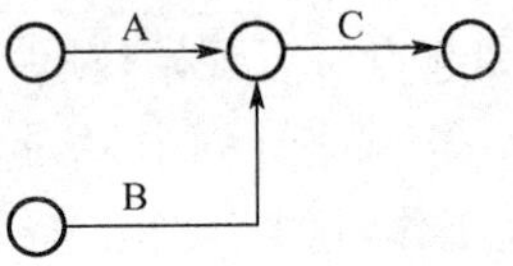	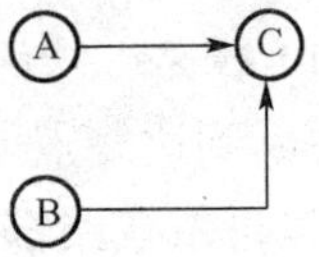
3	A、B 都完成后进行 C、D	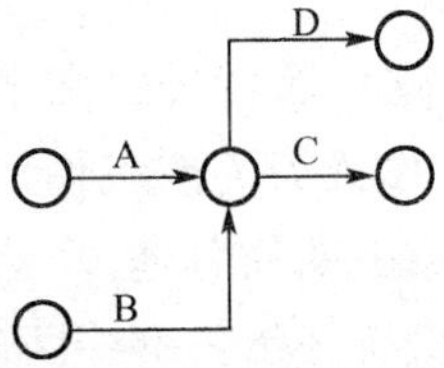	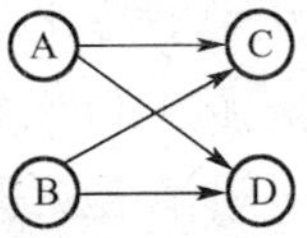
4	A 完成后进行 C,A、B 都完成后进行 D	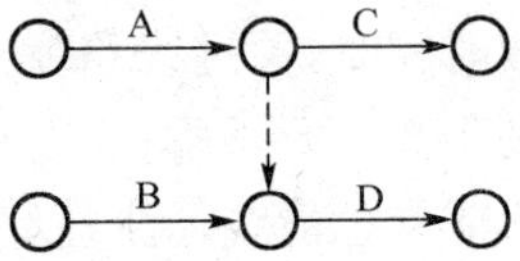	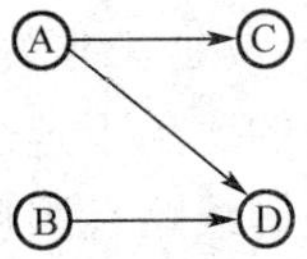
5	A、B 完成后进行 D,B、C 都完成后进行 E	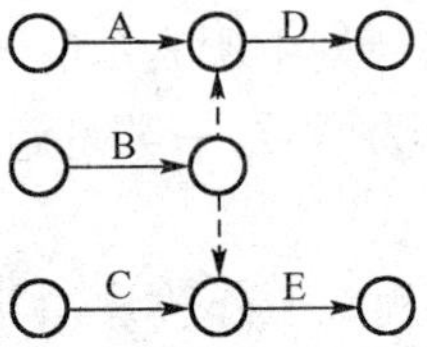	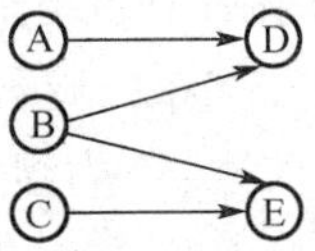
6	A、B、C 完成后进行 D,B、C 都完成后进行 E	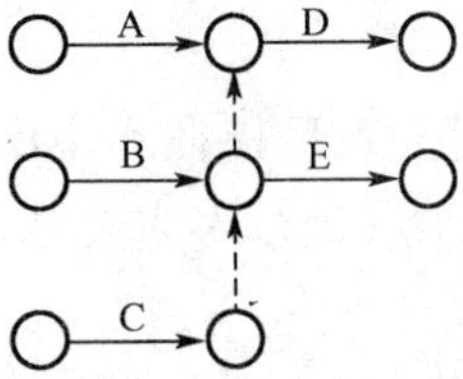	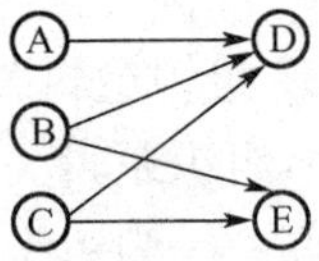
7	A 完成后进行 C,A、B 都完成后进行 D,B 完成后进行 E	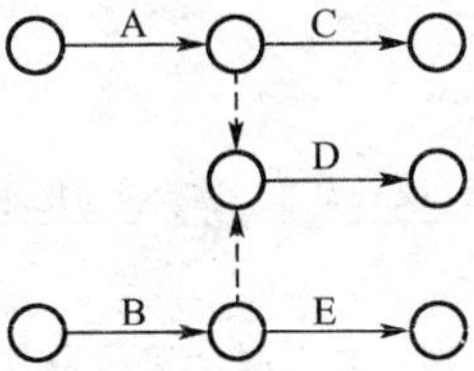	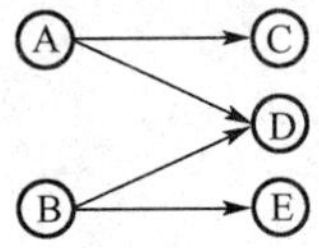

续表 4-1

序号	工作之间的逻辑关系	双代号网络图中表示方法	单代号网络图中表示方法
8	A、B 都完成后进行 D,A、B、C 都完成后进行 E,D、E 都完成后进行 F	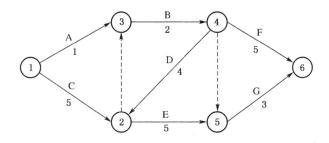	
9	A、B 两项先后进行的工作,在平面上分为 3 个施工段		

4.2.2 双代号网络图绘制

1) 双代号网络图绘图基本规则

(1) 双代号网络图必须正确表达已定的逻辑关系。绘制网络图之前,要正确确定工作顺序,明确各工作之间的衔接关系,根据工作的先后顺序逐步把代表各项工作的箭线连接起来,绘制成网络图。

(2) 双代号网络图中,严禁出现循环回路(或闭合回路)。即在网络图中,从一个节点出发顺着某一线路又能回到原出发点。如图 4-15 中②—③—④—②就是循环回路,它表示的逻辑关系是错误的,在工艺顺序上是相互矛盾的,应按各项工作的实际顺序予以改正。

图 4-15 有循环回路的错误网络图

(3) 双代号网络图中,在节点之间严禁出现带双向箭头或无箭头的连线。如图 4-16 所示。

(a) 双向箭头的连线   (b) 无箭头的连线

图 4-16 错误的箭线画法

(4) 双代号网络图中,严禁出现没有箭尾节点或头尾节点的箭线。如图 4-17 所示。

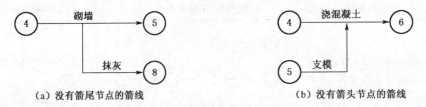

(a) 没有箭尾节点的箭线　　　　　　　　(b) 没有箭头节点的箭线

图 4-17　没有箭尾和箭头节点的箭线

(5) 双代号网络图中,一项工作只能有唯一的一条箭线和相应的一对节点编号,箭尾的节点编号应小于箭头节点编号;不允许出现代号相同的箭线。如图 4-18 中,图(a)是错误的画法,⑥→⑦工作既代表砌墙工作,又代表埋电管工作,为了区分砌墙工作和埋电管工作,采用虚工作,分别表示砌墙工作和埋电管工作,图(b)和图(c)是正确的画法。

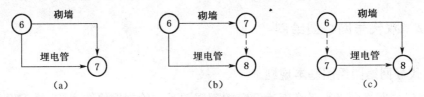

(a)　　　　　　　　　　(b)　　　　　　　　　　(c)

图 4-18　虚工作的应用

(6) 当双代号网络图的某些节点有多条外向箭线或多条内向箭线时,在保证一项工作有唯一的一条箭线和对应有一对节点编号前提下,允许使用母线法绘图,如图 4-19 所示。

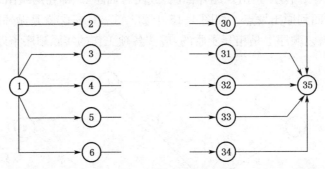

图 4-19　母线画法

(7) 在绘制网络图时,应尽可能地避免箭线交叉,如不可能避免时,应采用过桥法、断线法或指向法。如图 4-20 所示。

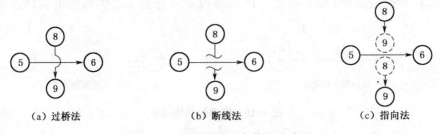

(a) 过桥法　　　　　　　　(b) 断线法　　　　　　　　(c) 指向法

图 4-20　过桥法交叉与指向法交叉

（8）双代号网络图是由许多条线路组成的、环环相套的封闭图形，只允许一个起点节点（无内向箭线）；不是分期完成任务的网络图中，只允许一个终点节点（无外向箭线），而其他所有节点均是中间节点（既有内向箭线，又有外向箭线）。

2）双代号网络图的绘制方法

（1）根据已知资料，找出工作之间的逻辑关系，在已知紧前工作的前提下，找出每项工作的紧后工作。

（2）找出起始工作，从起始工作开始，自左至右依次绘出每项工作的紧后工作，直至结束工作全部绘完为止。

（3）合并没有紧后工作的箭线，即为终点节点。

（4）检查工作之间的逻辑关系有无错、漏，并进行修正。

（5）按网络图绘图规则的要求完善网络图。

（6）按网络图的编号要求将节点进行编号。

【案例4-2】 已知某工程各项工作及各工作的逻辑关系如表4-2所示，试绘制双代号网络图。

表4-2 某工程各项工作逻辑关系表

工作代号	紧前工作	持续时间（周）	紧后工作
A	～	3	B、C、D
B	A	2	E
C	A	6	F
D	A	5	G
E	B	3	H
F	C	2	H
G	D	7	J
H	E、F	4	I
I	H	5	K
J	G	4	K
K	I、J	7	～

【解析】 绘制该网络图，可按下列要点进行：

（1）由于工作A无紧前工作，先绘出工作A。

（2）工作B、C、D受工作A控制，故工作B、C、D可直接排在工作A之后，且为平行开工的3个过程。

（3）工作E只受工作B控制，工作F只受工作C控制，工作G只受工作D控制，分别在其后绘出工作E、F、G。

（4）工作H同时受工作E、F控制，分别用虚线与工作H相连。

（5）工作 I 只受工作 H 控制，工作 J 只受工作 G 控制，分别在其后绘出工作 I、J。

（6）工作 K 同时受工作 I、J 控制，分别用虚线与工作 K 相连。

（7）综上所述，绘制网络图草图，如图 4-21 所示。

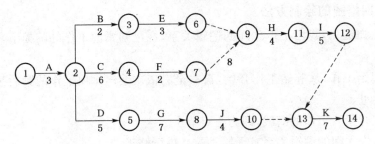

图 4-21　网络图草图

（8）整理成正式网络图：去掉多余的节点和虚箭线，横平竖直，节点编号从小到大，如图 4-22 所示。

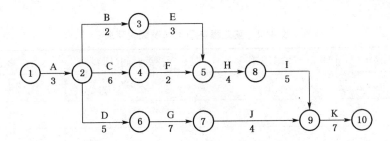

图 4-22　正式图草图

在正式绘图之前，应先绘出一个草图。不求整齐美观，只要求工作之间的逻辑关系能够得到正确的表达，线条长短曲直、穿插迂回都可不必计较。经过检查无误后，就可进行图面的设计。安排好节点的位置，注意箭线的长度，尽量减少交叉，除虚箭线外，所有箭线均采用水平直线或带部分水平直线的折线，保持图面匀称、清晰、美观。最后进行节点编号。

3）绘制网络图应注意的问题

（1）网络图的布局要条理清楚，重点突出。虽然网络图主要用以反映各项工作之间的逻辑关系，但是为了便于使用，还应安排整齐，条理清楚，突出重点。尽量把关键工作和关键线路布置在中心位置，尽可能把密切相连的工作安排在一起，尽量减少斜箭线而采用水平箭线，尽可能避免交叉箭线出现。

（2）交叉箭线的画法。当网络图中不可避免地出现交叉时，不能直接相交画出。目前采用前述的"过桥法"或"指向法"。

（3）正确应用虚箭线进行断路。绘制网络图时必须符合 3 个条件：符合施工顺序的关系；符合流水施工的要求；符合网络逻辑连接关系。

一般来说，对施工顺序和施工组织上必须衔接的工作，绘图时不易产生错误，但是对于不发生逻辑关系的工作就容易产生错误。遇到这种情况时，采用虚箭线加以处理，隔断无逻辑关系的各项工作，此谓"断路"。

（4）力求减少不必要的箭线和节点。

（5）网络图的分解。当网络图中的工作任务较多时，可以把它分成几个小块来绘制。

4.2.3 双代号网络计划时间参数及其计算

网络计划时间参数计算的目的是：确定各项工作的最早开始和最早完成时间、最迟开始和最迟完成时间以及工作的各种时差，从而确定计划的总工期，做到工程进度心中有数；确定关键路线和关键工作，便于施工中抓住重点，向关键线路要时间，为网络计划的执行、调整和优化提供依据；确定非关键工作及其在施工过程中时间上的机动性有多大，便于挖掘潜力，统筹全局，部署资源。

网络计划是在网络图上加注各项工作的时间参数而形成的进度计划。双代号网络计划时间参数计算的方法有很多种，一般常用的有按工作计算法和按节点计算法进行计算；在计算方式上又有分析计算法、表上计算法、图上计算法及计算机计算法等。本章仅介绍按工作计算法和按节点计算法。

1）网络计划的时间参数的概念及符号

所谓时间参数，是指网络计划、工作及节点所具有的各种时间值。

（1）工作持续时间

工作持续时间是指从工作开始时刻到工作结束时刻之间的时间，工作 $i-j$ 的持续时间用 D_{i-j} 表示。其主要的计算方法有：经验估算法、定额法和工期倒推法。

（2）工期

工期是指完成一项任务所需要的时间，在网络计划中工期一般有以下 3 种：

① 计算工期：计算工期是根据网络计划计算而得的工期，用 T_c 表示。

② 要求工期：要求工期是根据上级主管部门或建设单位的要求而定的工期，用 T_r 表示。

③ 计划工期：计划工期是在满足要求工期的前提下，施工方为实现工期目标而制定的事实目标的工期，用 T_p 表示。

（3）网络计划工作的 6 个时间参数

除工作持续时间外，网络计划中工作的 6 个时间参数是指最早开始时间、最早完成时间、最迟开始时间、最迟完成时间、总时差和自由时差。

① 最早开始时间。该工作在其所有紧前工作全部完成后，本工作有可能开始的最早时刻，工作 $i-j$ 的最早开始时间用 ES_{i-j} 表示。

② 最早完成时间。该工作在其所有紧前工作全部完成后，本工作有可能完成的最早时刻，工作 $i-j$ 的最早完成时间用 EF_{i-j} 表示。

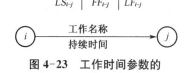

图 4-23 工作时间参数的标注形式

③ 最迟开始时间。在不影响任务按期完成或要求的条件下，工作最迟必须开始的时刻，工作 $i-j$ 的最迟开始时间用 LS_{i-j} 表示。

④ 最迟完成时间。在不影响任务按期完成或要求的条件下，工作最迟必须完成的时刻，

工作 $i-j$ 的最迟完成时间用 LF_{i-j} 表示。

⑤ 总时差。总时差是指不影响紧后工作最迟开始时间所具有的机动时间,或不影响工期前提下的机动时间,工作 $i-j$ 的总时差用 TF_{i-j} 表示。

⑥ 自由时差。自由时差是指在不影响紧后工作最早开始时间的前提下工作所具有的机动时间,工作 $i-j$ 的自由时差用 FF_{i-j} 表示。

工作的 6 个时间参数的标注形式如图 4-23 所示。

(4) 网络计划节点的两个时间参数

除工作持续时间外,网络计划中节点的两个时间参数是指节点的最早时间和节点的最迟时间。

① 节点的最早时间。节点最早时间是指该节点所有紧后工作的最早可能开始时刻,节点 i 的最早时间用 ET_i 表示。

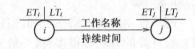

② 节点的最迟时间。节点最迟时间是指该节点所有紧前工作最迟必须结束的时刻,节点 i 的最早时间用 LT_i 表示。

图 4-24　节点时间参数的标注形式

节点时间参数的标注形式如图 4-24 所示。

2) 按工作计算法

所谓工作计算法就是以网络计划中的工作为对象,直接计算各项工作的时间参数。

下面以图 4-25 所示的网络图为例说明其各项工作时间参数的具体计算步骤。

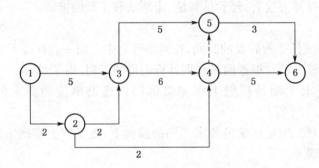

图 4-25　双代号网络图

(1) 工作的最早时间参数及工期的计算

① 最早开始时间和最早完成时间的计算。各项工作的最早完成时间等于其最早开始时间加上工作的持续时间,即

$$EF_{i-j} = ES_{i-j} + D_{i-j} \tag{4-1}$$

计算工作最早开始时间有以下 3 种情况:

a. 以网络计划的起点节点为开始节点的工作的最早开始时间为零或规定时间,如网络计划的起点节点的编号为 1,即

$$ES_{1-j} = 0 \tag{4-2}$$

b. 当工作 $i-j$ 只有一项紧前工作时,该工作的最早开始时间等于其紧前工作的最早完成

时间,即

$$ES_{i-j} = EF_{h-i} = ES_{h-i} + D_{h-i} \qquad (4-3)$$

c. 当工作有多项紧前工作时,其工作的最早开始时间等于其所有紧前工作的最早完成时间的最大值,即等于其所有紧前工作的最早开始时间加该紧前工作的持续时间所得之和的最大值:

$$ES_{i-j} = \max\{EF_{h-i}, ES_{h-i} + D_{h-i}\} \qquad (4-4)$$

如图 4-25 所示的网络图中,各工作的最早开始时间和最早完成时间的计算如下:

$ES_{1-2} = 0$; $EF_{1-2} = ES_{1-2} + D_{1-2} = 0 + 2 = 2$

$ES_{1-3} = 0$; $EF_{1-3} = ES_{1-3} + D_{1-3} = 0 + 5 = 5$

$ES_{2-3} = EF_{1-2} = 2$ $EF_{2-3} = ES_{2-3} + D_{2-3} = 2 + 2 = 4$

$ES_{2-4} = EF_{1-2} = 2$ $EF_{2-4} = ES_{2-4} + D_{2-4} = 2 + 2 = 4$

$ES_{3-4} = \max\{EF_{1-3}, EF_{2-3}\} = \max\{5,4\} = 5$ $EF_{3-4} = ES_{3-4} + D_{3-4} = 5 + 6 = 11$

$ES_{3-5} = ES_{3-4} = 5$ $EF_{3-5} = ES_{3-5} + D_{3-5} = 5 + 5 = 10$

$ES_{4-5} = \max\{EF_{2-4}, EF_{3-4}\} = \max\{4,11\} = 11$ $EF_{4-5} = ES_{4-5} + D_{4-5} = 11 + 0 = 11$

$ES_{4-6} = ES_{4-5} = 11$ $EF_{4-6} = ES_{4-6} + D_{4-6} = 11 + 5 = 16$

$ES_{5-6} = \max\{EF_{3-5}, EF_{4-5}\} = \max\{10,11\} = 11$ $EF_{5-6} = ES_{5-6} + D_{5-6} = 11 + 3 = 14$

各工作最早开始时间和最早完成时间的计算结果如图 4-26 所示。

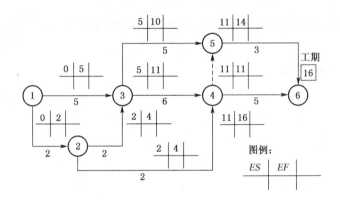

图 4-26 某网络计划最早时间的计算

从上面的计算可以看出,工作的最早时间计算时应特别注意以下 3 点:一是计算程序,即从起点节点开始顺着箭线方向,按照节点次序逐项工作计算;二是要弄清该工作的紧前工作有哪些,以便进行比较计算;三是同一节点的所有外向工作最早开始时间相同。

② 网络图计划工期的确定

当规定了要求工期时,网络计划的计划工期应小于或等于要求工期,即

$$T_p \leqslant T_r \qquad (4-5)$$

当未规定要求工期时,网络计划的计算工期是根据时间参数计算得到的工期,等于以网络计划的终点节点为完成节点的工作的最早完成时间的最大值,如网络计划的终点节点的编号

为 n，则网络计划的计算工期 $T_c = \max\{EF_{i-n}\}$。

$$T_p = T_c = \max\{EF_{i-n}\} \tag{4-6}$$

（2）工作的最迟时间参数的计算

① 工作最迟开始时间的计算。各项工作的最迟开始时间等于其最迟完成时间减去本工作的持续时间，即

$$LS_{i-j} = LF_{i-j} - D_{i-j} \tag{4-7}$$

② 工作最迟完成时间的计算。计算工作最迟完成时间有以下 3 种情况：

a. 当工作的完成节点为网络图的终点节点时，该工作最迟完成时间为网络计划的计划工期，即

$$LF_{i-n} = T_p \tag{4-8}$$

b. 当工作只有一项紧后工作时，该工作的最迟完成时间应为其紧后工作的最迟开始时间，即

$$LF_{i-j} = LS_{j-k} = LF_{j-k} - D_{j-k} \tag{4-9}$$

c. 当工作有多项紧后工作时，该工作的最迟完成时间应为其所有紧后工作的最迟开始时间的最小值，即

$$LF_{i-j} = \min\{LS_{j-k}、LF_{j-k} - D_{j-k}\} \tag{4-10}$$

如图 4-25 所示的网络图中，各工作的最迟完成时间和最迟开始时间的计算如下：

$LF_{5-6} = T_p = T_c = 16$ $LS_{5-6} = LF_{5-6} - D_{5-6} = 16 - 3 = 13$

$LF_{4-6} = T_p = T_c = 16$ $LS_{4-6} = LF_{4-6} - D_{4-6} = 16 - 5 = 11$

$LF_{4-5} = LS_{5-6} = 13$ $LS_{4-5} = LF_{4-5} - D_{4-5} = 13 - 0 = 13$

$LF_{3-5} = LF_{4-5} = 13$ $LS_{3-5} = LF_{3-5} - D_{3-5} = 13 - 5 = 8$

$LF_{3-4} = \min\{LS_{4-5}, LS_{4-6}\} = \min\{13, 11\} = 11$

$LS_{3-4} = LF_{3-4} - D_{3-4} = 11 - 6 = 5$

$LF_{2-4} = LF_{3-4} = 11$

$LS_{2-4} = LF_{2-4} - D_{2-4} = 11 - 2 = 9$

$LF_{2-3} = \min\{LS_{3-4}, LS_{3-5}\} = \min\{5, 8\} = 5$

$LS_{2-3} = LF_{2-3} - D_{2-3} = 5 - 2 = 3$

$LF_{1-3} = LF_{2-3} = 5$

$LS_{1-3} = LF_{1-3} - D_{1-3} = 5 - 5 = 0$

$LF_{1-2} = \min\{LS_{2-3}, LS_{2-4}\} = \min\{3, 9\} = 3$

$LS_{1-2} = LF_{1-2} - D_{1-2} = 3 - 2 = 1$

各工作的最迟完成时间和最迟开始时间的计算结果如图 4-27 的网络计划中所示。

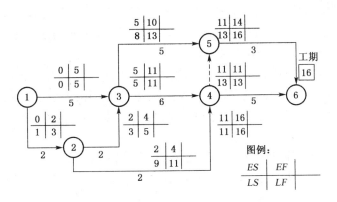

图 4-27 某网络计划最迟时间的计算

从上面的计算可以看出,工作的最迟时间计算时应特别注意以下 3 点:一是计算程序,即从终点节点开始逆着箭线方向,按照节点次序逐项工作计算;二是要弄清该工作的紧后工作有哪些,以便进行比较计算;三是同一节点的所有内向工作最迟完成时间相同。

(3)工作时差的计算

① 总时差的计算。工作总时差等于工作最迟开始时间减去最早开始时间,或工作最迟完成时间减去最早完成时间。

如图 4-25 所示的网络图中,各工作的总时差计算如下:

$$TF_{1-2} = LS_{1-2} - ES_{1-2} = LF_{1-2} - EF_{1-2} = 1 \quad TF_{1-3} = LS_{1-3} - ES_{1-3} = LF_{1-3} - EF_{1-3} = 0$$
$$TF_{2-3} = LS_{2-3} - ES_{2-3} = LF_{2-3} - EF_{2-3} = 1 \quad TF_{2-4} = LS_{2-4} - ES_{2-4} = LF_{2-4} - EF_{2-4} = 7$$
$$TF_{3-4} = LS_{3-4} - ES_{3-4} = LF_{3-4} - EF_{3-4} = 0 \quad TF_{3-5} = LS_{3-5} - ES_{3-5} = LF_{3-5} - EF_{3-5} = 3$$
$$TF_{4-5} = LS_{4-5} - ES_{4-5} = LF_{4-5} - EF_{4-5} = 2 \quad TF_{4-6} = LS_{4-6} - ES_{4-6} = LF_{4-6} - EF_{4-6} = 0$$
$$TF_{5-6} = LS_{5-6} - ES_{5-6} = LF_{5-6} - EF_{5-6} = 2$$

各工作的总时差计算结果如图 4-28 所示。

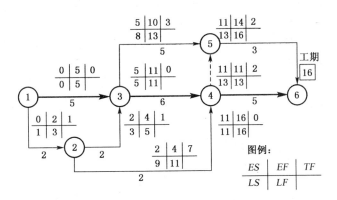

图 4-28 某网络计划总时差的计算

从以上计算可以看出,工作的总时差有以下特性:

a. 凡是总时差为最小的工作就是关键工作;由关键工作自始至终连接形成的线路为关键线路,关键线路上各工作时间之和即为总工期。如图 4-28 所示,工作①→③、工作③→④、工作④→⑥是关键工作,关键线路为①→③→④→⑥,图 4-28 中用黑粗线表示。

b. 当计划工期等于计算工期时,关键工作的总时差为零,凡是总时差大于零的为非关键工作,凡是具有非关键工作的线路即为非关键线路。

c. 总时差的使用具有双重性,它既可以被该工作使用,但又属于某非关键线路所共有。当某项工作使用了全部或部分总时差时,则将引起通过该工作的线路上所有工作总时差重新分配。网络计划至少有一条关键线路,也可能有多条关键线路。随着工作时间的变化,关键线路也会发生变化。

② 自由时差的计算。计算工作自由时差有以下 3 种情况:

a. 当工作只有一项紧后工作时,工作自由时差等于该工作的紧后工作的最早开始时间减去本工作最早结束时间的值。即

$$FF_{i-j} = ES_{j-k} - EF_{i-j} \tag{4-11}$$

或

$$FF_{i-j} = ES_{j-k} - ES_{i-j} - D_{i-j} \tag{4-12}$$

b. 当工作有多项紧后工作时,工作自由时差等于该工作的所有紧后工作的最早开始时间的最小值减去本工作最早结束时间的值。即

$$FF_{i-j} = \min\{ES_{j-k}\} - EF_{i-j} \tag{4-13}$$

或

$$FF_{i-j} = \min\{ES_{j-k}\} - ES_{i-j} - D_{i-j} \tag{4-14}$$

c. 当以终点节点 $(j = n)$ 为完成节点的工作,其自由时差应按网络计划的计划工期 T_p 确定,即

$$FF_{i-n} = T_p - EF_{i-n} \tag{4-15}$$

或

$$FF_{i-n} = T_p - ES_{i-n} - D_{i-n} \tag{4-16}$$

如图 4-25 所示的网络图中,各工作的自由时差计算如下:

$FF_{1-2} = \min\{ES_{2-3}, ES_{2-4}\} - EF_{1-2} = \min\{2,2\} - 2 = 2 - 2 = 0$

$FF_{1-3} = \min\{ES_{3-4}, ES_{3-5}\} - EF_{1-3} = \min\{5,5\} - 5 = 5 - 5 = 0$

$FF_{2-3} = \min\{ES_{3-4}, ES_{3-5}\} - EF_{2-3} = \min\{5,5\} - 4 = 5 - 4 = 1$

$FF_{2-4} = \min\{ES_{4-5}, ES_{4-6}\} - EF_{2-4} = \min\{11,11\} - 4 = 11 - 4 = 7$

$FF_{3-4} = \min\{ES_{4-5}, ES_{4-6}\} - EF_{3-4} = \min\{11,11\} - 11 = 11 - 11 = 0$

$FF_{3-5} = ES_{5-6} - EF_{3-5} = 11 - 10 = 1$

$FF_{4-5} = ES_{5-6} - EF_{4-5} = 11 - 11 = 0$

$FF_{4-6} = T_p - EF_{4-6} = 16 - 16 = 0$

$FF_{5-6} = T_p - EF_{5-6} = 16 - 14 = 2$

各工作自由时差的计算结果如图 4-29 所示。

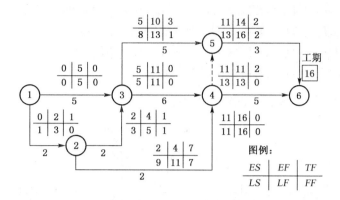

图 4-29 某网络计划自由时差的计算

从上面的计算可以看出，工作的自由时差有以下特性：

a. 总时差与自由时差相互关联的，自由时差是线路总时差的分配，一般自由时差小于等于总时差，即 $FF_{i-j} \leqslant TF_{i-j}$。

b. 在一般情况下，非关键线路上诸工作的自由时差之和等于该线路上可供利用的总时差的最大值。如图 4-29 中，非关键线路①→②→④→⑥上可供利用的总时差为 7，被 1—2 工作利用为 0，被 2—4 工作利用为 7，被 4—6 工作利用为 0。

c. 自由时差只允许本工作利用，不属于线路所共有。

3）按节点计算法

所谓节点计算法，就是先计算网络计划中各个节点的最早时间和最迟时间，然后再据此计算各项工作的时间参数和网络计划的计算工期。

（1）节点最早时间的计算

节点最早时间是指该节点所有紧后工作的最早可能开始时刻，即以该节点为完成节点的所有工作最早完成时间的最大值。i 是 j 的任一紧前工作的开始节点，其计算有 3 种情况：

① 起点节点（$i=1$）代表整个网络计划的开始，如没规定最早时间，为计算简便，可假定其值为零，即

$$ET_1 = 0 \tag{4-17}$$

实际应用时，可将其换算为日历时间。如一项计划任务开始的日历时间为 3 月 3 日，则第 1 天就代表 3 月 3 日。

② 当节点 j 只有一条内向箭线时，最早时间应为

$$ET_j = ET_i + D_{i-j} \tag{4-18}$$

③ 当节点 j 有多条内向箭线时，最早时间应为

$$ET_j = \max\{ET_i + D_{i-j}\} \tag{4-19}$$

如图 4-25 所示的网络图中，各节点最早时间计算如下：

$ET_1 = 0$

$ET_2 = ET_1 + D_{1-2} = 0 + 2 = 2$

$$ET_3 = \max\{ET_1 + D_{1-3}, ET_2 + D_{2-3}\} = \max\{0+5, 2+2\} = 5$$
$$ET_4 = \max\{ET_2 + D_{2-4}, ET_3 + D_{3-4}\} = \max\{2+2, 5+6\} = 11$$
$$ET_5 = \max\{ET_3 + D_{3-5}, ET_4 + D_{4-5}\} = \max\{5+5, 11+0\} = 11$$
$$ET_6 = \max\{ET_4 + D_{4-6}, ET_5 + D_{5-6}\} = \max\{11+5, 11+3\} = 16$$

各节点最早时间的计算结果如图 4-30 所示。

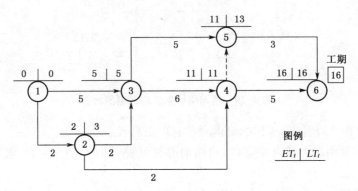

图 4-30 某网络计划时间参数节点计算法示意图

综上所述,节点最早时间应从起点节点开始计算,假定 $TE_1 = 0$,然后顺着箭线,按节点编号递增的顺序进行,沿线累加,逢圈取大,直至终点节点为止。

(2) 确定计算工期与计划工期

网络计划的计算工期等于网络计划终点节点的最早时间,若未规定要求工期,网络计划的计划工期应等于计算工期,即

$$T_p = T_c = ET_n \tag{4-20}$$

如图 4-30 所示,$T_p = T_c = ET_n = 16$。

(3) 节点最迟时间的计算

节点最迟时间是指该节点所有紧前工作最迟必须结束的时刻,即以该节点为完成节点的所有工作最迟必须结束的时刻。若迟于这个时刻,紧后工作就要推迟开始,整个网络计划的工期就要延误。其计算有 3 种情况:

① 终点节点 n 的最迟时间应等于网络计划的计划工期,即:

$$LT_n = T_p \tag{4-21}$$

② 当节点 i 只有一条外向箭线时,最迟时间应为

$$LT_i = LT_j - D_{i-j} \tag{4-22}$$

③ 当节点 j 有多条外向箭线时,最迟时间应为

$$LT_i = \min\{LT_j - D_{i-j}\} \tag{4-23}$$

如图 4-25 所示的网络图中,各节点的最迟时间计算如下:

$$LT_6 = T_p = T_c = 16$$
$$LT_5 = LT_6 - D_{5-6} = 16 - 3 = 13$$

$$LT_4 = \min\{LT_6 - D_{4-6}, LT_5 - D_{4-5}\} = \min\{16-5, 13-0\} = 11$$
$$LT_3 = \min\{LT_4 - D_{3-4}, LT_5 - D_{3-5}\} = \min\{11-6, 13-5\} = 5$$
$$LT_2 = \min\{LT_3 - D_{2-3}, LT_4 - D_{2-4}\} = \min\{5-2, 11-2\} = 3$$
$$LT_1 = \min\{LT_2 - D_{1-2}, LT_3 - D_{1-3}\} = \min\{3-2, 5-5\} = 0$$

各节点最迟时间的计算结果如图 4-30 所示。

综上所述,节点最迟时间的计算是从终点节点开始,首先确定 TL_n,然后逆着箭线,按照节点编号递减的顺序进行,逆线累减,逢圈取小,直到起点节点为止。

(4) 关键节点与关键线路

① 关键节点

在双代号网络计划中,关键线路上的节点称为关键节点。关键节点的最迟时间与最早时间的差值最小。当计划工期与计算工期相等时,关键节点的最迟时间必然等于最早时间。

如图 4-30 所示,关键节点有①、③、④和⑥四个节点,它们的最迟时间必然等于最早时间。

② 关键工作

关键工作两端的节点必为关键节点,但两端为关键节点的工作不一定是关键工作。当计划工期与计算工期相等时,利用关键节点判别关键工作时,必须满足 $ET_i + D_{i-j} = ET_j$ 或 $LT_i + D_{i-j} = LT_j$,否则该工作就不是关键工作。

如图 4-30 中,工作①→③、工作③→④、工作④→⑥等均是关键工作。

③ 关键线路

双代号网络计划中,由关键工作组成的线路一定为关键线路,如图 4-30 所示,线路①→③→④→⑥为关键线路。

由关键节点连成的线路不一定是关键线路,但关键线路上的节点必然为关键节点。

4.3　双代号时标网络计划

双代号时标网络计划是以水平时间坐标为尺度表示工作时间的双代号网络计划。它综合横道图的时间坐标和网络计划的原理,既具有网络计划的优点,又具有横道计划直观易懂的优点,它将网络计划的时间参数直观地表达出来,是一种得到广泛应用的计划形式。

4.3.1　双代号时标网络计划的特点和一般规定

1）双代号时标网络计划的主要特点

(1) 兼有横道计划的优点,能够清楚地表明计划的时间进程。

(2) 时标网络计划能在图上直接显示各项工作的开始与完成时间、自由时差及关键线路。

(3) 时标网络计划在绘制中受到时间坐标的限制,不易产生循环回路之类的逻辑错误。

(4) 可以利用时标网络计划直接统计资源的需要量,以便进行资源优化和调整。

(5) 因为箭线受时标的约束,故绘图不易,修改也较困难,往往要重新绘图,不过在使用计算机以后,这一问题已较易解决。

2)双代号时标网络计划的一般规定

(1)双代号时标网络计划是以水平时间坐标为尺度表示工作时间,时标的时间单位应根据需要在网络计划编制之前确定,可为时、天、周、月、季。

(2)时标网络计划以实箭线表示实工作,以虚箭线表示虚工作,以波形线表示工作的自由时差。

(3)时标网络计划中的所有符号在时间坐标上的水平投影位置,都必须与时间参数相对应,节点中心必须对准相应的时标位置,虚工作必须以垂直方向的虚箭线表示,有自由时差通过追加波形线表示。

(4)时标网络计划宜按最早时间编制。

4.3.2 双代号时标网络计划的编制

1)绘制的基本要求

(1)时间长度是以所有符号在时标表上的水平位置及其水平投影长度表示的,与其所代表的时间值相对应。

(2)节点的中心必须对准时标的刻度线。

(3)虚工作必须以垂直虚箭线表示。

(4)工作有时差时加波形线表示。

(5)时标网络计划宜按最早时间编制,不宜按最迟时间编制。

(6)时标网络计划编制前,必须先绘制无时标网络计划。

2)时标网络计划图的绘制步骤

(1)时标网络计划的间接绘制法

所谓间接绘制法,是先计算网络计划各项工作的时间参数,再根据时间参数在时间坐标上进行绘制网络图的方法。

其绘制的步骤和方法如下:

① 绘制非时标网络计划草图,计算工作(或节点)最早时间。

② 根据需要确定时间单位并绘制时标。时间坐标可标注在时标网络图的顶部,也可标注在底部或上下均标注,时标的长度单位必须注明。必要时可加注日历时间。中部的竖向刻度线宜为细线,为使图面清楚,竖线可少画或不画。

③ 根据网络图中各节点的最早时间或各工作的最早开始时间,从起点节点开始将各节点或各工作的开始节点逐个定位在时间坐标的纵轴上。

④ 依次在各节点间绘出箭线长度及时差。若计算已确定了关键工作,则宜先画关键工作、关键线路,再画非关键工作。

箭线最好画成水平或由水平线和竖直线组成的折箭线,以直接表示其持续时间。如箭线画成斜线,则以其水平投影长度为其持续时间。如箭线长度不够与该工作的结束节点直接相连,则用波形线从箭线端部画至结束节点处。波形线的水平投影长度,即为该工作的时差。

⑤ 用虚箭线连接各有关节点,将各有关的施工过程连接起来。

⑥ 把从起点节点到终点节点无波形线的线路上的工作用双线或粗线表示,即形成时标网络计划的关键线路。

(2)时标网络计划的直接绘制法

所谓直接绘制法,是指不计算时间参数,直接根据无时标网络计划在时标表上进行绘制时标网络计划的方法。其绘制步骤和方法可归为如下绘图口诀:"时间长短坐标限,曲直斜平利相连,箭线到齐画节点,画完节点补波线,零线尽量拉垂直,否则安排有缺陷。"

① 时间长短坐标限:箭线的长度代表着具体的施工持续时间,受到时间坐标的制约。

② 曲直斜平利相连:箭线的表达方式可以是直线、折线或斜线等,但布图应合理,表达直观清晰,尽量横平竖直。

③ 箭线到齐画节点:工作的开始节点必须在该工作的全部紧前工作都画完后,定位在这些紧前工作全部完成的时间刻度上。

④ 画完节点补波线:某些工作的箭线长度不足以达到其完成节点时,用波形补足,箭头指向与位置不变。

⑤ 零线尽量拉垂直:虚工作时间为零,应尽量让其为垂直线。

⑥ 否则安排有缺陷:若出现虚线占据时间的情况,其原因是工作面停歇或作业队工作不连续。

【案例 4-3】　如图 4-31 所示某工程双代号网络计划,将它改绘成双代号时标网络图。

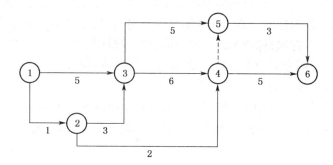

图 4-31　某工程双代号网络计划

【解析】　根据绘图口诀及绘制要求,按最早时间参数不经计算直接绘制的双代号时标网络计划图如图 4-32 所示。

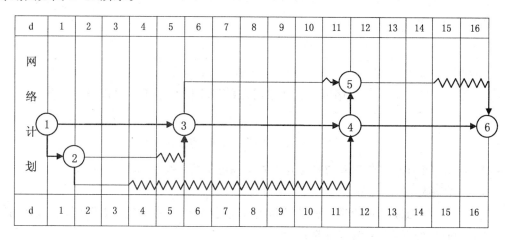

图 4-32　某工程双代号时标网络计划图

4.3.3 时标网络计划的关键线路和时间参数的判定

1）关键线路的确定与表达

时标网络计划中的关键线路可以从网络计划的终点节点开始，逆着箭线方向进行判定。凡自始至终不出现波形线的线路即为关键线路。因为不出现波形线，就说明在这条线路上相邻两项工作之间的时间间隔全部为零，也就是在计算工期等于计划工期的前提下，这些工作的总时差和自由时差全部为零。例如图 4-32 所示时标网络计划中，关键线路为①→③→④→⑥。

2）时间参数的确定

（1）计算工期的确定

时标网络计划的计算工期应等于终点节点与起点节点所在位置的时标值之差。如图 4-32 所示的时标网络计划的计算工期是 $16 - 0 = 16$ 天。如果时标原点为零的话，由终点节点所处位置，直接可知计算工期。

（2）工作最早时间的确定

工作箭线左端节点所对应的时标值为该工作的最早开始时间。当工作箭线中不存在波形线时，其右端节点所对应的时标值为该工作的最早完成时间；当工作箭线中存在波形线时，工作箭线实线部分右端点所对应的时标值为该工作的最早完成时间。例如图 4-32 中工作②—③和工作③—④的最早开始时间分别为 1 天和 5 天，而它们的最早完成时间分别为 4 天和 11 天。

（3）工作自由时差的确定

时标网络计划中，工作自由时差等于其波形线在坐标轴上水平投影的长度。例如图 4-32 中工作②—③的自由时差为 1 天，工作②—④的自由时差 8 天，工作⑤—⑥的自由时差为 2 天，其他工作无自由时差。

（4）工作总时差的计算

工作总时差不能从图上直接判定，需要进行计算。计算应自右向左进行，且符合下列规定：

① 以终点节点为完成节点的工作，其总时差为计划工期 T_p 与本工作最早完成时间 EF_{i-n} 之差，即按下式计算：

$$TF_{i-n} = T_p - EF_{i-n} \tag{4-24}$$

例如在图 4-32 中，$TF_{5-6} = T_p - EF_{5-6} = 16 - 14 = 2$

② 其他工作的总时差等于诸紧后工作总时差的最小值与本工作自由时差之和，即按下式计算：

$$TF_{i-j} = \min\{TF_{j-k}\} + FF_{i-j} \tag{4-25}$$

例如在图 4-32 中，$TF_{3-5} = TF_{5-6} + FF_{3-5} = 2 + 1 = 3$

（5）工作最迟时间的计算

由于已知工作的最早开始时间和最早完成时间，又知道了总时差，故工作最迟开始时间和最迟完成时间可分别按以下两式计算：

$$LS_{i-j} = ES_{i-j} + TF_{i-j} \qquad (4-26)$$

$$LF_{i-j} = EF_{i-j} + TF_{i-j} \qquad (4-27)$$

例如在图 4-32 中 $LS_{5-6} = ES_{5-6} + TF_{5-6} = 11 + 2 = 13$

$LF_{5-6} = EF_{5-6} + TF_{5-6} = 14 + 2 = 16$

4.4 单代号网络计划

单代号网络图是以节点及其编号表示工作,以箭线表示工作之间逻辑关系的网络图。它是网络计划的另一种表达方法。它具有绘图简便、逻辑关系明确、易于修改等优点,应用范围在不断发展和扩大。

4.4.1 单代号网络图的组成

1）节点及其编号

单代号网络图中每一个节点表示一项工作,用圆圈或矩形表示。节点所表示的工作名称、持续时间和工作代号等应标注在节点内,如图 4-33 所示。节点必须编号,此编号即该工作的代号,由于代号只有一个,故称"单代号"。节点编号严禁重复,一项工作只能有唯一的一个节点和唯一的一个编号。

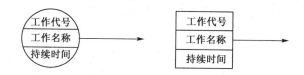

图 4-33 单代号网络图的工作表示方法

2）箭线

单代号网络图中,用实箭线表示相邻工作之间的逻辑关系,它既不消耗时间,也不消耗资源,只表示各项工作间的逻辑关系。相对于箭尾和箭头来说,箭尾节点称为紧前工作,箭头节点称为紧后工作。单代号网络图中不设虚箭线,箭线的箭尾节点编号应小于箭头节点的编号。

箭线应画成水平直线、折线或斜线。箭线水平投影的方向应自左向右,表示工作的进行方向。

3）线路

单代号网络图的线路含义同双代号网络图的线路是一样的,从网络计划起点节点到结束节点的路径,即为单代号网络图的线路。由网络图的起点节点出发,顺着箭线方向到达终点节点,中间经由一系列节点和箭线所组成的通路。同双代号网络图一样,线路也分为关键线路和非关键线路,其性质和线路时间的计算方法均与双代号网络图相同。

4.4.2 单代号网络图的绘制

1）绘制单代号网络图需遵循的规则

(1) 单代号网络图必须正确表述已定的逻辑关系,如表 4-1 所示。

(2) 单代号网络图中,严禁出现循环回路。

(3) 单代号网络图中,严禁出现双向箭头或无箭头的连线。

(4) 单代号网络图中,严禁出现没有箭尾节点的箭线和没有箭头节点的箭线。

(5) 绘制网络图时,箭线不宜交叉,当交叉不可避免时,可采用断线法、过桥法和指向法绘制。

(6) 单代号网络图只应有一个起点节点和一个终点节点。当网络图中有多项起点节点或多项终点节点时,应在网络图的两端分别设置一项虚工作,作为该网络图的起点节点(S_t)和终点节点(F_{in}),再无其他任何虚工作,如图 4-34 所示。

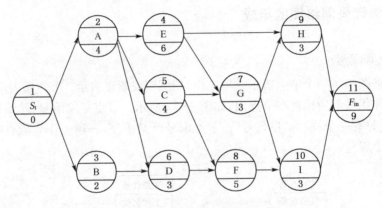

图 4-34 单代号网络图

2）单代号网络图的绘制

单代号网络图的绘制比双代号网络图的绘制简单,不易出错。单代号网络图绘图时,在布图排列等方法上同双代号网络图基本一致。尽量使图面布局合理、层次清晰和重点突出。要处理好箭线交叉,使图形规则,以便容易读图。

绘图要从左向右,逐个处理各工作的逻辑关系,只有紧前工作都绘制完成后,才能绘制本工作,并使本工作与紧前工作用箭线相连,由起点节点直至终点节点结束,形成符合绘图规则的完整图形。绘制完成后要认真检查,看图中的逻辑关系是否表达正确,是否符合绘图规则,如有问题及时修正。

【案例 4-4】 某基础工程划分为开挖基槽、混凝土垫层、砌砖基础、回填土 4 个施工过程,分 3 个施工段组织施工,各施工过程的持续时间分别为 9 天、3 天、6 天、3 天,拟组织 4 个专业队组进行施工。绘制单代号网络图。

【解析】 根据各工作间的逻辑关系绘制单代号网络图如图 4-35 所示。

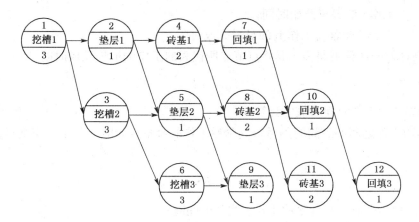

图 4-35　某基础工程单代号网络图

4.4.3　单代号网络计划的时间参数计算

单代号网络图的计算内容和时间参数的意义与双代号网络图基本相同,只是表现形式不同,计算步骤略有区别。单代号网络计划时间参数的标注方式如图 4-36 所示。

图 4-36　单代号网络图时间参数的标注方式

1）单代号网络计划时间参数的计算步骤

（1）计算工作的最早开始时间和最早完成时间

工作最早开始时间和最早完成时间的计算应从网络计划的起点节点开始,顺着箭线方向按节点编号从小到大的顺序依次进行。其计算步骤如下:

① 起点节点的最早开始时间如无规定时,其值应等于零,即

$$ES_i = 0 \ (i = 1) \tag{4-28}$$

② 工作的最早完成时间应等于本工作的最早开始时间与其持续时间之和,即

$$EF_i = ES_i + D_i \tag{4-29}$$

式中：EF_i——工作 i 的最早完成时间；

　　　ES_i——工作 i 的最早开始时间；

　　　D_i——工作 i 的持续时间。

③ 其他工作的最早开始时间应等于其紧前工作最早完成时间的最大值,即

$$ES_i = \max\{EF_h\} \tag{4-30}$$

式中：ES_i——工作 i 的最早开始时间；

EF_h——工作 i 的紧前工作 h 的最早完成时间。

④ 网络计划的计算工期等于其终点节点所代表的工作的最早完成时间，即

$$T_c = EF_n \qquad (4-31)$$

（2）相邻两项工作时间间隔的计算

相邻两项工作之间的时间间隔是指其紧后工作的最早开始时间与本工作最早完成时间之差，即

$$LAG_{i-j} = ES_j - EF_i \qquad (4-32)$$

式中：LAG_{i-j}——工作 i 与其紧后工作 j 之间的间隔；

ES_j——工作 i 的紧后工作 j 的最早开始时间；

EF_i——工作 i 的最早完成时间。

（3）网络计划的计划工期的确定

网络计划的计算工期 $T_c = EF_n$。假设未规定要求工期，则其计划工期就等于计算工期。即

$$T_p = T_c = EF_n \qquad (4-33)$$

（4）工期总时差的计算

工期总时差的计算应从网络计划的终点节点开始，逆着箭线方向按节点编号从大到小的顺序依次进行。

① 网络计划终点节点 n 所代表的工作的总时差应等于计划工期与计算工期之差，即

$$TF_n = T_p - T_c \qquad (4-34)$$

当计划工期等于计算工期时，该工作的总时差为零。

② 其他工作的总时差应等于本工作与其各紧后工作之间的时间间隔加该紧后工作的总时差所得之和的最小值，即

$$TF_i = \min\{TF_j + LAG_{i-j}\} \qquad (4-35)$$

式中：TF_i——工作 i 的总时差；

LAG_{i-j}——工作 i 与其紧后工作 j 之间的间隔；

TF_j——工作 i 的紧后工作 j 的总时差。

（5）工作自由时差的计算

① 网络计划终点节点 n 所代表工作的自由时差等于计划工期与本工作的最早完成时间之差，即

$$FF_n = T_p - EF_n \qquad (4-36)$$

式中：FF_n——终点节点 n 所代表的工作的自由时差；

T_p——网络计划的计划工期；

EF_n——终点节点 n 所代表的工作的最早完成时间。

② 其他工作的自由时差等于本工作与其紧后工作之间时间间隔的最小值，即

$$FF_i = \min\{LAG_{i-j}\} \tag{4-37}$$

（6）工作最迟完成时间和最迟开始时间的计算

工作的最迟完成时间和最迟开始时间的计算根据总时差计算：

① 工作的最迟完成时间等于本工作的最早完成时间与其总时差之和，即

$$LF_i = EF_i + TF_i \tag{4-38}$$

② 工作的最迟开始时间等于本工作最早开始时间与其总时差之和，即

$$LS_i = ES_i + TF_i \tag{4-39}$$

2）单代号网络计划关键线路的确定

（1）利用关键工作确定关键线路

如前所述，总时差最小的工作为关键工作。将这些关键工作相连，并保证相邻两项关键工作之间的时间间隔为零而构成的线路就是关键线路。

（2）利用相邻两项工作之间的时间间隔确定关键线路

从网络计划的终点节点开始，逆着箭线方向依次找出相邻两项工作之间时间间隔为零的线路就是关键线路。

（3）利用总持续时间确定关键线路

在肯定型网络计划中，线路上工作总持续时间最长的线路为关键线路。

3）计算示例

【案例 4-5】 试计算如图 4-37 所示单代号网络计划的时间参数。

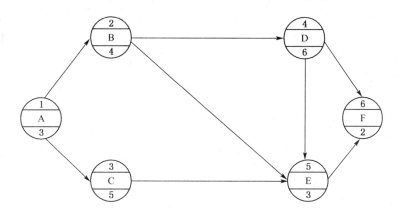

图 4-37 单代号网络计划

【解析】 计算结果如图 4-38 所示，现对其计算步骤及具体方法说明如下：

（1）工作最早开始时间和最早完成时间的计算

工作的最早开始时间从网络图的起点节点开始，顺着箭线用加法。因起点节点的最早开始时间未规定，故 $ES_1 = 0$。

工作的最早完成时间应等于本工作的最早开始时间与其持续时间之和，因此

$$EF_1 = ES_1 + D_1 = 0 + 3 = 3$$

其他工作最早开始时间是其各紧前工作的最早完成时间的最大值。

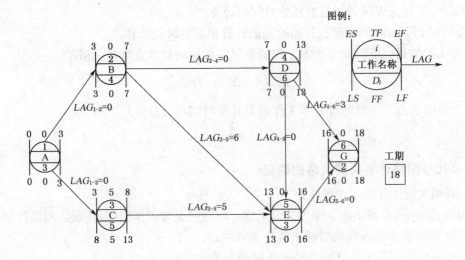

图 4-38　单代号网络图时间参数计算结果

（2）计算网络计划的工期

按 $T_c = EF_n$ 计算得 $T_c = EF_n = 18$，未规定要求工期，则计划工期 $T_p = T_c = EF_n = 18$。

（3）计算各工作之间的时间间隔

按 $LAG_{i-j} = ES_j - EF_i$ 计算，各工作之间的时间间隔计算结果如图 4-38 所示，计算过程如下：

$$LAG_{1-2} = ES_2 - EF_1 = 3 - 3 = 0 \qquad LAG_{1-3} = ES_3 - EF_1 = 3 - 3 = 0$$
$$LAG_{2-4} = ES_4 - EF_2 = 7 - 7 = 0 \qquad LAG_{2-5} = ES_5 - EF_2 = 13 - 7 = 6$$
$$LAG_{3-5} = ES_5 - EF_3 = 13 - 8 = 5 \qquad LAG_{4-5} = ES_5 - EF_4 = 13 - 13 = 0$$
$$LAG_{4-6} = ES_6 - EF_4 = 16 - 13 = 3 \qquad LAG_{5-6} = ES_6 - EF_5 = 16 - 16 = 0$$

（4）计算总时差

终点节点所代表的工作的总时差按 $TF_n = T_p = T_c$ 考虑，没有规定要求工期，故认为 $T_p = T_c = 18$，则 $TF_6 = 0$。其他工作总时差按公式 $TF_i = \min\{TF_j + LAG_{i-j}\}$ 计算，其结果如下：

$$TF_5 = TF_6 + LAG_{5-6} = 0 + 0 = 0$$
$$TF_4 = \min\{(TF_5 + LAG_{4-5}), (TF_6 + LAG_{4-6})\} = \min\{(0+0), (0+3)\} = 0$$
$$TF_3 = TF_5 + LAG_{3-5} = 0 + 5 = 5$$
$$TF_2 = \min\{(TF_4 + LAG_{2-4}), (TF_5 + LAG_{2-5})\} = \min\{(0+0), (0+6)\} = 0$$
$$TF_1 = \min\{(TF_2 + LAG_{1-2}), (TF_3 + LAG_{1-3})\} = \min\{(0+0), (5+0)\} = 0$$

（5）计算自由时差

终点节点自由时差按 $FF_n = T_p - EF_n$ 计算，得 $FF_6 = 0$；其他工作自由时差按 $FF_i = \min\{LAG_{i-j}\}$ 计算，其计算结果如下：

$$FF_1 = \min\{LAG_{1-2}, LAG_{1-3}\} = \min\{0, 0\} = 0$$

$$FF_2 = \min\{LAG_{2-4}, LAG_{2-5}\} = \min\{0, 6\} = 0$$
$$FF_3 = LAG_{3-5} = 5$$
$$FF_4 = \min\{LAG_{4-5}, LAG_{4-6}\} = \min\{0, 3\} = 0$$
$$FF_5 = LAG_{5-6} = 0$$

（6）工作最迟开始时间和最迟完成时间的计算

$$ES_1 = 0, LS_1 = ES_1 + TF_1 = 0 + 0 = 0; \qquad EF_1 = 3, LF_1 = EF_1 + TF_1 = 3 + 0 = 3$$
$$ES_2 = 3, LS_2 = ES_2 + TF_2 = 3 + 0 = 3; \qquad EF_2 = 7, LF_2 = EF_2 + TF_2 = 7 + 0 = 7$$
$$ES_3 = 3, LS_3 = ES_3 + TF_3 = 3 + 5 = 8; \qquad EF_3 = 8, LF_3 = EF_3 + TF_3 = 8 + 5 = 13$$
$$ES_4 = 7, LS_4 = ES_4 + TF_4 = 7 + 0 = 7; \qquad EF_4 = 13, LF_4 = EF_4 + TF_4 = 13 + 0 = 13$$
$$ES_5 = 13, LS_5 = ES_5 + TF_5 = 13 + 0 = 13; \qquad EF_5 = 16, LF_5 = EF_5 + TF_5 = 16 + 0 = 16$$
$$ES_6 = 16, LS_6 = ES_6 + TF_6 = 16 + 0 = 16; \qquad EF_6 = 18, LF_6 = EF_6 + TF_6 = 18 + 0 = 18$$

（7）关键工作和关键线路的确定

当无规定时，认为网络计算工期与计划工期相等，这样总时差为零的工作为关键工作。如图 4-38 所示关键工作有 A、B、D、E、G 工作。将这些关键工作相连，并保证相邻两项关键工作之间的时间间隔为零而构成的线路就是关键线路，即线路 A→B→D→E→G 为关键线路。关键线路在网络计划中可以用粗线、双线或彩色线标注。本例关键线路用黑粗线表示。即使由这些关键工作相连的线路，如果不能保证相邻两项关键工作之间的时间间隔为零，就不是关键线路，如线路 A→B→D→G 和 A→B→E→G 均不是关键线路。因此，在单代号网络计划中，关键工作相连的线路并不一定是关键线路。

4.4.4 单代号网络图与双代号网络图的比较

单代号网络图与双代号网络图的比较见表 4-3。

表 4-3 单代号网络图与双代号网络图的比较

比较项目	网络图	
	单代号网络图	双代号网络图
箭线	表示逻辑关系及工作顺序	表示工作及工作流向
节点	表示工作	表示工作的开始、结束瞬间
虚工作	无	可能有
虚拟节点	可能有虚拟开始节点、虚拟结束节点	无
逻辑关系	反映	反映
关键线路	总持续时间最长的线路	总持续时间最长的线路
	关键工作的连线且相邻关键工作时间间隔为零的线路	关键工作相连的线路

（1）单代号网络图绘制比较方便，节点表示工作，箭线表示逻辑关系；而双代号网络图用箭线表示工作，可能有虚工作。在这一点上，绘制单代号网络图比绘制双代号网络图简单。

（2）单代号网络图具有便于说明、容易被非专业人员所理解和易于修改的优点，这对于推广应用统筹法编制工程进度计划，进行全面的科学管理是非常重要的。

（3）双代号网络图表示工程进度比用单代号网络图更为形象，特别是在应用带时间坐标网络图中。

（4）双代号网络计划应用电子计算机进行程序化计算和优化更为简便，这是因为双代号网络图中用两个代号代表一项工作，可直接反映其紧前或紧后工作的关系。而单代号网络图就必须按工作逐个列出其紧前、紧后工作关系，这在计算机中需占用更多的存储单元。

由于单代号和双代号网络图有上述各自的优缺点，故两种表示法在不同的情况下，其表现的繁简程度是不同的。在有些情况下，应用单代号表示法较为简单，而在另外情况下，使用双代号表示法则更为清楚。因此，单代号和双代号网络图是两种互为补充、各具特色的表现方法。

（5）单代号网络图与双代号网络图均属于网络计划，能够明确地反映出各项工作之间错综复杂的逻辑关系。通过网络计划时间参数的计算，可以找出关键工作和关键线路，可以明确各项工作的机动时间。网络计划可以利用计算机进行计算。

4.5 单代号搭接网络计划

在前述双代号和单代号网络计划中，所表达的工作之间的逻辑关系是一种衔接关系，即只有当其紧前工作全部完成之后，本工作才能开始。紧前工作的完成为本工作的开始创造条件。但是在工程建设实践中，有许多工作的开始并不是以其紧前工作的完成为条件。只要其紧前工作开始一段时间后，即可进行本工作，而不需要等其紧前工作全部完成之后再开始。工作之间的这种关系我们称之为搭接关系。

如果用前述简单的网络图来表达工作之间的搭接关系，将使得网络计划变得更加复杂。为了简单、直接地表达工作之间的搭接关系，使网络计划的编制得到简化，便出现了搭接网络计划。搭接网络计划一般都采用单代号网络图的表示方法，即以节点表示工作，以节点之间的箭线表示工作之间的逻辑顺序和搭接关系。

4.5.1 单代号搭接网络计划的绘制

单代号搭接网络和普通单代号网络图一样，工作仍以节点表示，属工作节点网络图。它的绘图要点和逻辑规则可概括如下：一个节点代表一项工作，箭线表示工作先后顺序和相互搭接关系，并注明搭接时距。所谓时距，就是在搭接网络计划中相邻两项工作之间的时间差值。在搭接网络计划中，工作之间的搭接关系是由相邻两项工作之间的不同时距决定的。

1）基本搭接关系（单代号搭接网络计划的基本搭接关系有5种）

（1）结束到开始的关系（FTS）

两项工作之间的关系通过前项工作结束到后项工作开始之间的时距来表达，当时距为零时，表示两项工作之间没有间歇，这就是普通网络图中的逻辑关系。

例如,房屋装修项目中油漆和安玻璃两项工作之间的关系是:先油漆,干燥一段时间后才能安玻璃。这种关系就是 FTS 关系。若干燥时间需要 3 天,则 $FTS=3$。

（2）开始到开始的关系（STS）

前后两项工作关系用其相继开始的时距来表达,就是说,前项工作开始后,要经过两项工作相继开始的时距时间后,后面的工作才能进行。

例如,道路工程中的铺设路基和浇筑路面两项工作之间,路基开始一定时间为浇筑路面创造一定工作条件之后,即可开始浇筑路面,这种工作开始时间之间的间隔就是 STS 时距。

（3）结束到结束的关系（FTF）

两项工作之间的关系用前后工作相继结束的时距来表示,就是说,前项工作结束后,要经过两项工作相继结束的时距时间后,后项工作才能结束。

一般来说,当本工作的作业速度小于紧后工作时,则必须考虑为紧后工作留有充分的余地,否则紧后工作将可能因无工作面而无法进行。这种结束到结束之间的间隔即 FTF 时距。

例如,某建筑工程的主体结构分为两个施工段组织流水施工,每段每层砌筑时间为 4 天。则第一个施工段砌筑完成后转移到第二个施工段进行砌筑,同时第一个施工段进行楼板的吊装。由于板的吊装所需时间较短,所以不一定要求砌墙后立即吊装板,但必须在砌墙完成后的第四天完成板的吊装,不致影响砌墙人员进行上一层的砌筑。这样就形成了每一施工段砌墙与吊装工作间 4 天的 FTF 关系。

（4）开始到结束的关系（STF）

两项工作之间的关系用前项工作的开始到后项工作的结束之间的时距来表达,就是说,前项工作开始后,要经过前项工作的开始到后项工作的结束之间的时距时间后,后项工作才能结束。

例如,挖掘含有地下水的地基,地下水位以上部分的基础可以在降低地下水位之前就进行挖掘;地下水位以下部分的基础则必须在降低地下水以后才能开始。即降低地下水位的完成与何时挖掘地下水以下部分的基础有关,而降低地下水位何时开始则与挖土的开始无直接关系。假设挖地下水位以上的基础土方需要 10 天,则挖土方开始与降低水位的完成之间就形成了 10 天的 STF 关系。

（5）混合搭接关系

当两项工作之间同时存在上述 4 种基本搭接关系中的 2 种或 2 种以上的限制关系时,称之为混合搭接关系。i、j 两项工作可能同时存在 STS 和 FTF 时距限制,或 STF 和 FTS 时距限制等。

例如,某管道工程,挖管沟和铺设管道两工作分段进行,两工作开始到开始的时间间隔为 4 天,即铺设管道至少需 4 天后才能开始。若按 4 天后开始铺设管道,且连续进行,则由于铺设管道持续时间短,挖管沟的第二段尚未完成,而铺设管道人员已要求进入第二段作业,这就出现了矛盾。所以,为了解决这一矛盾,除了应考虑 STS 限制时间外,还应考虑结束到结束的限制时间,如设 $FTF=2$ 天才能保证项目的顺利进行。

单代号搭接网络图搭接关系示意图及表达方法见表 4-4 所示。

表 4-4　单代号搭接关系的表示方法

序号	工作之间的搭接关系	搭接关系示意图	单代号搭接网络计划表示方法
1	从结束到开始（FTS）	工作 i　　工作 j　　FTS	i/D_i　FTS　j/D_j
2	从开始到开始（STS）	工作 i　　工作 j　　STS	i/D_i　STS　j/D_j
3	从结束到结束（FTF）	工作 i　　工作 j　　FTF	i/D_i　FTF　j/D_j
4	从开始到结束（STF）	工作 i　　工作 j　　STF	i/D_i　STF　j/D_j
5	混合搭接（STS）和（FTF）	工作 i　　工作 j　　FTF　STS	i/D_i　FTF　STS　j/D_j
6	混合搭接（STS）和（STF）	工作 i　　工作 j　　STF　STS	i/D_i　STF　STS　j/D_j
7	混合搭接（FTF）和（FTS）	工作 i　　工作 j　　FTF　FTS	i/D_i　FTF　FTS　j/D_j

　　节点可以采用圆形、椭圆形或方形等不同的形式,但基本内容必须包括工作名称、工作编号、持续时间以及相应的时间参数,如图 4-39 所示。

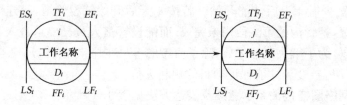

图 4-39　单代号搭接网络计划节点表示方法

2）设置虚拟起点节点（S_t）和终点节点（F_{in}）

即使最早能够开始或最晚必须结束的工作只有一项，也必须设置虚拟节点（虚拟工作），这是为了满足复杂的搭接关系计算之需要。从搭接网络图的起点节点出发，顺着搭接箭线方向，直到终点节点为止，中间经由一系列节点和搭接时距所组成的通道，称为线路。

3）由起点节点开始，根据工作顺序依次建立搭接关系

4）搭接网络计划不能出现闭合回路

5）每项工作的开始都必须和开始节点建立直接或间接的关系，并受其制约

每项工作的结束都必须和结束节点建立直接或间接的关系，并受其控制，这种关系在图中均以虚箭线表示。

4.5.2 单代号搭接网络计划的时间参数计算

单代号搭接网络计划的时间参数包括工作持续时间（D_j）、工作时间参数（ES、EF、LS、LF、TF、FF）及工期等。与普通单代号网络计划时间参数计算不同的是，单代号搭接网络计划的时间参数计算受到搭接时距（STS、STF、FTF、FTS）的影响。

1）计算工作的最早开始时间和最早完成时间

工作最早开始时间和最早完成时间的计算应从网络计划的起点节点开始，顺着箭线方向依次进行。

（1）由于在单代号搭接网络计划中的起点节点一般都代表虚拟工作，故其最早开始时间和最早完成时间均为零，即

$$ES_i = EF_i = 0 \tag{4-40}$$

（2）凡是与网络计划起点节点相联系的工作，其最早开始时间为零，即

$$ES_i = 0 \tag{4-41}$$

（3）凡是与网络计划起点节点相联系的工作，其最早完成时间应等于其最早开始时间与持续时间之和，即

$$EF_i = ES_i + D_i \tag{4-42}$$

（4）其他工作的最早开始时间和最早完成时间应根据时距按下列公式计算：

① 相邻时距为 FTS 时

$$ES_j = ES_i + D_i + FTS_{i-j} \tag{4-43}$$

② 相邻时距为 STS 时

$$ES_j = ES_i + STS_{i-j} \tag{4-44}$$

③ 相邻时距为 FTF 时

$$ES_j = ES_i + D_i + FTF_{i-j} - D_j \tag{4-45}$$

④ 相邻时距为 STF 时

$$ES_j = ES_i + STF_{i-j} - D_j \tag{4-46}$$

当有多项紧前工作或有混合搭接关系时,分别按式(4-43)至式(4-46)计算,取最大值为工作的最早开始时间。

当出现最早开始时间为负值时,应将该工作与起点节点用虚箭线相连接,并确定其时距为

$$STS = 0 \tag{4-47}$$

工作的最早完成时间应等于其最早开始时间与持续时间之和,即

$$EF_j = ES_j + D_j \tag{4-48}$$

当出现有最早完成时间的最大值的中间工作时,应将该工作与终点节点用虚箭线相连接,并确定其时距为

$$FTF = 0 \tag{4-49}$$

工作最早时间计算顺箭线方向,遇有多项紧前工作时取大值,一项紧前工作与本工作有多种时距限制关系也取大值;计算工作最早时间可能出现负值,这是不符合逻辑的,故应将该工作与起点节点用虚线相连,并确定其时距为 $STS = 0$,即认为其是最早开始的工作之一。

对于一般网络计划来说,计算工期就等于网络计划最后工作最早完成时间的最大值。但对于搭接网络计划,由于存在着比较复杂的搭接关系,这就使得其最后的终点节点的最早完成时间有可能小于前面某些工作完成时间。所以,单代号搭接网络计划的计算工期 T_c 应取所有节点最早完成时间的最大值,并在该节点与终点节点之间增加一条虚箭线,时距为 $FTF = 0$。

2)网络计划的计算工期 T_c

一般搭接网络计划的终点为虚节点。T_c 等于网络计划的终点 n 的最早完成时间 EF_n。即

$$T_c = EF_n \tag{4-50}$$

3)相邻工作时间间隔(LAG_{i-j})的计算

搭接网络中,决定相邻工作之间制约关系的是时距,但是有时除此之外,还有多余的空闲时间,称之为时间间隔,用 LAG_{i-j} 表示。前后两工作关系的时间之差超出要求的搭接时间,其值就是该两工作之间的时间间隔。各工作间的搭接关系不同,其间隔时间的计算公式也不相同。

相邻时距为 STS 时,若 $ES_j > ES_i + STS_{i-j}$ 时,则时间间隔为

$$LAG_{i-j} = ES_j - (ES_i + STS_{i-j}) \tag{4-51}$$

相邻时距为 FTF 时,若 $EF_j > EF_i + FTF_{i-j}$ 时,则时间间隔为

$$LAG_{i-j} = EF_j - (EF_i + FTF_{i-j}) \tag{4-52}$$

相邻时距为 STF 时,若 $EF_j > ES_i + STF_{i-j}$ 时,则时间间隔为

$$LAG_{i-j} = EF_j - (ES_i + STF_{i-j}) \tag{4-53}$$

相邻时距为 FTS 时,若 $ES_j > EF_i + FTS_{i-j}$ 时,则时间间隔为

$$LAG_{i-j} = ES_j - (EF_i + FTS_{i-j}) \tag{4-54}$$

当相邻两项工作存在着混合搭接关系时,分别按式(4-51)至式(4-54)计算,取最小值为工作的时间间隔。

当相邻两项工作无时距时,为一般单代号网络图,按式(4-32)计算。即

$$LAG_{i-j} = ES_j - EF_i$$

4）总时差的计算

在单代号搭接网络计划中,工作的总时差计算同普通单代号网络计划。工作总时差的计算应从网络计划的终点节点开始,逆着箭线方向依次逐项计算。

（1）网络计划终点节点 n 所代表的工作的总时差应等于计划工期与计算工期之差,按式(4-34)计算。即

$$TF_n = T_p - T_c$$

当计划工期等于计算工期时,该工作的总时差为零。

（2）其他工作的总时差应等于本工作与其各紧后工作之间的时间间隔加该紧后工作的总时差所得之和的最小值,按式(4-35)计算。即

$$TF_i = \min\{TF_j + LAG_{i-j}\}$$

5）工作自由时差的计算

（1）网络计划终点节点 n 所代表工作的自由时差等于计划工期与本工作的最早完成时间之差,按式(4-36)计算。即

$$FF_n = T_p - EF_n$$

（2）其他工作的自由时差等于本工作与其紧后工作之间时间间隔的最小值,按式(4-37)计算。即

$$FF_i = \min\{LAG_{i-j}\}$$

6）计算工作的最迟开始时间和最迟完成时间

工作的最迟完成时间和最迟开始时间的计算根据总时差计算:

（1）工作的最迟完成时间等于本工作的最早完成时间与其总时差之和,按式(4-38)计算。即

$$LF_i = EF_i + TF_i$$

（2）工作的最迟开始时间等于本工作最早开始时间与其总时差之和,按式(4-39)计算。即

$$LS_i = ES_i + TF_i$$

7）关键工作和关键线路

（1）关键工作。总时差最小的工作为关键工作。

（2）关键线路。从起点节点开始到终点节点均为关键工作,且所有工作的时间间隔均为零的线路为关键线路。

【**案例 4-6**】 已知单代号网络计划如图 4-40 所示,若计划工期等于计算工期,试计算各工作的 6 个时间参数并确定关键线路,标注在网络计划上。

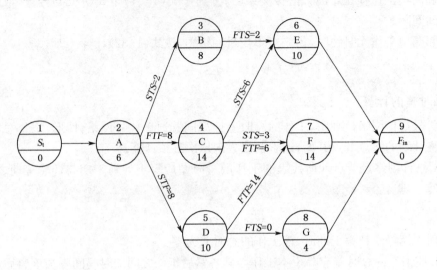

图 4-40 某工程单代号搭接网络计划

【**解析**】 (1) 计算各项工作的最早开始时间和最早完成时间如下:

$ES_{st} = 0$; $EF_{st} = 0$

$ES_A = EF_{st} = 0$; $EF_A = ES_A + D_A = 0 + 6 = 6$

$ES_B = ES_A + STS_{A-B} = 0 + 2 = 2$; $EF_B = ES_B + D_B = 2 + 8 = 10$

$EF_C = EF_A + FTF_{A-C} = 6 + 8 = 14$; $ES_C = EF_C - D_C = 14 - 14 = 0$

$EF_D = ES_A + STF_{A-D} = 0 + 8 = 8$; $ES_D = EF_D - D_D = 8 - 10 = -2$

由于 D 工作的 $ES_D = -2$,应加虚箭线与起点节点相连,$STS = 0$,则

$ES_D = ES_{st} + STS_{st-D} = 0 + 0 = 0$; $EF_D = ES_D + D_D = 0 + 10 = 10$

由于 E 工作有两个紧前工作,应分别计算取大值。

$ES_E = EF_B + FTS_{B-E} = 10 + 2 = 12$ 和 $ES_E = ES_C + STS_{C-E} = 0 + 6 = 6$,应取 $ES_E = 12$,则

$EF_E = ES_E + D_E = 12 + 10 = 22$

由于 F 工作有两个紧前工作,混合搭接关系,应分别计算取大值。

$ES_F = ES_C + STS_{C-F} = 0 + 3 = 3$

$ES_F = EF_C + FTF_{C-F} - D_F = 14 + 6 - 14 = 6$

$ES_F = EF_D + FTF_{D-F} - D_F = 10 + 14 - 14 = 10$

应取 $ES_F = 10$,则 $EF_F = ES_F + D_F = 10 + 14 = 24$

$ES_G = EF_D + FTF_{D-G} = 10 + 0 = 10$; $EF_G = ES_G + D_G = 10 + 4 = 14$

$ES_{Fin} = \max\{EF_E, EF_F, EF_G\} = \max\{22, 24, 14\} = 24$

$EF_{Fin} = ES_{Fin} = 24$

已知计划工期等于计算工期，故有 $T_p = T_c = EF_{Fin} = 24$

（2）计算相邻工作时间间隔（LAG_{i-j}）。有

$$LAG_{st-A} = ES_A - EF_{st} = 0 - 0 = 0$$
$$LAG_{St-D} = ES_D - (ES_{st} + STS_{st-D}) = 0 - (0 + 0) = 0$$
$$LAG_{A-B} = ES_B - (ES_A + STS_{A-B}) = 2 - (0 + 2) = 0$$
$$LAG_{A-C} = EF_C - (EF_A + FTF_{A-C}) = 14 - (6 + 8) = 0$$
$$LAG_{A-D} = EF_D - (ES_A + STF_{A-D}) = 10 - (0 + 8) = 2$$
$$LAG_{B-E} = ES_E - (EF_B + FTS_{B-E}) = 12 - (10 + 2) = 0$$
$$LAG_{C-F} = \min\{(ES_F - ES_C - STS_{C-F}), (EF_F - EF_C - FTF_{C-F})\}$$
$$= \min\{(10 - 0 - 3), (24 - 14 - 6)\} = 4$$

同理计算其他工作之间的时间间隔，计算结果如图 4-41。

（3）计算工作的总时差

已知计划工期等于计算工期，即 $T_p = T_c = 24$，所以终点节点的总时差为零，即

$$TF_{Fin} = T_p - T_c = 0$$

其他工作的总时差为

$$TF_E = TF_{Fin} + LAG_{E-Fin} = 0 + 2 = 2$$
$$TF_F = TF_{Fin} + LAG_{F-Fin} = 0 + 0 = 0$$
$$TF_G = TF_{Fin} + LAG_{G-Fin} = 0 + 10 = 10$$
$$TF_C = \min\{(TF_E + LAG_{C-E}), (TF_F + LAG_{C-F})\} = \min\{(2 + 6), (0 + 4)\} = 4$$

同理计算其他工作的总时差，计算结果如图 4-41 所示。

（4）计算工作的自由时差

已知计划工期等于计算工期，即 $T_p = T_c = 24$，所以终点节点的自由时差为零，即

$$FF_{Fin} = T_p - EF_{Fin} = 24 - 24 = 0$$
$$FF_E = LAG_{E-Fin} = 2$$
$$FF_F = LAG_{F-Fin} = 0$$
$$FF_G = LAG_{G-Fin} = 10$$
$$FF_i = \min\{LAG_{C-E}, LAG_{C-F}\} = \min\{6, 4\} = 4$$

同理计算其他工作的自由时差，计算结果如图 4-41 所示。

（5）计算工作的最迟开始时间和最迟完成时间

工作的最迟完成时间等于本工作的最早完成时间与其总时差之和，按式（4-38）计算。

工作的最迟开始时间等于本工作的最早开始时间与其总时差之和，按式（4-39）计算。计算结果如图 4-41 所示。

（6）关键工作和关键线路的确定

根据计算结果，总时差为零的工作 D、F 为关键工作。从起点节点开始到终点节点均为关键工作，且所有工作的时间间隔均为零的线路 $S_t \rightarrow D \rightarrow F \rightarrow F_{in}$ 为关键线路，用黑粗线标示在图 4-41 中。

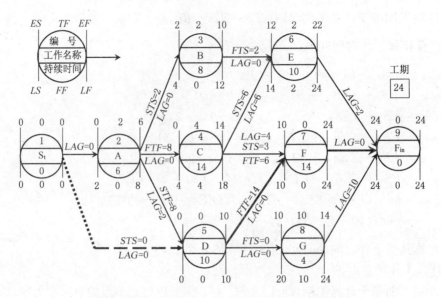

图 4-41 某工程单代号搭接网络计划时间参数计算

4.6 网络计划优化

网络计划的优化,是指在满足既定约束条件下,利用优化原理,按选定目标(工期、费用、资源等),通过不断改进网络计划初始方案,寻求网络满意计划方案的过程。其目的就是通过改善网络计划,在现有的资源条件下,均衡、合理地使用资源,使工程根据要求按期完工,以较小的消耗取得最大的经济效益。网络计划的优化包括工期优化、资源优化和费用优化,三者之间既有区别,又有联系。

4.6.1 工期优化

所谓工期优化是指在一定约束条件下,即按合同工期或责任工期目标,通过延长或缩短计算工期以达到合同工期的要求。目的是使网络计划满足工期,保证按期完成工程任务。

1)需要进行工期优化的情况

当网络计划计算工期不能满足要求工期时,即计算工期小于或等于要求工期,以及计算工期大于要求工期时,就要进行工期优化。

(1)计算工期小于或等于合同工期

如果计算工期小于合同工期不多或两者相等,一般不必优化。

如果计算工期小于合同工期较多,则宜优化。优化方法是:延长关键工作中资源占用量大或直接费用高的工作持续时间(相应减少其资源需用量),重新计算各工作时间参数,反复多次进行,直至满足合同要求工期为止。

（2）计算工期大于合同工期

当计算工期大于要求工期时，也就是说，关键线路的持续时间大于合同要求工期，可通过压缩关键工作的持续时间来达到优化目标。合理的应该是每次压缩后，原关键工作仍应保持为关键工作。由于关键线路的缩短，原来的非关键线路可能转化为关键线路。当优化过程中出现多条关键线路时，必须同时压缩各条关键线路的持续时间，才能有效地将工期缩短，直至满足合同工期要求。

2）压缩关键工作需要考虑的因素及压缩原则

（1）压缩关键工作需要考虑的因素

① 缩短其持续时间对关键工作质量和安全影响不大。

② 有充足的备用资源的关键工作。

③ 缩短其持续时间所需增加费用最小的关键工作。

（2）在压缩关键工作的持续时间时，其压缩值的确定必须符合的原则

① 压缩后工作的持续时间不能小于其最短持续时间。

② 压缩后的关键线路不能成为非关键线路，即缩短持续时间后的关键工作不能变成非关键工作。

3）工期优化步骤

网络计划工期优化的步骤如下：

（1）计算并找出初始网络计划的计算工期 T_c，找出关键线路及关键工作。

（2）按要求工期计算应缩短的时间 $\Delta T = T_c - T_r$。

（3）确定各关键工作作业时间能缩短的幅度。

（4）选择关键工作、压缩其持续时间，若被压缩的工作变成非关键工作，则应将其持续时间延长，使之仍为关键工作。压缩后重新画出网络图，重新计算网络计划的工期，重新找出关键线路。

（5）若计算工期仍超过要求工期，则需重复以上步骤，直到满足要求工期或工期不能再缩短为止。

（6）当所有关键工作已达到最短持续时间，而压缩后的工期仍不满足要求工期时，就需要对计划的原技术、组织方案进行调整，或对要求工期重新审定。

下面结合案例说明工期优化的计算步骤。

【案例 4-7】 某工程网络计划如图 4-42 所示，图中箭线上面括号外数字为工作正常持续时间，括号内数字为工作最短持续时间，要求工期为 100 天。试进行网络计划优化。

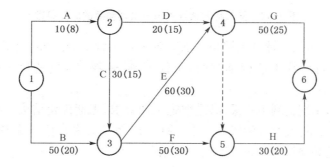

图 4-42 某工程网络计划图

【解析】 该工程的双代号网络计划工期优化可按以下步骤进行：

（1）计算并找出网络计划的关键线路和关键工作。用工作正常持续时间计算节点的最早时间和最迟时间，找出关键工作及关键线路，如图 4-43 所示。其中关键线路为 1—3—4—6，用黑粗线标示。关键工作为 B、E、G，工期 $T=160$ 天。

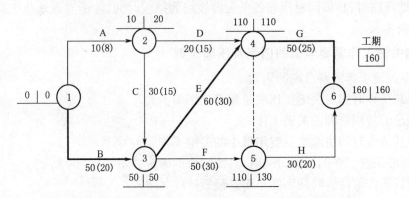

图 4-43　某工程网络计划节点的最早时间和最迟时间计算

（2）计算需缩短工期。计算工期 $T_c=160$ 天，合同工期 $T_r=100$ 天，需要缩短时间 ΔT：

$$\Delta T = T_c - T_p = 160 - 100 = 60（天）$$

（3）选择关键工作，依次进行压缩，直到满足要求工期，每次压缩后的网络计划如图 4-44。

第一次压缩。根据计算工期需缩短 60 天。根据图 4-43 所示，其中，关键工作 B 可缩短 30 天，但只能压缩 10 天，否则就变成非关键工作；E 可压缩 30 天。重新计算网络计划工期，其中关键线路和关键工作如图 4-44 所示。

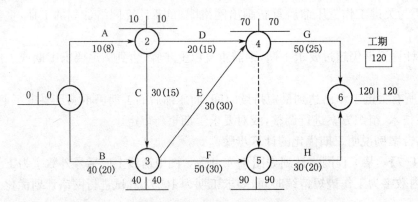

图 4-44　某工程网络计划第一次调整后的时间参数

第二次压缩。调整后的计算工期与要求工期还需压缩 20 天，选择工作 F、G 进行压缩，F 用最短工作持续时间代替正常持续时间，工作 G 缩短 20 天，重新计算网络计划工期，如图 4-45 所示。

通过两次压缩，工期达到 100 天，满足规定工期要求，工期优化结束。本例中未考虑压缩时间对每项工作的质量、安全等的影响因素，固可选方案有多种。但压缩关键工作的持续时间时，其压缩值的确定必须符合压缩关键工作的原则。

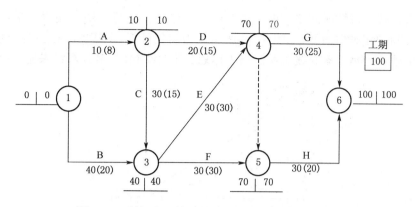

图 4-45　某工程网络计划第二次调整后的时间参数

4.6.2　费用优化

费用优化又称工期—成本优化,它是以满足工期要求的费用最低为目标的施工计划方案的调整过程。通常在寻求网络计划的最佳工期,或在执行计划需要加快施工进度时,需要进行工期—成本优化,即寻求工程总成本最低的工期安排,或按要求工期寻求最低成本的计划安排。

1）工程费用与工期的关系

工程项目的总成本由直接费和间接费组成。直接费是工程的直接成本,包括人工费、材料费、机械台班使用费、措施费等。施工方案不同,直接费也就不同。如果施工方案一定,工期不同,直接费也不同。直接费会随着工期的缩短而增加。间接费是施工单位办公管理等费用,它一般随着工期的缩短而减少。优化寻找的目标是直接费和间接费总和(工程总费用)最小时的工期,即最优工期。工程费用与工期的关系如图 4-46 所示。由图 4-46 可知:当确定一个合理的工期,就能使总费用达到最小,这也是费用优化的目标。

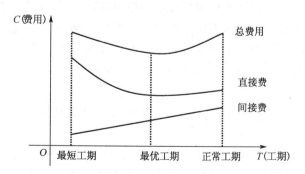

图 4-46　工程费用与工期的关系曲线

2）工作直接费与持续时间的关系

由于网络计划的工期取决于关键工作的持续时间,为了进行工期成本优化,必须分析网络计划中各项工作的直接费与持续时间之间的关系,它是网络计划工期成本优化的基础。

工作的直接费与持续时间之间的关系类似于工程直接费与工期之间的关系,工作的直接费随着持续时间的缩短而增加,如图4-47所示。为简化计算,工作的直接费与持续时间之间的关系被近似地认为是一条直线关系。当工作划分不是很粗时,其计算结果还是比较精确的。

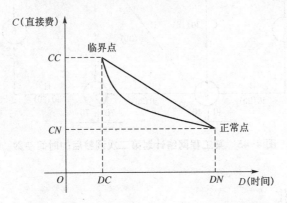

图 4-47　工作直接费与持续时间的关系曲线

工作的持续时间每缩短单位时间而增加的直接费称为直接费用率。直接费用率可按公式(4-55)计算:

$$\Delta C_{i-j} = \frac{CC_{i-j} - CN_{i-j}}{DN_{i-j} - DC_{i-j}} \tag{4-55}$$

式中：ΔC_{i-j}——工作 $i-j$ 的直接费用率;

　　　CC_{i-j}——按最短持续时间完成工作 $i-j$ 时所需的直接费;

　　　CN_{i-j}——按正常持续时间完成工作 $i-j$ 时所需的直接费;

　　　DN_{i-j}——工作 $i-j$ 的正常持续时间;

　　　DC_{i-j}——工作 $i-j$ 的最短持续时间。

3）费用优化的方法和步骤

费用优化的基本方法是不断地在网络计划中找出直接费用率(或组合直接费用率)最小的关键工作,缩短其持续时间,同时考虑间接费用随工期缩短而减少的数值,最后求得工程成本最低时相应的最优工期和工期一定时相应的最低工程成本。费用优化的基本方法可以简化为以下口诀:不断压缩关键线路上有压缩可能而且费用最少的工作。

费用优化的具体步骤如下:

(1) 按工作的正常持续时间计算确定关键线路、工期和总费用。

(2) 计算各项工作的直接费率。

(3) 当只有一条关键线路时,应找出直接费率最小的一项关键工作,作为缩短工作持续时间的对象;当有多条关键线路时,应找出组合直接费率最小的一组关键工作,作为缩短工作持续时间的对象。

(4) 对于选定的压缩对象(一项关键工作或一组关键工作),首先比较其直接费用率或组合直接费率与工程间接费率的大小:

① 如果被压缩对象的直接费率或组合直接费率小于工程间接费率,说明压缩关键工作的持续时间会使工程总费用减少,所以应该缩短关键工作的持续时间。

② 如果被压缩对象的直接费率或组合直接费率等于工程间接费率,说明压缩关键工作的持续时间不会使工程总费用增加,所以应该缩短关键工作的持续时间。

③ 如果被压缩对象的直接费率或组合直接费率大于工程间接费率,说明压缩关键工作的持续时间会使工程总费用增加,此时应停止缩短关键工作的持续时间,在此之前的方案即为优化方案。

(5) 压缩关键工作的持续时间时,仍要遵守以下原则:压缩后的关键工作不能变成非关键工作,且压缩后工作的持续时间不能小于最短的工作持续时间。

(6) 计算关键工作持续时间压缩后相应的总费用及其变化。

(7) 重复上述(3)~(6)步,直到计算工期满足要求工期,或被压缩对象的直接费率或组合直接费率大于工程间接费率为止。

(8) 计算优化后的工程总费用。

4.6.3　资源优化

资源是指为完成一项计划任务所需投入的人力、材料、机械设备和资金等。完成一项工程任务所需要的资源量基本上是不变的,不可能通过资源优化将其减少。资源优化的目的是通过改变工作的开始时间和完成时间,使资源按照时间的分布符合优化目标。

一般情况下,网络计划的资源优化分为两种,即"资源有限—工期最短"的优化和"工期固定—资源均衡"的优化。前者是在满足资源限制条件下,通过调整计划安排,使工期延长最少,甚至不延长的过程;后者是工期保证不变的条件下,通过调整计划安排,使资源需要量尽可能均衡的过程。

1)"资源有限—工期最短"优化

(1) 进行资源优化时的前提条件

① 在优化过程中,不改变网络计划中各项工作之间的逻辑关系。

② 在优化过程中,不改变网络计划中各项工作的持续时间。

③ 网络计划中各项工作的资源强度(即单位时间所需资源数量)为常数,即资源均衡,而且是合理的。

④ 除规定允许中断的工作外,一般不允许中断工作,应保持其连续性。

为了使问题简化,这里假定网络计划中的所有工作需要同一种资源。

(2) 资源优化分配的原则

资源优化分配,是指根据各工作对网络计划工期的影响程度,将有限的资源进行科学的分配,从而实现工期最短。其原则如下:

① 关键工作优先满足,按每日资源需求量大小,从大到小顺序供应资源。

② 非关键工作在满足关键工作的资源需求以后再供应资源。在优化过程中,对于前面时段已开始被供应又不允许中断的工作,按其开始的先后顺序优先供应资源;其他非关键工作,按总时差由小到大的顺序供应资源,总时差相等时,以叠加量不超过资源供应限额的工作优先供应资源。

③ 最后考虑给计划中总时差较大、允许中断的工作供应资源。

④ 排队靠后的,无资源可配置的工作推迟开始时间。

（3）优化的步骤

① 将网络计划绘成早时标网络计划，并在图中标出关键线路、自由时差、总时差。

② 计算并画出网络计划的每日资源需要量曲线，标明各时段（每日资源需要量不变且连续的一段时间）的每日资源需要量数值，用虚线标明资源供应量限额。

③ 在每日资源需要量图中，找出最先超过日资源供应限额的时段，然后根据资源优化分配的原则，将该时段内的各工作按顺序编号，编号从第 1 号至第 n 号。

④ 分析超过资源限量的时段。如果在该时段内有几项工作平行作业则采取将一项工作安排在与之平行的另一项工作之后进行的方法，以降低该时段的资源需用量。

⑤ 给出工作推移后的时间坐标网络图（如有关键工作或剩余总时差为零的工作需要推移时，网络图仍需符合逻辑，必要时进行适当的修正），并绘出新的每日资源需要量曲线。

⑥ 在新的每日资源需要量曲线图中，从已优化的时段后面找出首先超过日资源供应限额的时段进行优化，即重复第③、④、⑤步骤。如此反复，直至所有的时段均不超过每日资源供应限额为止。

2）"工期固定—资源均衡"优化

工期固定—资源均衡的优化是调整计划安排，在保持合同工期不变的条件下，使资源需用量尽可能趋于均衡的过程。

均衡施工是指在整个施工过程中，对资源的需要量不出现短时期的高峰和低谷。资源消耗均衡可以减小现场各种加工场（站）、生活和办公用房等临时设施的规模，有利于节约施工费用。该种优化就是在工期不变的情况下，利用时差对网络计划做一些调整，使每天的资源需要量尽可能地接近于平均。

"工期固定—资源均衡"优化步骤为：调整应自网络计划终点节点开始，从右向左逐项进行。按工作的结束节点的编号值从大到小的顺序进行调整。同一个结束节点的工作则从开始时间较迟的工作先调整。在所有工作都按上述原理方法自右向左进行了一次调整之后，为使方差值进一步减少，需要自右向左进行再次，甚至多次调整，直到所有工作的位置都不能再移动为止。

4.7 建筑施工网络计划的应用

4.7.1 建筑施工网络图的排列方式

建筑施工网络计划是网络计划施工中的具体应用，其对工程施工的组织、协调、控制和管理的作用是非常显著的。为了使建筑施工网络计划条理化和形象化，在编制网络计划时，应根据各自不同情况灵活地选用不同的排列方法，使各项工作之间在工艺上和组织上的逻辑关系准确、清晰，便于施工的组织管理人员掌握，也便于对网络计划进行检查和调整。

1）按施工过程排列

按施工过程排列就是根据施工顺序把各施工过程按垂直方向排列，将施工段按水平方向排列,如图 4-48 所示。其特点是相同工种在一条水平线上,突出了各工种之间的关系。

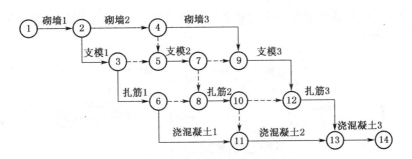

图 4-48　按施工过程排列的施工网络计划

2）按施工段排列

按施工段排列就是将同一施工段上的各施工过程按水平方向排列,而将施工段按垂直方向排列,如图 4-49 所示。其特点是同一施工段上的各施工过程(工种)在一条水平线上,突出了各工作面之间的关系。

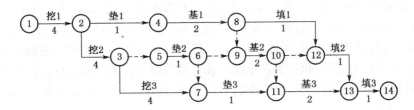

图 4-49　按施工段排列的施工网络计划

3）按楼层排列

按楼层排列就是将同一楼层上的各施工过程按水平方向排列,而将楼层按垂直方向排列,如图 4-50 所示。其特点是同一楼层上的各施工过程(工种)在一条水平线上,突出了各工作面(楼层)的利用情况,使较复杂的施工过程变得清晰明了。

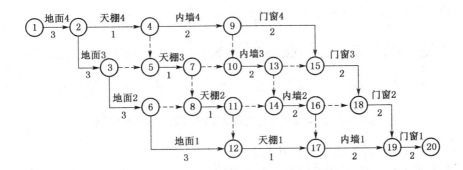

图 4-50　按楼层排列的施工网络计划

4）混合排列

在绘制单位工程网络计划等一些较复杂的网络计划时，常常采用以一种排列为主的混合排列，如图4-51所示。

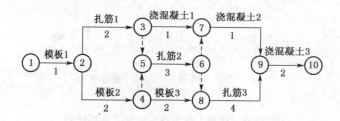

图 4-51　按混合排列的施工网络计划

4.7.2　分部工程网络计划

按现行《建筑工程施工质量验收统一标准》(GB 50300—2013)，建筑工程可划分为以下 9 个分部工程：地基与基础工程、主体结构工程、建筑装饰装修工程、建筑屋面工程、建筑给水排水及采暖工程、建筑电气工程、智能建筑工程、通风与空调工程、电梯工程。其中涉及土建的 4 个分部工程是：地基与基础工程、主体结构工程、建筑装饰装修工程和建筑屋面工程。

在编制分部工程网络计划时，要在单位工程对该分部工程限定的进度目标时间范围内，既考虑各施工过程之间的工艺关系，又考虑其组织关系，同时还应注意网络构图，并且尽可能组织主导施工过程流水施工。

1）地基与基础工程网络计划

（1）钢筋混凝土筏板基础工程的网络计划

钢筋混凝土筏板基础工程一般可划分为：土方开挖 A、地基处理 B、混凝土垫层 C、钢筋混凝土筏板基础 D、砌体工程 E、防水工程 F、回填土 G 七个施工过程。当划分为 3 个施工段组织流水施工时，按施工段排列的网络计划如图 4-52 所示。

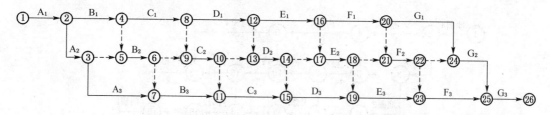

图 4-52　钢筋混凝土筏板基础按施工段排列的网络计划

（2）钢筋混凝土杯形基础工程的网络计划

单层装配式工业厂房，其钢筋混凝土杯形基础工程的施工一般可划分为挖基坑、做混凝土垫层、做钢筋混凝土杯形基础、回填土 4 个施工过程。当划分为 3 个施工段组织流水施工时，按施工过程排列的网络计划如图 4-53 所示。

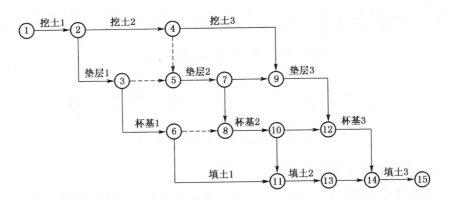

图 4-53 钢筋混凝土杯形基础工程按施工过程排列的网络计划

2）主体结构工程网络计划

（1）砌体结构主体工程的网络计划

当砌体结构主体为现浇钢筋混凝土的构造柱、圈梁、楼板、楼梯时，若每层分 3 个施工段组织施工，其标准层网络计划可按施工过程排列，如图 4-54 所示。

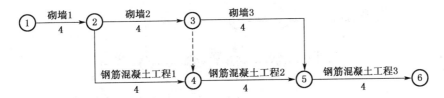

图 4-54 砌体结构主体工程标准层按施工过程排列的网络计划

（2）框架结构主体工程的网络计划

框架结构主体工程施工一般可划分为：立柱筋 A，支柱、梁、板、梯模 B，浇筑混凝土 C，绑梁、板、梯筋 D，浇梁、板、梯混凝土 E，混凝土养护 F，拆模 G，填充墙砌筑 H8 个施工过程。若按两个施工段流水施工，其标准层网络计划可按施工段排列，如图 4-55 所示。

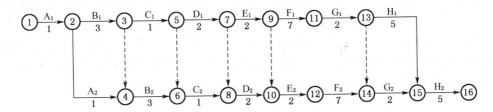

图 4-55 框架结构主体工程按施工段排列的网络计划

3）屋面工程网络计划

没有高低层或没有设置变形缝的屋面工程，一般情况下不划分流水段，根据屋面的设计构造层次要求逐层进行施工，如图 4-56、图 4-57 所示。

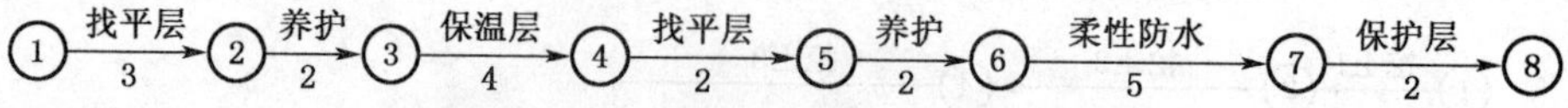

①—找平层 3→②—养护 2→③—保温层 4→④—找平层 2→⑤—养护 2→⑥—柔性防水 5→⑦—保护层 2→⑧

图 4-56　柔性防水屋面工程网络计划

①—隔离层 3→②—刚性防水 4→③—养护 2→④—分隔缝嵌缝 2→⑤

图 4-57　刚性防水屋面工程网络计划

4) 装饰装修工程的网络计划

某 3 层民用建筑的建筑装饰装修工程的室内装饰装修施工,划分为楼面工程 A、顶棚内墙抹灰 B、门窗扇安装 C、油漆及玻璃安装 D、细部处理 E 和楼梯间工程 F 六个施工过程,每层为一个施工段,按施工过程排列的网络计划如图 4-58 所示。

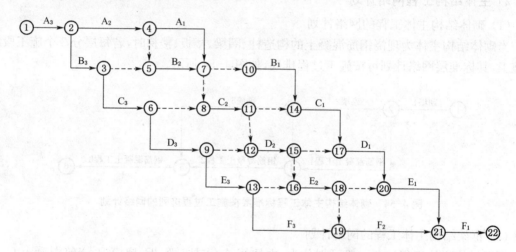

图 4-58　装饰装修工程按施工过程排列的网络计划

5) 单位工程网络计划

在编制单位工程网络计划时,要按照施工程序,将各分部工程的网络计划最大限度地合理搭接起来,一般需考虑相邻分部工程的前者最后一个分项工程与后者的第一个分项工程的施工顺序关系,最后汇总为单位工程初始网络计划。为了使单位工程初始网络计划满足规定的工期、资源、成本等目标,应根据上级要求、合同规定、施工条件及经济效益等,进行检查与调整优化工作,然后绘制正式网络计划,上报审批后执行。

4.7.3　建筑施工网络图的合并、连接及详略组合

1) 建筑施工网络图的合并

为了简化网络图,可以将某些相对独立的网络图合并成只有少量箭线的简单网络图。网络图的合并(或简化时),必须遵循下述原则:

(1) 用一条箭线代替原网络图中某一部分网络图时,该箭线的长度(工作持续时间)应为

"被简化部分网络图"中最长的线路长度,合并后网络图的总工期应等于原来未合并时网络图的总工期。如图4-59所示。

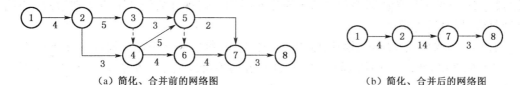

（a）简化、合并前的网络图　　　　　　　（b）简化、合并后的网络图

图4-59　网络图的合并（一）

（2）网络图合并时,不得将起点节点、终点节点和与外界有联系的节点简化掉。如图4-60所示。

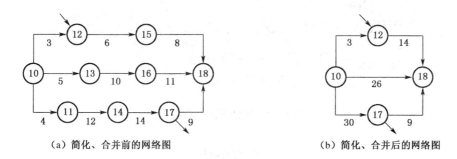

（a）简化、合并前的网络图　　　　　　　（b）简化、合并后的网络图

图4-60　网络图的合并（二）

2）建筑施工网络图的连接

采用分部流水法编制一个单位工程网络计划时,一般应先按不同的分部工程分别编制出局部网络计划,然后再按各分部工程之间的逻辑关系,将各分部工程的局部网络计划连接起来成为一个单位工程网络计划,如图4-61所示。基础按施工过程排列,其余按施工段排列。

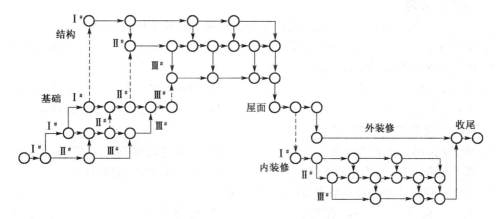

图4-61　网络图的连接

为了便于把分别编制的局部网络图连接起来,各局部网络图的节点编号数目要留足,确保整个网络图中没有重复的节点编号;也可采用先连接,然后再统一进行节点编号的方法。

3）建筑施工网络图的详略组合

在一个施工进度计划的网络图中,应以"局部详细,整体粗略"的方式,重点突出;或采用某一阶段详细,其他相同阶段粗略的方法来简化网络图。这种详略组合的方法在绘制标准层施工的网络计划时最为常用。

例如,某项四单元 6 层砖混结构住宅的主体工程,每层分 2 个施工段组织流水施工,因为 2～5 层为标准层,所以二层应编制详图,三、四、五层均可以采用一个箭头的略图。如图 4-62 所示。

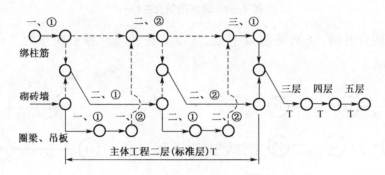

图 4-62　网络图的详略组合

本章小结

通过本章学习,了解网络计划的基本原理及分类,掌握网络计划的编制,进行网络计划时间参数计算,掌握网络计划优化方法及网络计划技术在工程中的应用,并能编制一般的施工网络计划。

思考与练习

一、单项选择题

1. 双代号网络计划中(　　)表示前面工作的结束和后面工作的开始。

A. 起始节点　　　　　B. 中间节点　　　　　C. 终止节点　　　　　D. 虚拟节点

2. 双代号网络图的三要素是指(　　)。

A. 节点、箭线、工作时间　　　　　　　　B. 紧前工作、紧后工作、关键线路

C. 工作、节点、线路　　　　　　　　　　D. 工期、关键线路、非关键线路

3. 双代号网络图中的虚工作(　　)。

A. 既消耗时间,又消耗资源　　　　　　　B. 只消耗时间,不消耗资源

C. 既不消耗时间,又不消耗资源　　　　　D. 不消耗时间,只消耗资源

4. 单代号网络计划的起点节点可(　　)。

A. 有一个虚拟　　　B. 有两个　　　　　C. 有多个　　　　　D. 编号最大

5. 在时标网络计划中,"波折线"表示(　　)。

A. 工作持续时间　　　　　　　　　　　　B. 虚工作

C. 前后工作时间间隔　　　　　　　　　　D. 总时差

6. 时标网络计划与一般网络计划相比,其优点是(　　)。

A. 能进行时间参数的计算　　　　　　　　B. 能确定关键线路

C. 能计算时差　　　　　　　　　　　　　D. 能增加网络的直观性

7. （　　）为零的工作肯定在关键线路上。

A. 自由时差　　　　　B. 总时差　　　　　C. 持续时间　　　　　D. 以上三者均是

8. 在工程网络计划中，判别关键工作的条件是该工作（　　）。

A. 自由时差最小　　　　　　　　　　　　B. 与其紧后工作之间的时间间隔为零

C. 持续时间最长　　　　　　　　　　　　D. 最早开始时间等于最迟开始时间

9. 网络计划工期优化的目的是为了缩短（　　）。

A. 计划工期　　　　　B. 计算工期　　　　　C. 要求工期　　　　　D. 合同工期

10. 网络计划的缺点是（　　）。

A. 不能反映工作问题的逻辑　　　　　　　B. 不能反映出关键工作

C. 计算资源消耗量不便　　　　　　　　　D. 不能实现电算化

二、多项选择题

1. 在工程网络计划中，关键工作是指（　　）的工作。

A. 总时差最小　　　　　　　　　　　　　B. 关键线路上

C. 自由时差为零　　　　　　　　　　　　D. 持续时间最短

E. 持续时间最长

2. 在工程网络计划中，关键线路是指（　　）的线路。

A. 双代号网络计划中由关键节点组成

B. 双代号时标网络计划中自始至终无波形线

C. 双代号网络计划中总持续时间最长

D. 单代号相邻两项工作之间时间间隔均为零

E. 单代号网络计划中由关键工作组成

3. 双代号时标网络计划的突出优点是（　　）。

A. 可以确定工期

B. 时间参数一目了然

C. 可以据图进行资源优化和调整

D. 可以确定工作的开始和完成时间

E. 可以不计算时间而直接在图上反映

4. 在工程双代号网络计划中，某项工作的最早完成时间是指其（　　）。

A. 开始节点的最早时间与工作总时差之和

B. 开始节点的最早时间与工作持续时间之和

C. 完成节点的最迟时间与工作持续时间之差

D. 完成节点的最迟时间与工作总时差之差

E. 完成节点的最迟时间与工作自由时差之差

5. 在网络计划的工期优化过程中，为了有效地缩短工期，应选择（　　）的关键工作作为压缩对象。

A. 持续时间最长

B. 缩短其持续时间对关键工作质量影响不大

C. 缩短其持续时间对关键工作安全影响不大

D. 有充足备用资源

E. 缩短其持续时间所需增加费用最小

三、思考题

1. 什么是双代号和单代号网络图？

2. 双代号网络图和单代号网络图的基本要素是什么？分别表示什么含义？

3. 什么叫逻辑关系？网络计划有哪两种逻辑关系？

4. 虚工作的作用有哪些？

5. 简述绘制双代号网络图的基本规则。

6. 双代号网络图的时间参数有哪些？分别如何计算？

7. 什么是关键线路？如何确定关键线路？

8. 单代号网络图和单代号搭接网络图的时间参数有哪些？分别如何计算？

9. 时标网络图的优点有哪些？如何绘制？

10. 什么是工期优化？简述工期优化的基本步骤。

四、综合练习题

1. 某工程由 9 项工作组成，它们之间的网络逻辑关系如表 4-5 所示，试绘制双代号网络图。

表 4-5　某工程各工作之间的逻辑关系

工作	A	B	C	D	E	F	G	H	I
紧前工作	—	A	A	B,C	B	C	D,E	D,F	G,H
紧后工作	B,C	D,E	F,D	G,H	G	H	I	I	—

2. 已知某工程各工作间的逻辑关系如表 4-6 所示，试绘制单代号网络图。

表 4-6　某工程各工作之间的逻辑关系

工作	A	B	C	D	E	F	G
紧前工作	—	A	A	A	B	B,C,D	D
紧后工作	B,C,D	E,F	F	F,G	—	—	—
持续时间	2	3	4	6	8	4	4

3. 如图 4-63 所示某基础工程双代号网络计划，把它改绘成双代号时标网络图。

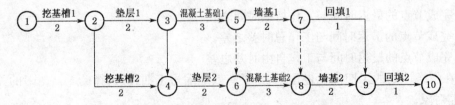

图 4-63　某基础工程双代号网络计划图

4. 已知某工程单代号搭接网络计划如图 4-64 所示,试计算工作时间参数并找出关键线路。

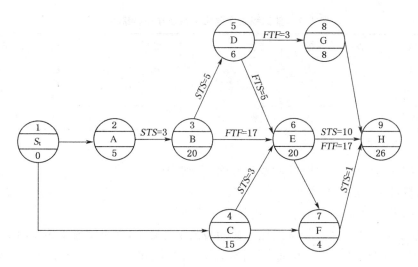

图 4-64 某工程单代号搭接网络计划

5. 利用工作计算法计算图 4-65 所示的某工程双代号网络计划各工作的时间参数,确定关键线路和计算工期。

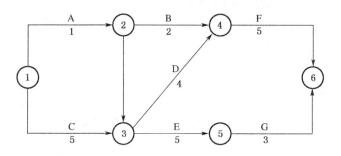

图 4-65 某工程双代号网络计划

6. 计算图 4-66 所示的某工程单代号网络计划各工作的时间参数,确定关键线路和计算工期。

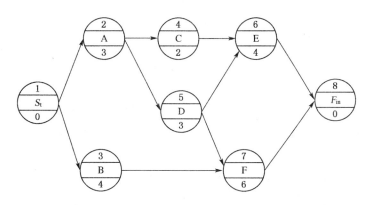

图 4-66 某工程单代号网络计划

7. 某基础工程施工分为 3 个施工段,每段施工包括挖土方、做灰土垫层、砌基础 3 个施工过程,组织流水施工,项目分解结果、工作持续时间及施工顺序如表 4-7 所示。

表 4-7　某工程工序逻辑关系及作业持续时间表

工作名称	挖$_1$	挖$_2$	挖$_3$	垫$_1$	垫$_2$	垫$_3$	基$_1$	基$_2$	基$_3$
工作代号	A_1	A_2	A_3	B_1	B_2	B_3	C_1	C_2	C_3
持续时间(天)	4	5	3	2	2	3	4	2	6
紧前工作	—	A_1	A_2	A_1	A_2、B_1	A_3 B_2	B_1	B_2、C_1	C_2 B_3

问题:

(1) 根据项目的施工顺序,绘制双代号网络计划图。

(2) 计算各工序的时间参数。

(3) 判断本工程网络计划的关键线路,并说明原因。

8. 某建筑公司承揽了一栋 3 层住宅楼的装饰工程施工,在组织流水施工时划分了 3 个施工过程,分别是吊顶、顶墙涂料和铺木地板,施工流向自上而下。其中每层吊顶确定为 3 周、顶墙涂料定为 2 周、铺木地板定为 1 周完成。试回答下列问题:

(1) 绘制该工程的双代号网络计划图。

(2) 绘制该工程的时标网络计划表。

(3) 指出该工程的关键线路,说明原因。

5 施工组织总设计

施工组织总设计(也称施工总体规划),是以整个建设项目或群体工程为对象编制的,是整个建设项目或群体工程施工准备和施工的全局性、指导性文件。本章概述了施工组织总设计编制的程序及依据;施工部署的主要内容;施工总进度计划编制的原则、步骤和方法;暂设工程的组织;施工总平面图设计的原则、步骤和方法;施工组织总设计的评价方法。

教学要求

通过本章的学习,能够使学生了解施工组织总设计的基本内容、作用和编制原则;了解施工概况包含的主要内容;能进行施工部署,编制主要工程项目的施工方案;进行施工任务的划分和安排;了解施工准备工作的基本内容和要求;能够编制和调整施工总进度计划和主要工种劳动力、材料、构件半成品、施工机械等资源需要量计划;能够进行施工总平面图的设计,合理布置施工用场地,确定出一切为全工地施工服务的临时设施的位置;并能根据不同的施工阶段调整和修正总平面图。为将来从事建筑工程的施工资料编制工作,进行建筑工程的施工管理打下基础。

【引例】

某住宅小区紧靠商业中心,场外运输道路通畅。本住宅小区规划新建住宅 14 栋,大礼堂 1 栋,配套公用建筑 1 栋。小区分三期建设,第一期工程新建职工住宅 6 栋,均为一梯两户型, 8 层两单元住宅,建筑面积为 48 000 m^2;第二期为小高层 8 栋,层高 16 层,建筑面积为 180 000 m^2;第三期为大礼堂、配套公用建筑及小区道路、围墙、园林绿化等工程。总工期 3 年。

问题:

1. 住宅小区的施工组织总设计该如何编制?
2. 施工总工期如何保证?如何编制施工总进度计划?
3. 住宅小区施工总平面图如何设计?

5.1 施工组织总设计概述

施工组织总设计(又称施工总体规划)是以若干单位工程组成的群体工程或特大型项目为

主要对象，根据初步设计或扩大初步设计图纸以及其他有关资料和现场施工条件编制的，用以指导整个建设项目或群体工程进行施工准备和组织施工活动的全局性指导性文件。施工组织总设计应由项目负责人主持编制，由总承包单位技术负责人审批。

5.1.1　施工组织总设计的作用

施工组织总设计的主要作用有以下几个方面：

（1）从全局出发，为建设项目或建筑群的施工做出全局性的战略部署。

（2）为确定设计方案的施工可行性和经济合理性提供依据。

（3）为建设单位编制工程建设计划提供依据。

（4）为组织项目施工活动提供科学的方案和实施步骤。

（5）为施工单位编制施工计划和单位工程施工组织设计提供依据。

（6）为做好施工准备工作、保证资源供应提供依据。

5.1.2　施工组织总设计的编制程序

施工组织总设计的编制通常采用如下程序。如图 5-1 所示。

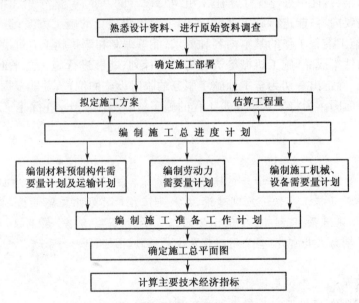

图 5-1　施工组织总设计编制程序

（1）收集和熟悉编制施工组织总设计所需的有关资料和图纸，进行项目特点和施工条件的调查研究。

（2）确定施工的总体部署。

（3）计算主要工种工程的工程量。

（4）拟订施工方案。

（5）编制施工总进度计划。

（6）编制资源需求量计划（包括材料、预制构件需要量计划及运输计划；劳动力需要量计划；施工机械、设备需要量计划）。

（7）编制施工准备工作计划。

（8）施工总平面图设计。

（9）计算主要技术经济指标。

以上顺序中有些顺序必须这样，不可逆转。例如，拟订施工方案后才可编制施工进度计划（因为进度的安排取决于施工的方案）；编制施工总进度计划后才可编制资源需求量计划（因为资源需求量计划要反映各种资源在时间上的需求）。有些顺序应该根据具体项目而定，如确定施工的总体部署和拟订施工方案，两者有紧密的联系，往往可以交叉进行。

5.1.3　施工组织总设计的编制原则

1）严格执行基本建设程序，认真贯彻基本建设的有关方针、政策和规定

为了保证基本建设顺利进行，缩短施工周期，提高工程质量，国家在基本建设方面颁发了一系列有关文件、政策和规定，如没有勘察就不能设计，没有设计就不能施工，只有具备开工条件经有关部门审批后工程方可以开工。实行工程监理制、进行质量监督等方针，在编制施工组织设计时必须逐一得到贯彻落实。

2）严格遵守定额工期和合同规定的工程竣工及交付使用期限

对不同的工程项目，根据历史经验和对资料的整理，国家制定了不同工程系列的工期定额以指导施工，在编制施工进度计划时，其计划工期应该严格控制在国家定额工期范围内。

有些建设项目，为了尽快发挥投资效益，在签订合同时，工期要求往往高于国家工期定额，但提前量应视工程结构的实际情况和各企业的技术、装备情况而定，应控制在一个合理的幅度内，避免盲目蛮干，造成不必要的损失。

总工期较长的大型建设项目，应根据生产的需要，安排分期分批建设，配套投产或交付使用，从实质上缩短工期，尽早地发挥建设投资的经济效益。在确定分期分批施工的项目时，必须注意使每期交工的一套项目可以独立地发挥效用，使主要的项目同有关的附属辅助项目同时完工，以便完工后可以立即交付使用。

3）尽量采用先进的科学技术，努力提高工业化、机械化施工水平

先进的科学技术是提高劳动生产率、提高工程质量、加快施工进度、降低成本、提高经济效益的源泉。在编制施工组织设计时，必须结合工程实际情况，加以推广应用。

采用机械化施工和工厂化施工，可以提高劳动生产率，改善工人的操作环境和条件，加快工程的施工速度。

4）从实际出发，做好人力、物力的综合平衡，科学合理地安排施工程序和顺序，组织连续、均衡而紧凑的施工，保证人力和物力充分发挥作用

建筑施工有其本身的客观规律，科学合理地安排施工计划，组织连续、均衡而紧凑的施工，避免不必要的重复工作，能够最大限度地发挥施工人员、机械的生产效率，加快施工进度，缩短工期。

5) 确保工程质量和安全生产

在编制施工组织设计时，要认真贯彻"质量第一"和"安全生产"的方针，严格按照施工验收规范和施工操作规程的要求，制定具体的保证质量和施工安全的措施，以确保工程顺利进行。

6) 因地制宜，就地取材，尽量减少临时设施，节约用地，努力降低工程成本

在编制施工组织设计时，应充分利用施工场地原有的设施，以减少临时设施费用。合理选用当地资源，合理安排物资运输、装卸与储存作业，减少物资运输量，避免二次搬运，精心进行场地规划布置，节约施工用地，降低一切非生产性开支和管理费用。

7) 实施目标管理

编制施工组织总设计的过程，也就是提出施工项目目标及实现办法的规划过程。因此，必须遵循目标管理的原则，应使目标分解得当，决策科学，实施有法。

8) 施工项目管理相结合

进行施工项目管理，必须事先进行规划，使管理工作按规划有序地进行。施工项目管理规划的内容应在施工组织总设计的基础上进行扩展，使施工组织总设计不仅服务于施工和施工准备，而且服务于经营管理和施工管理。

9) 做好现场文明施工和环境保护工作

文明施工是保持施工现场良好的作业环境、卫生环境和工作秩序。文明施工是适应现代化施工的客观要求，它能促进企业综合管理水平的提高。它能代表企业形象，提高企业的知名度和市场竞争力。

环境保护是按照法律法规、各级主管部门和企业的要求，保护和改善作业现场的环境。它是保证人们身体健康和社会文明的需要，也是现代化大生产的客观要求。消除建筑施工对外部环境的干扰，减少对环境的污染和对市民的干扰，是保证施工顺利进行的需要。在编制施工组织设计时，应该明确文明施工和环保措施。

5.1.4 施工组织总设计的编制依据

为了保证施工组织总设计的编制工作顺利进行并提高质量，使施工组织设计文件能更密切地结合工程实际情况，从而更好地发挥其在施工中的指导作用，在编制施工组织总设计时，应以如下资料为依据：

1) 计划批准文件及有关合同的规定

如国家（包括国家计委及部、省、市计委）或有关部门批准的基本建设或技术改造项目的计划、可行性研究报告、工程项目一览表、分批分期施工的项目和投资计划；建设地点所在地区主管部门有关批件；施工单位上级主管部门下达的施工任务计划；招投标文件及签订的工程承包合同中的有关施工要求的规定；工程所需材料、设备的订货合同以及引进材料、设备的供货合同等。

2) 设计文件及有关规定

如已批准的设计任务书，初步设计或技术设计或扩大初步设计、设计说明书；建设区的测

量平面图、建筑总平面图;总概算或修正概算、建筑竖向设计等。

3）合同文件

工程招投标文件及工程承包合同或协议,引进材料和设备供货合同等。

4）建设地区的工程勘察资料和调查资料

勘察资料主要有:地形、地貌、水文、地质、气象等自然条件;调查资料主要有:可能为建设项目服务的建筑安装企业、预制加工企业的人力、设备、技术与管理水平等情况,工程材料的来源与供应情况、交通运输情况以及水电供应情况等建设地区的技术经济条件和当地政治、经济、文化、科技、宗教等社会调查资料。

5）现行的规范、规程和有关技术标准

主要有施工及验收规范、质量标准、工艺操作规程、HSE 强制标准、概算指标、概预算定额、技术规定和技术经济指标等。

6）类似工程的有关资料以及现行规范、规程和有关技术规定

如类似建设项目的施工组织总设计和有关总结资料;国家现行的施工及验收规范,操作规程、定额、技术规定和技术经济指标。

5.1.5 施工组织总设计的编制内容

施工组织总设计的内容,一般主要包括:工程概况和施工特点分析、总体施工部署与主要施工方法、施工总进度计划、主要资源需用量计划、施工总平面图等。但是由于建设项目的规模、性质、建筑和结构的复杂程度、特点不同,建筑施工场地的条件差异和施工复杂程度不同,其内容也不完全一样。

1）工程概况和施工特点分析

工程概况和特点分析是对整个建设项目的总说明和分析。一般应包括以下内容:

（1）建设项目主要情况。

（2）建设地区的自然条件和技术经济条件。

（3）建设单位或上级主管部门对施工的要求。

（4）与建设项目施工有关的主要情况。

2）总体施工部署与主要施工方法

施工部署是对整个建设项目全局做出的统筹规划和全面安排,主要解决影响建设项目全局的重大施工问题。

由于建设项目的性质、规模和施工条件等不同,施工部署的内容也不尽相同,其内容主要包括:确定工程开展程序、拟定主要工程项目的施工方案、明确施工任务划分与组织安排、编制施工准备工作计划等。

施工组织总设计中要拟定一些主要的单项工程、单位工程及特殊的分项工程的施工方法。目的是为了组织和调集施工力量,合理准备资源,为施工的顺利开展和工程现场的合理布置提供依据。主要内容包括确定施工工艺流程、选择大型施工机械和主要施工方法等。

3）施工总进度计划

施工总进度计划是施工现场各项施工活动在时间上的体现。根据建设单位及有关部门对拟建工程的投产及交付使用时间的要求,按照合理的施工顺序和日程安排的建筑生产计划,它是控制整个建设项目的施工工期及各单位工程的施工期限和相互搭接关系的依据。正确编制施工总进度计划,是保证各个系统及整个建设项目如期交付使用、充分发挥效益、降低建筑成本的重要条件。一般编制程序和内容如下:

(1) 计算各工程项目的工程量。

(2) 确定各单位工程(或单个建筑物)的施工期限。

(3) 确定单位工程开、竣工时间及互相搭接关系。

(4) 编制施工总进度计划。

4）施工资源需要量计划

为了保证各单位工程能够按设计的开工时间开工,在开工后能顺利完成施工任务,在开工前应做好施工准备工作,编制好主要资源需要量计划。主要包括各工种劳动力资源需要量计划、主要施工机械需要量计划、大型临时机械需要量计划和主要材料、成品半成品需要量计划。各项施工资源需要量计划是做好劳动力及物资的供应、平衡、调度、落实的依据。

5）施工总平面图

施工总平面图是在拟建项目的施工场地范围内,按照施工布置和施工总进度计划的要求,将拟建项目和各种临时设施进行合理部署的总体布置图。它是施工组织总设计的重要内容,是保证现场交通道路和排水通畅、文明有序施工、节约施工用地、减少各种临时设施数量、降低工程费用的先决条件。

5.2 工程概况

工程概况及特点分析是对整个建设项目的总说明和总分析,是对整个建设项目或建筑群所作的一个简单扼要、突出重点的文字介绍。有时为了补充文字介绍的不足,还可以附有建设项目总平面图,主要建筑的平、立、剖示意图及辅助表格。一般应包括以下内容。

5.2.1 建设项目特点

主要介绍建设项目的建设地点、工程性质、建设总规模、总工期、总占地面积、总建筑面积、分期分批投入使用的项目和工期、总投资、主要工种工程量、设备安装及其吨数、建筑安装工程量、生产流程和工艺特点、建筑结构类型以及新技术、新材料、新工艺的复杂程度和应用情况等。

为了更清晰地反映这些内容,也可利用附图和表格等不同形式予以说明。内容可参照表 5-1 至表 5-3。

表 5-1 建筑安装工程项目一览表

序号	工程名称	建筑面积（m²）	建安工作量（万元）		吊装和安装工作量（t 或件）		建筑结构
			土建	安装	吊装	安装	

注："建筑结构"填混合结构、钢结构、钢筋混凝土结构等结构形式及层数

表 5-2 主要建筑物和构筑物一览表

序号	工程名称	建筑结构特征或示意图	建筑面积（m²）	占地面积（m²）	建筑体积（m³）	备 注

注："建筑结构特征或示意图"栏说明其基础、墙、柱、屋盖等结构构造

表 5-3 生产车间、管（网）线、生活福利设施一览表

序号	工程名称	单位	合计	生产车间			仓库及运输				管网				生活福利		大型暂设		备注
				××车间	⋮	⋮	仓库	铁路	公路	⋮	供电	供水	排水	供热	宿舍	文化福利	生产	生活	

注："生产车间"栏按主要生产车间、辅助生产车间、动力车间次序填写

5.2.2 建设地区特征

主要包括建设地区的自然条件和技术经济条件。如：地形、地貌、水文、地质和气象资料等自然条件，地区的施工力量情况、地方企业情况、地方资源供应情况、水电供应和其他动力供应等技术经济条件。

5.2.3 施工条件及其他内容

主要包括施工企业的生产能力，技术装备和管理水平，市场竞争力和完成指标的情况，主要设备、材料、特殊物资等的供应情况，以及上级主管部门或建设单位对施工的某些要求等。

其他方面的情况主要包括有关建设项目的决议和协议,土地的征用范围、数量和居民搬迁时间等与建设项目实施有关的重要情况。

5.3 总体施工部署与主要施工方法的编制

总体施工部署是对整个建设项目从全局上做出的统筹规划和全面安排,它主要解决影响建设项目全局的重大战略问题。

总体施工部署的内容和侧重点根据建设项目的性质、规模和客观条件的不同而有所不同。一般应包括确定工程开展程序、拟定核心工程的施工方案、明确施工任务划分与组织安排、编制施工准备工作计划等内容。

5.3.1 确定工程开展程序

根据建设项目总目标的要求,确定合理的工程建设分期分批开展的程序。有些大型工业企业项目,如冶金联合企业、化工联合企业、火力发电厂等都是由许多工厂或车间组成的,在确定施工开展程序时,主要应考虑以下问题。

1) 在保证工期的前提下,实行分期分批建设

建设工期是施工的时间总目标,在满足工期要求的大前提下,科学地划分独立交工系统,对建设项目中相对独立的投产或交付使用子系统,实行分期分批建设并进行合理的搭接,既可使各具体项目迅速建成,尽早投入使用,又可在全局上实现施工的连续性和均衡性,减少暂设工程数量,降低工程成本,充分发挥国家基本建设投资的效果。

2) 统筹安排各类项目施工,保证重点,兼顾其他,确保工程项目按期投产

按照各工程项目的重要程度,应优先安排的工程项目有以下几点:

(1) 按生产工艺要求,须先期投入生产或起主导作用的工程项目。

(2) 工程量大、施工难度大、工期长的项目。

(3) 运输系统、动力系统,如厂区内外道路、铁路和变电站等。

(4) 生产上需先期使用的机修车间、办公楼及部分家属宿舍等。

(5) 供施工使用的工程项目,如采砂(石)场、木材加工厂、各种构件加工厂、混凝土搅拌站等施工附属企业及其他为施工服务的临时设施。

应注意已完工程的生产与使用和在建工程的施工互不妨碍,生产、施工两方便。

3) 一般工程项目均应按照先地下后地上、先深后浅、先干线后支线的原则进行安排

如地下管线和修筑道路的程序,应该先铺设管线,后在管线上修筑道路。

4) 考虑季节对施工的影响

在冬季施工时,既要保持施工的连续性与全年性,又要考虑经济性。例如大规模土方工程和深基础施工,最好避开雨季。寒冷地区入冬以后最好封闭房屋,转入室内进行设备安装、装修等作业。

对于大中型的民用建设项目(如居民小区),一般应按年度分批建设。除考虑住宅以外,还应考虑幼儿园、学校、商店和其他公共设施的建设,以便交付使用后能保证居民的正常生活。

5.3.2　拟定核心工程的施工方案

施工组织总设计中要拟定一些主要的单项工程、单位工程及特殊的分项工程的施工方案。目的是为了组织和调集施工力量,合理准备资源,为施工的顺利开展和工程现场的合理布置提供依据。主要内容包括确定施工工艺流程、选择大型施工机械和主要施工方法等。施工方案中重点解决下述问题。

1) 重点单位工程的施工方案

要通过技术经济比较确定单位工程的施工方案,如深基础施工用哪种支护结构、地下水如何处理、挖土方式如何、混凝土结构工程用预制或现浇方法施工、采用什么类型的模板(如滑升模板、大模板、爬升模板)等。

2) 主要工种工程的施工方案

确定主要工种工程(如土方、桩基础、混凝土、砌体、结构安装、预应力混凝土工程等)的施工方案,如何提高生产效率,提高工程质量、降低造价和保证施工安全。

在施工机械的选择上,注意施工机械的可能性、实用性、经济合理性。应使主导机械的性能既能满足工程的需要,又能发挥其效能,在各个工程上能够实现综合流水作业,减少其拆、装、运的次数,以充分发挥主导施工机械的工作效率。

5.3.3　施工任务划分与组织安排

在明确施工项目管理体制、机构的条件下,划分各参与施工单位的工作任务,明确总包与分包的关系,建立施工现场统一的组织领导机构及职能部门,确定综合和专业化的施工队伍,明确各单位之间的分工协作关系,划分施工阶段,确定各单位分期分批的主攻项目和穿插项目。

5.3.4　编制施工准备工作计划

根据施工开展程序和主要工程项目方案,编制好施工项目全场性的施工准备工作计划。其表格形式如表5-4所示。施工准备工作主要内容包括以下几点。

(1) 安排好场内外运输、施工用主干道、水电气来源及其引入方案。

(2) 安排场地平整方案和全场性排水、防洪。

(3) 安排好生产和生活基地建设。包括商品混凝土搅拌站,预制构件厂,钢筋、木材加工厂,金属结构制作加工厂,机修厂等,以及职工生活设施等。

(4) 安排建筑材料、成品、半成品的货源和运输、储存方式。

(5) 安排现场区域内的测量工作,设置永久性测量标志,为放线定位做好准备。

(6) 编制新技术、新材料、新工艺、新结构的试验计划和职工技术培训计划。

（7）冬、雨季施工所需要的特殊准备工作。

表 5-4　主要施工准备工作计划表

序号	准备工作名称	准备工作内容	主办单位	协办单位	完成日期	负责人

5.4　施工总进度计划的编制

施工总进度计划根据建设单位及有关部门对拟建工程的投产及交付使用时间的要求，按照合理的施工顺序和日程安排的建筑生产计划，它是控制整个建设项目的施工工期及各单位工程的施工期限和相互搭接关系的依据。正确编制施工总进度计划，是保证各个系统及整个建设项目如期交付使用、充分发挥效益、降低建筑成本的重要条件。一般编制程序和内容如下：

（1）计算工程项目及全工地性工程的工程量。

（2）确定各单位工程（或单个建筑物）的施工期限。

（3）确定单位工程开、竣工时间及互相搭接关系。

（4）编制施工总进度计划。

5.4.1　各工程项目及工程量

施工总进度计划主要起控制总工期的作用，因此项目划分不宜过细，可按确定的主要工程项目的开展顺序排列，一些附属项目、辅助工程及临时设施可以合并列出。

在工程项目一览表的基础上，计算各主要项目的实物工程量。计算工程量可按初步（或扩大初步）设计图纸并根据各种定额手册进行计算。常用的定额资料有以下几种：

1）万元、十万元投资工程量、劳动力及材料消耗扩大指标

这种定额规定了某一种结构类型建筑，每万元或十万元投资中劳动力、主要材料等消耗数量。根据设计图纸中的结构类型，即可计算出拟建工程各分项工程需要的劳动力和主要材料的消耗数量。

2）概算指标或扩大结构定额

概算指标是以建筑物每 100 米^3 体积为单位；扩大结构定额是以每 100 m^2 建筑面积为单位。查定额时，首先查找与本建筑物结构类型、跨度、高度相类似的部分，然后查出这种建筑物按定额单位所需要的劳动力和各项主要材料消耗量，从而推算出拟计算的建筑物所需要的劳动力和材料的消耗数量。

3）标准设计或已建房屋、构筑物的资料

在缺少上述几种定额手册的情况下，可采用标准设计或已建成的类似房屋实际所消耗的劳动力及材料类比,按比例估算。但是,由于和拟建工程完全相同的已建工程是极为少见的,因此在采用已建工程资料时,一般都要进行折算、调整。

除房屋外,还必须计算主要的全工地性工程的工程量,如场地平整、铁路及道路和地下管线的长度等,这些可以根据建筑总平面图来计算。

将按上述方法计算的工程量填入统一的工程量汇总表中。如表5-5所示。

表5-5　工程项目工程量汇总表

工程项目分类	工程项目名称	结构类型	建筑面积	幢(跨)数	概算投资	主要实物工程量								
						场地平整	土方工程	桩基工程	…	砖石工程	钢筋混凝土工程	…	装饰工程	…
			km²	个	万元	km²	km³	km²		km³	km³		km²	
全工地性工程														
主体项目														
辅助项目														
永久住宅														
临时建筑														
合计														

5.4.2　确定各单位工程的施工期限

单位工程的施工期限应根据施工单位的具体条件(施工技术与施工管理水平、机械化程度、劳动力和材料供应等)及单位工程的建筑结构类型、体积大小和现场地形地质、施工条件、现场环境等因素加以确定。此外,也可参考有关的工期定额来确定各单位工程的施工期限。

5.4.3　确定各单位工程的开竣工时间和相互搭接关系

在施工部署中已经确定了总的施工程序和各系统的控制期限及搭接时间,但对于每一个单位工程施工的开工、竣工时间尚未确定。通过对各主要建筑物的工期进行分析,确定了各主要建筑物的施工期限后,就可以进一步安排各建筑物的搭接施工时间。通常主要考虑以下因素:

(1)保证重点,兼顾一般。在安排进度时,要分清主次,抓住重点,同时期进行的项目不宜过多,以免分散有限的人力、物力。

(2)要满足连续、均衡施工要求。应尽量使劳动力和材料、施工机械消耗在全工地上达到均衡,避免出现高峰和低谷,以利于劳动力的调度和材料供应。

(3)要满足生产工艺要求。合理安排各个建筑物的施工顺序,以缩短建设周期,尽快发挥投资效益。

（4）认真考虑施工总平面图的空间关系。应在满足有关规范要求的前提下，使各建筑物的布置尽量紧凑，节省占地面积。

（5）全面考虑各种条件限制。在确定各建筑物施工顺序时，应考虑各种客观条件限制，如施工企业的施工力量，各种原材料、机械设备的供应情况，设计单位提供图纸的时间，各年度建设投资数量等，对各项建筑物的开工时间和先后顺序予以调整。同时，由于建筑施工受季节、环境影响较大，经常会对某些项目的施工时间提出具体要求，从而对施工的时间和顺序安排产生影响。

（6）合理安排施工顺序。在施工顺序上，应本着先地下后地上、先深后浅、先地下管线后筑路的原则，使进行的主要工程所必需的准备工作能够及时完成。

（7）考虑气候条件。应考虑当地的气候条件，尽可能地减少冬期、雨季施工的附加费用。

此外，编制施工总进度计划还要遵守防火、技术安全和生产卫生、环境保护等规定。

5.4.4　编制初步施工总进度计划

施工总进度计划应安排全工地性的流水施工。安排时应以工程量大、工期长的单项工程或单位工程为主导，组织若干条流水线，并以此带动其他工程。施工总进度计划可以用横道图表达，也可以用网络图表达。用网络图表达时，应优先采用时标网络图。

由于施工总进度计划只是起控制作用，因此不必编得过细，否则会给计划的编制和调整带来不便。当采用横道图表达施工总进度计划时，项目的排列可按施工总体方案所确定的工程开展程序排列。横道图上应表达出各施工项目的开工、竣工时间及施工持续时间。施工总进度计划的表格形式可参照表5-6。

表 5-6　施工总进度计划

序号	工程项目名称	结构类型	工程量	建筑面积	总工日	施 工 进 度 计 划								
						××××年			××××年			××××年		

5.4.5　施工总进度计划的检查与调整优化

编制施工总进度计划表后，还应进行检查，主要从以下几个方面进行：

（1）是否满足项目施工总进度计划或施工总承包合同对总工期以及起止时间的要求。

（2）整个建设项目资源需要量动态曲线是否均衡。

（3）各施工项目之间的搭接是否合理。

（4）主体工程与辅助工程、配套工程之间是否均衡。

如果发现施工总进度计划有问题应调整解决。调整的主要方法是改变某些工程的起止时间或调整主导工程的工期。当采用时标网络图时，利用电子计算机进行编制、调整、优化、统计资源消耗数量，即可绘制正式的施工总进度计划。

5.5 主要施工总资源配置计划

施工总进度计划编制完成后,就可以编制主要工种劳动力、材料、构配件、加工品、施工机具等各资源的需要量计划。各项施工资源需要量计划是做好劳动力及物资的供应、平衡、调度、落实的依据。其内容一般包括以下方面。

5.5.1 工程项目管理计划

为了保证能够按预期的目标完成工程项目的建设任务,作为施工企业,应该加强对工程项目的管理工作并做好计划。项目管理的主要内容是:编制项目管理规划大纲和项目管理实施规划;项目进度控制;项目质量控制;项目安全控制;项目成本控制;项目人力资源管理;项目材料管理;项目机械设备管理;项目技术管理;项目资金管理;项目合同管理;项目信息管理;项目现场管理;项目组织协调;项目竣工验收;项目考核考评;项目回访等。

5.5.2 主要工种劳动力计划

劳动力需要量计划是规划暂设工程和组织劳动力进场的依据。编制时首先根据工程量汇总表中分别列出的各个建筑物的主要实物工程量,查预算定额或有关资料,便可得到各个建筑物主要工种的劳动量,再根据施工总进度计划表各单位工程分工种的持续时间,即可得到某单位工程在某段时间里的平均劳动力数。按同样方法可计算出各个建筑物各主要工种在各个时期的平均工人数。将施工总进度计划表纵坐标方向上各单位工程同工种的人数叠加在一起并连成一条曲线,即为某工种的劳动力动态曲线图。其他工种也用同样方法绘成曲线图,从而根据劳动力曲线图列出主要工种劳动力需要量计划表。如表5-7所示。

表5-7 劳动力需要量计划

序号	工种名称	高峰期需要人数	××××年			××××年			现有人数	多余或不足
1	木工									
2	瓦工									
...	......									

5.5.3 材料、构配件、加工品需要量计划

根据工程量汇总表所列各建筑物的工程量,查定额或有关资料,便可得出各建筑物所需的建筑材料、构配件和加工品的需要量。然后根据施工总进度计划表,大致算出某些建筑材料在

某一时间内的需要量,从而编制出建筑材料、构配件和加工品的需要量计划。有关建筑材料、构配件和加工品的需要量计划的内容和一般格式如表5-8和表5-9所示。这是材料供应部门和有关加工厂准备所需的建筑材料、构配件和加工品并及时供应的依据。

表5-8　主要材料需要量计划

序号	材料名称	单位	×季度	×季度

注:材料名称可按砖、砌块、石材、木材、水泥、砂、型钢、管材、涂料等填列。

表5-9　构配件和加工品需要量计划

序号	构配件和加工品	规格	单位	需　要　量				
				××月	××月	××月	××月	××月

注:构配件或加工品名称可按隔墙板、门窗、幕墙、家具、厨房设备、卫生洁具等填列。

5.5.4　施工机具需用量计划

主要施工机具的需要量,可根据施工总进度计划、主要建筑物施工方案和工程量,并套用机械产量定额求得。辅助机械可根据建筑安装工程每10万元扩大概算指标求得。运输机具的需要量根据运输量计算。施工机具需要量计划如表5-10所示。

表5-10　施工机具需要量计划

序号	机具名称	规格型号	数量	生产效率	需要量计划					
					××××年		××××年		××××年	

5.6　施工总平面的布置

施工总平面图是在拟建项目的施工场地范围内,按照施工布置和施工总进度计划的要求,将拟建项目和各种临时设施进行合理部署的总体布置图。这是具体指导现场施工部署的行动方案,表示全工地在施工期间所需要各项设施和永久性建筑之间的合理布局,按照施工部署、施工方案和施工总进度的要求,对施工用临时房屋建筑,临时加工预制场,材料仓库,堆场,临时水、电、动力管线、交通运输道路等做出的周密规划和布置,从而确定全工地施工期间所需各项设施和永久性建筑物以及拟建工程之间的空间关系。它是施工组织总设计的重要内容,是保证现场交通道路和排水通畅、文明有序施工、节约施工用地、减少各种临时设施数量、降低工程费用的先决条件。

5.6.1　施工总平面图设计原则

根据《建筑施工组织设计规范》(GB/T 50502—2009)的规定,施工总平面布置图的原则如下:

(1) 平面布置科学合理,施工场地占用面积少。
(2) 合理组织运输,减少二次搬运。
(3) 施工区域的划分和场地的临时占用应符合施工部署和施工流程的要求,减少相互干扰。
(4) 充分利用既有建(构)筑物和既有设施为项目施工服务,降低临时设施的建造费用。
(5) 临时设施应方便生产和生活,办公区、生活区和生产区宜分离设置。
(6) 符合节能、环保、安全和消防等要求。
(7) 遵守当地主管部门和建设单位关于施工现场安全文明施工的相关规定。

5.6.2　施工总平面图设计内容

建筑总平面图的设计内容较多,主要应有以下几个方面的内容:
(1) 建设项目建筑用地范围内一切原有和拟建的地上、地下建筑物、构筑物以及其他设施的位置和尺寸。
(2) 一切为全工地施工服务的临时设施的布置,包括:
① 施工用地范围,施工用的各种道路的布置。
② 加工厂、搅拌站及有关机械的位置。
③ 各种建筑材料、构件、半成品的仓库和堆场,取土弃土位置。
④ 行政管理用房、宿舍、文化生活和福利设施等。
⑤ 水源、电源、变压器位置,临时给排水管线和供电、动力设施。
⑥ 机械站、车库位置。
⑦ 安全、消防设施等。
(3) 永久性测量放线标桩位置。
许多规模巨大的建设项目,其建设工期往往很长,随着工程的进展,施工现场的面貌将不断改变。在这种情况下,应按不同阶段分别绘制若干张施工总平面图,或根据工地的实际变化情况,及时对施工总平面图进行调整和修正,以便适应不同时期的需要。

5.6.3　施工总平面图设计的依据

施工总平面图设计的依据如下:

（1）各种设计资料，包括建筑总平面图、地形地貌图、区域规划图、建设项目范围内有关的一切已有和拟建的各种设施及地下管网位置等。

（2）建设地区的自然条件和技术经济条件。

（3）建设项目的建设概况、施工方案、施工进度计划，以便了解各施工阶段情况，合理规划施工场地。

（4）各种建筑材料、构件、加工品、施工机械和运输工具需要量一览表，以及它们所需要的仓库、堆场面积和尺寸。

（5）各构件加工厂及其他临时设施的数量和外廓尺寸。

（6）安全、防火规范。

5.6.4 施工总平面布置图的设计步骤

设计施工总平面图时，应该首先从研究大宗材料、设备、预制成品和半成品等进入现场的方式入手，先布置场外运输道路和场内仓库、加工厂，然后布置场内临时道路，最后布置其他临时设施，包括水电管网等设施。施工总平面布置图的设计一般应按以下步骤进行：

1）首先应解决材料进场问题

设计全工地性施工总平面图时，首先应从研究大宗材料、成品、半成品、设备等进入工地的运输方式入手。当大批材料由铁路运来时，应提前修建永久性铁路，以便为工程施工服务；由水路运来时，应首先考虑原有码头的运用和是否增设专用码头问题；当大批材料是由公路运入工地时，由于汽车线路可以灵活布置，因此，一般先布置场内仓库和加工厂，然后再布置场外交通道路。

2）仓库与材料堆场的布置

布置仓库与材料堆场时，通常考虑设置在运输方便、位置适中、运距较短并且安全防火的地方，并应区别不同材料、设备和运输方式来设置。

各种加工厂布置应以方便使用、安全防火、运输费用最少、不影响建筑安装工程施工的正常进行为原则。一般应将加工厂集中布置在同一个地区，且多处于工地边缘。各种加工厂应与相应的仓库或材料堆场布置在同一地区。

3）加工厂布置

加工厂的布置要考虑距离工地近可使运费最少；还要考虑有最好的工作条件，使生产与建筑施工互不干扰，并考虑留有扩建和发展的余地。

（1）混凝土搅拌站。根据工程的具体情况可采用集中、分散或集中与分散相结合的 3 种布置方式。当现浇混凝土量大时，宜在工地设置混凝土搅拌站；当运输条件好时，以采用集中搅拌最有利；当运输条件较差时，以分散搅拌为宜。

（2）预制加工厂。一般设置在建设单位的空闲地带上，如材料堆场专用线转弯的扇形地带或场外邻近处。

（3）钢筋加工厂。区别不同情况，采用分散或集中布置。对于需进行冷加工、对焊、点焊的钢筋和大片钢筋网，宜设置中心加工厂，其位置应靠近预制构件加工厂；对于小型加工件，利用简单机具成形的钢筋加工，可在靠近使用地点的分散的钢筋加工棚里进行。

（4）木材加工厂。要视木材加工的工作量、加工性质和种类决定是集中设置还是分散设置几个临时加工棚。一般原木、锯木堆场布置在铁路专用线、公路或水路沿线附近;木材加工厂亦应设置在这些地段附近;锯木、成材、细木加工和成品堆放,应按工艺流程布置。

(5) 砂浆搅拌站。对于工业建筑工地,由于砂浆用量小、分散,可以分散设置在使用地点附近。

(6) 金属结构、锻工、电焊和机修等车间。由于它们在生产上联系密切,应尽可能布置在一起。

4) 布置内部运输道路

根据各加工厂、仓库及各施工对象的相应位置,研究货物转运图,区分主要道路和次要道路,进行道路的规划。并使规划道路满足运输车辆的安全行驶,不会产生交通阻塞现象,并有足够的宽度和转弯半径。规划厂区内道路时,应考虑以下几点:

(1) 合理规划临时道路与地下管网的施工程序。在规划临时道路时,应充分利用拟建的永久性道路,提前修建永久性道路或者先修路基和简易路面,作为施工所需的道路,以达到节约投资的目的。若地下管网的图纸尚未出全,必须采取先施工道路后施工管网的顺序时,临时道路就不能完全建造在永久性道路的位置,而应尽量布置在无管网地区或扩建工程范围地段上,以免开挖管道沟时破坏路面。

(2) 保证运输通畅。道路应有 2 个以上进出口,道路末端应设置回车场地,且尽量避免临时道路与铁路交叉。厂内道路干线应采用环形布置,主要道路宜采用双车道,宽度不小于 6 m;次要道路宜采用单车道,宽度不小于 3.5 m。

(3) 选择合理的路面结构。临时道路的路面结构,应当根据运输情况和运输工具的不同类型而定。一般场外与省、市公路相连的干线,因其以后会成为永久性道路,因此一开始就建成混凝土路面;场区内的干线和施工机械行驶路线,最好采用碎石级配路面,以利修补。场内支线一般为土路或砂石路。

5) 行政与生活临时设施布置

行政与生活临时设施包括办公室、汽车库、职工休息室、开水房、小卖部、食堂、俱乐部和浴室等。要根据工地施工人数计算这些临时设施和建筑面积。应尽量利用建设单位的生活基地或其他永久建筑,不足部分另行建造。

一般全工地性行政管理用房宜设在全工地入口处,以便对外联系;也可设在中间,便于全工地管理。工人用的福利设施应设置在工人较集中的地方,或工人必经之处。生活基地应设在场外,距工地 $500 \sim 1\,000$ m 为宜。食堂可布置在内部或工地与生活区之间。

6) 临时水电管网及其他动力设施的布置

(1) 当有可以利用的水源、电源时,可以将水电从外面接入工地,沿主要干道布置干管、主线,然后与各用户接通。临时总变电站应设置在高压电引入处,不应放在工地中心;临时水池应放在地势较高处。

(2) 当无法利用现有水电时,工地中心或工地中心附近设置临时发电设备,沿干道布置主线;利用地表水或地下水,并设置抽水设备和加压设备(简易水塔或加压泵),以便储水和提高水压。

(3) 根据工程防火要求,应设立消防站,一般设置在易燃建筑物附近,并须有通畅的出口和消防车道,其宽度不宜小于 6 m,与拟建房屋的距离不得大于 25 m,也不得小于 5 m,沿道路布置消火栓时其间距不得大于 10 m,消火栓到路边的距离不得大于 2 m。

(4) 为安全保卫考虑,可设围墙,并在出入口处设门岗。

应该指出,上述各设计步骤不是截然分开各自孤立进行的,而是互相联系、互相制约的,需要综合考虑、反复修正才能确定下来。当有几种方案时,还应进行方案比较。

7）施工总平面图设计方法综述

综上所述,外部交通、仓库、加工厂、内部道路、临时房屋、水电管网等布置应系统考虑,多种方案进行比较,当确定之后采用标准图绘制在总平面图上。比例一般为 1：1 000 或 1：2 000。

8）施工总平面图的科学管理

施工总平面图设计完成之后,就应认真贯彻其设计意图,发挥其应有作用,因此,现场对总平面图的科学管理是非常重要的,否则就难以保证施工的顺利进行。施工总平面图的管理包括:

(1) 建立统一的施工总平面图管理制度。划分总平面图的使用管理范围,做到责任到人,严格控制材料、构件、机具等物资占用的位置、时间和面积,不准乱堆乱放。

(2) 对水源、电源、交通等公共项目实行统一管理。不得随意挖路断道,不得擅自拆迁建筑物和水电线路,当工程需要断水、断电、断路时要申请,经批准后方可着手进行。

(3) 对施工总平面布置实行动态管理。在布置中,由于特殊情况或事先未预测到的情况需要变更原方案时,应根据现场实际情况,统一协调,修正其不合理的地方。

(4) 做好现场的清理和维护工作,经常性检修各种临时性设施,明确负责部门和人员。

5.7 施工组织总设计的技术经济评价

施工组织总设计是整个建设项目或群体施工的全局性、指导性文件,其编制质量的高低对工程建设的进度、质量和经济效益影响较大。因此,对施工组织总设计应进行技术经济评价。技术经济评价的目的是:对施工组织总设计通过定性及定量的计算分析,论证在技术上是否可行,在经济上是否合理。对照相应的同类型有关工程的技术经济指标,反映所编的施工组织总设计的最后效果,并应反映在施工组织总设计文件中,作为施工组织总设计的考核评价和上级审批的依据。

5.7.1 施工组织总设计技术经济评价的指标体系

施工组织总设计中常用的技术经济评价指标有施工工期、工程质量、劳动、材料使用、机械化程度、工厂化程度、成本降低指标等。其体系如表 5-11 所示。

主要指标的计算方式如下:

1）工期指标

(1) 总工期(d):从工程破土动工到竣工的全部日历天数。

(2) 施工准备期(d):从施工准备开始到主要项目开工日止的天数。

(3) 部分投产期(d):从主要项目开工到第一批项目投产使用日止的天数。

2）质量指标

这是施工组织设计中确定的控制目标。其计算公式为

$$质量优良品率 = \frac{优良工程个数（或面积）}{施工项目总个数（或总面积）}（\%） \tag{5-1}$$

3）劳动指标

（1）劳动力均衡系数（%），它表示整个施工期间使用劳动力的均衡程度。

$$劳动力均衡系数 = \frac{施工高峰人数}{施工期平均人数}（\%） \tag{5-2}$$

（2）单方用工（工日/m²），它反映劳动的使用和消耗水平。

$$单方用工 = \frac{总工数}{建筑面积}（工日 / m^2） \tag{5-3}$$

（3）劳动生产率（元/工日），它表示每个生产工人或建安工人每工日所完成的工作量。

$$劳动生产率 = \frac{总工作量}{总工数}（元 / 工日） \tag{5-4}$$

4）机械化施工程度（%）

机械化施工程度用机械化施工所完成的工作量与总工作量之比来表示。

$$机械化施工程度 = \frac{机械化施工完成的工作量}{总工作量}（\%） \tag{5-5}$$

5）工厂化施工程度（%）

工厂化施工程度是指在预制加工厂里施工完成的工作量与总工作量之比。

$$工厂化施工程度 = \frac{预制加工厂完成的工作量}{总工作量}（\%） \tag{5-6}$$

6）材料使用指标

（1）主要材料节约量：靠施工技术组织措施实现的材料节约量。

$$主要材料节约量 = 预算用量 - 施工组织设计计划用量$$

（2）材料节约率（%）

$$主要材料节约率 = \frac{主要材料节约量}{主要材料预算用量}（\%） \tag{5-7}$$

7）降低成本指标

（1）降低成本额（元）

降低成本额是指靠施工技术组织措施实现的降低成本金额。

（2）降低成本率（%）

$$降低成本率 = \frac{降低成本额}{总工作量}（\%） \tag{5-8}$$

8）临时工程投资比例

指全部临时工程投资费用与总工作量之比，表示临时设施费用的支出情况。

$$临时工程投资比例 = \frac{全部临时工程投资额}{总工作量}(\%) \qquad (5-9)$$

表 5-11　施工组织总设计技术经济指标体系

施工组织总设计技术经济指标体系	工期指标	总工期（天）			
		施工准备期（天）			
		部分投产期（天）			
		±0.00 以上工期（天）			
		分部工程工期（天）	基础工期		
			结构工期		
			装修工期		
	质量指标	质量优良品率（%）			
	劳动指标	劳动力均衡系数			
		用工	总工日 各分部工程用工日		
			单方用工	工程项目单方用工日（工日/m²）	
				分部工程单方用 工日（工日/m²）	基础
					结构
					装饰
		劳动生产率（元/工日）	生产工人日产值		
		节约工日总量（工日）	建安工人日产值		
	机械化施工程度（%）				
	工厂化施工程度（%）				
	材料使用指标	主要材料节约量 主要材料节约率（%）	钢材（t）		
			木材（m³）		
			水泥（t）		
	降低成本指标	降低成本额（元）			
		降低成本率（%）			
	临时工程投资比例（%）				
	其他指标				

5.8　施工组织总设计实例

5.8.1　工程概况

（1）房屋建筑概况如表5-12所示,施工现场总平面见图5-2。

（2）地下室及地质情况:表5-12中所列有地下室的建筑物,其基底标高为内浇外砌－4.30 m,内浇外挂－4.70 m,全现浇－7.50 m,无地下水。

（3）水电等情况:场地下设污水管和排雨水管;上水管自北侧路接来,各楼设高位水箱;变电室位于区域南端,采用电杆架线供电,沿小区内道路通向各建筑物。

（4）承包合同的有关条款

① 总工期:1995年5月开工到1998年5月全部竣工。

② 分期交用要求:1996年7月1日交用第一批(3、4、17、24、25、18、19、21号楼);1996年12月底交用第二批(2、9、22、23号楼);1997年年底全部完工,个别工程到1998年5月完工。

表5-12　建筑项目一览表

编号	工程类别	结构类型	层数	建筑面积（m²）	栋数	建筑物编号	备注
1	住　宅	内浇外砌	6	4 047	2	1,3	
2	住　宅	内浇外砌	6	4 135	3	2,4,7	有地下室
3	住　宅	砖　混	6	2 700	1	5	
4	住　宅	内浇外砌	6	3 195	1	6	
5	住　宅	全现浇	24	13 656	3	8,9,10	有地下室
6	住　宅	内浇外挂	14	7 000	3	11,12,13	有地下室
7	住　宅	内浇外挂	18	8 368	3	14,15,16	有地下室
8	青年公寓	内浇外挂	14	12 600	1	17	有地下室
9	小　学	砖　混	3	2 400	1	18	
10	托儿所幼儿园	砖　混	2	1 000	1	19	
11	澡堂,理发	砖　混	2	600	1	20	
12	饮　食	砖　混	2	700	1	21	
13	副　食	砖　混	2	720	1	22	
14	粮　店	砖　混	2	1 400	1	23	
15	锅炉房	砖　混	1	1 100	1	24	
16	配　电	砖　混	1	100	1	25	

③ 奖罚:以实际交用条件为项目竣工,按单位建筑面积计算,按国家工期定额每提前一天奖造价万分之一,每拖后一天进行相应的罚款。

④ 拆迁要求:影响各栋号施工的障碍物须在工程施工之前全部动迁完毕,如果拆迁工作不能按期完成,则工期相应顺延。

5.8.2 施工部署

1) 主要施工程序

(1) 本区域内调入第一、第二2个施工队施工,其场地以4号楼与5号楼中间为界。

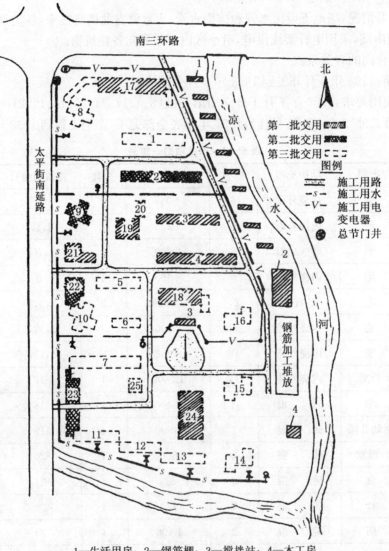

1—生活用房;2—钢筋棚;3—搅拌站;4—木工房

图 5-2 施工总平面图

（2）每个施工队保持两条流水线：

① 一队的 1－1 流水线施工"内浇外挂"，顺序为 4、3、2、1 号楼。

② 一队的 1－2 流水线先施工 17 号楼，然后转入超高层全现浇的 9、8 号楼。

③ 二队的 2－1 流水线施工砖混结构，其顺序为 24、25、18、19、21、22、23 号楼，后转入 7、6、5 号楼。

④ 二队的 2－2 流水线先施工超高层 10 号楼，然后转为"内浇外挂"结构 11、12、13、14、15、16 号楼。

2）主要工程项目的施工方法和施工机械

（1）单层及二层砖混结构采用平台内脚手砌筑，汽车吊安装屋面梁板。屋面配卷扬机垂直运输。外装修采用双排钢管架。

（2）3～6 层的砖混结构采用平台内脚手，TQ60/80 塔吊垂直运输，外装修采用桥式架。

（3）内浇外挂高层建筑垂直运输采用 TQ60/80 超高塔吊，每条流水线配塔吊 2 台。大模板配备型号数量按具体栋号而定。

（4）全现浇超高层结构墙体采用钢大模（专门设计），外架子采用三脚架挂操作台。楼板采用双钢筋叠合板，板下支撑配备 4 层的量。垂直运输采用一台 200 t·m 的大型塔吊，每层分 5 段流水。

（5）地下室底板采用商品混凝土、泵送。立墙采用组合钢模加木方子。人工支拆模板，不用吊车。墙体混凝土也用泵送，预制叠合板用汽车吊吊装。

（6）外装修采用吊篮架，垂直运输采用每栋一台高车架，超高层全现浇住宅加配外用电梯一台。

5.8.3　施工总进度计划

主要建筑物的三大工序——基础、结构、装修所需工期按统计结果见表 5-13。根据各主要工序总进度计划如表 5-14。

表 5-13　三大工序所需工期表

工　序	内浇外挂（月）	全现浇（月）	六层砖混（月）
基础	3	4	1（地下室＋2 月）
结构	4	6	3
装修	5	5	4

表 5-14 主要工序总进度计划表

施工队	流水线编号	幢号	1995	1996	1997	1998
第一施工队	1-1	4号	▬			
		3号		▬		
		2号		▬		
		1号		▬		
	1-2	17号	▬			
		9号		▬		
		8号		▬		
第二施工队	2-1	24号	▬			
		25号	▬			
		18号	▬			
		19号		▬		
		21号		▬		
		22号		▬		
		23号		▬		
		7号		▬		
		6号、5号		▬		
	2-2	10号	▬			
		11号		▬		
		12号		▬		
		13号		▬		
		14号		▬		
		15号			▬	
		16号				▬

5.8.4 各种资源需要量计划

(1) 塔吊流转计划：每条流水线尽量固定塔吊，但由于施工条件不同，对不满足塔吊起吊高度者应适当进行调整，如表 5-15 所示，共需 4 台 TQ60/80，1 台 QTZ200。

表 5-15　塔吊流转计划

序号	流水线	塔吊编号	1995	1996	1997	1998
1	1-1	TQ60/80-1号	4号→3号→2号→1号			
2	1-2	TQ60/80-2号,3号	17号→9号→8号			
3	2-1	TQ60/80-4号	18号	7号→5号→6号		
4	2-2	QTZ200-5号	10号	→11号→12号→13号→14号→15号→6号		

（2）小型机械配备如表 5-16 所示。

表 5-16　小型机械需用量

流水线	搅拌机	砂浆机	电焊机
1-1	1	1	4
1-2	3	1	4
2-1	1	1	4
2-1	3	1	4
小　计	8	4	16

（3）主要原材料消耗量按每种结构体系单位面积的消耗量估算,然后计算平均日耗量如表 5-17 所示。

表 5-17　主要材料消耗量

名　　　称	总　耗　量	平均日耗量
钢材(t)	2 655	3.8
木材(m³)	4 360	6.2
水泥(t)	19 230	27.5
砖(m³)	15 635	22.3
砂(m³)	22 840	32.6
石(m³)	25 655	36.7
陶粒(m³)	8 000	11.4

（4）半成品需要量如表 5-18 所示。

表 5-18　门窗构件、商品混凝土需要量

名　　　称	单位用量	建筑面积(m²)	总用量(m³)
壁　板	0.2m³/m²	46 086	9 217

续表 5-18

名　　称	单位用量	建筑面积(m²)	总用量(m³)
楼　板	0.11 m³/m²	100 000	11 000
门　窗	0.12 m³/m²	134 000	160 800
商品混凝土			2 500
叠合板	0.06 m³/m²	40 000	2 400

（5）模具和脚手架配备如表 5-19 所示。

表 5-19　模具和脚手架需用量

名　　称	工具类别	流水编号				合　计	备　注
		1-1	1-2	2-1	2-2		
脚手架	桥式架	1		1		2	
	平台架	1		1		2	
	插口架		1		1	2	两线公用
	吊篮架		1		1	2	
	钢管架			1		1	
	现浇挂架		1		1	2	两线公用
模板	内墙大模	1	1			2	
	现浇大模		1		1	2	两线公用
	地下室模板	1	1		1	3	
	楼板模及支撑				1	1	两线公用
高车架		2	2	2	2	8	
外用电梯			1		2	3	

（6）劳动力计划按照流水线安排如表 5-20 所示。

表 5-20　劳动力计划按流水线安排表

工序	流水线	人数	1995	1996	1997	1998
基础	2-2	40				
	1-2	40				
结构	1-1	40				
	1-2	70				
	2-1	40				
	2-2	40				
装修	1-1	60				
	1-2	60				
	2-1	60				
	2-1	60				
管道		60				
电气		40				
小计		610				

劳动力变化曲线

5.8.5 施工总平面图

施工总平面图与建筑总平面图画在一起,如图 5-2 所示。

(1) 施工用水用电均按需要经计算确定。

(2) 施工时注意保持场内竖向设计的坡度,在基础挖土阶段防止雨水泡槽。

(3) 临时设施计算,根据劳动力最高峰 650 人,每人 4m² 计算,考虑到民工占 50%,需建临时设施 1 300 m²。

本章小结

本章主要介绍了施工组织总设计的编制程序、编制准备、总体施工部署与施工方案、施工总进度计划、施工准备及资源需要量计划、现场临时设施、施工总平面图设计等内容。

通过对本章的学习,应该熟悉施工组织总设计的研究对象和任务,重点是施工组织总设计编制程序、内容,掌握总体施工部署、施工总进度计划以及施工总平面图设计的依据、原则、要求和内容。

思考与练习

一、单项选择题

1. 施工组织总设计起( )作用。

A. 控制性   B. 实施性   C. 使用性   D. 实际性

2. 施工组织总设计应由( )负责编制。

A. 施工单位   B. 项目经理部   C. 总承包单位   D. 发包单位

3. 施工组织总设计是指导全局性施工的技术和经济纲要,它的编制对象是( )。

A. 单项工程   B. 单位工程   C. 分部工程   D. 整个建设项目

4. 编制施工组织总设计时,在拟定施工方案之后应进行( )。

A. 计算主要工种的工程量   B. 计算主要技术经济指标

C. 编制施工总进度计划   D. 编制资源需求量计划

5. 某建筑工程公司作为总承包商承接了某单位迁建工程所有项目的施工任务,项目包括办公楼、住宅楼和综合楼各 1 栋。该公司针对整个迁建工程项目制定的施工组织设计属于( )。

A. 施工规划   B. 单位工程施工组织设计

C. 施工组织总设计   D. 分部分项工程施工组织设计

6. 下列选项中,属于施工组织总设计编制依据的是( )。

A. 建筑工程监理合同   B. 批复的可行性研究报告

C. 各项资源需求计划   D. 单位工程施工组织设计

二、多项选择题

1. 下列项目中,需要编制施工组织总设计的项目有( )。

A. 某市新建机场工程   B. 地产公司开发的别墅小区

C. 新建跳水馆钢屋架工程   D. 定向爆破工程

E. 标志性超高层建筑结构工程

2. 施工组织总设计的编制依据包括（　　　　　）。

A. 设计文件   B. 合同文件

C. 有关规范、标准和法律   D. 资源配置情况

E. 标志性超高层建筑结构工程

3. 施工组织总设计的主要作用是（　　　　　）。

A. 建设项目或项目群的施工作出全局性的战略部署

B. 为确定设计方案施工可行性和经济合理性提供依据

C. 指导单位工程施工全过程各项活动的经济文件

D. 为做好施工准备工作，保证资源供应提供依据

E. 为施工单位编制年、季计划提供依据

三、思考题

1. 施工组织总设计是什么？

2. 施工组织总设计的编制程序是什么？

3. 施工组织总设计的编制依据与内容有哪些？

4. 施工总部署的主要内容有哪些？

5. 主要项目施工方案是怎样拟定的？

6. 施工总进度计划的编制步骤是怎样的？

7. 什么是施工总平面图？施工总平面图设计的内容有哪些？

8. 施工总平面图设计的原则和依据是什么？

9. 施工总平面图的设计步骤是怎样的？

10. 结合你所在地区以若干单位工程的群体工程或特大型项目为主要对象的建设项目，组织参观实习，了解该建设项目的总体施工部署、施工总进度计划、总体施工准备与主要资源配置计划、主要施工方法、施工总平面图布置，写出你的学习体会。

6 单位工程施工组织设计

教学内容

本章主要介绍了单位工程施工组织设计编制的作用、原则、程序和依据;详细介绍了单位工程施工组织设计的内容、资源需求计划编制方法;重点阐述了施工方案的选择、进度计划的编制步骤和方法、施工现场平面图布置的内容和步骤。

教学要求

通过本章教学,使学生了解单位工程施工组织设计编制的原则、依据和程序,熟悉施工方案施工顺序的选择方法,熟悉砖混结构、现浇混凝土结构及单层装配式工业厂房的施工顺序;掌握进度计划编制的步骤和方法;掌握施工现场平面图布置的内容及步骤。

【引例】

我国古代留下很多有益的格言,如"凡事预则立,不预则废"、"良好的开端是成功的一半"等,说的都是组织计划的重要性。办事、想问题,事先都应有个计划考虑。合理的计划,周密的考虑,正确的措施,能使要办的事顺利进行,收到事半功倍的效果。

宋代学者沈括在他的《梦溪笔谈》一书中,有一篇《一举而三役济》的文章,其大意是:由于大火烧毁宫中殿堂,皇上任命丁谓主持宫殿修复工作。修复工程需要砖,但烧砖需要取土的地方太远,于是丁谓下令挖道路取土。很快,道路挖成了河。丁谓又下令将附近的污水引入河中,将河作为运输通道(水运成本要比陆运成本低),在河中用竹筏和船只来运送各地征集来的各种建筑材料。

待宫殿修复完工之后,丁谓又下令将破损的瓦砾及泥土等建筑垃圾重新填入沟中,大沟又变回了街道。这样的施工组织方案在当时运输手段原始落后、完全手工操作、社会分工很差的条件下是十分合理的,同时解决了取土、运输、处理建筑废渣3项工作,取得了降低费用、少用人工和缩短工期的良好效果。

施工组织设计就是对工程建设项目在整个施工全过程的构思设想和具体的安排。我们编写施工组织设计的目的是要使工程建设达到速度快、质量好、效益高,使整个工程在建筑施工中获得相对的最优效果。

6.1 单位工程施工组织设计概述

单位工程施工组织设计是以单位工程为主要对象编制的施工组织设计,对单位工程的施工过程起指导和制约作用。如果说施工组织总设计是对群体工程而言的,相当于一个战役的战略部署,那么单位工程施工组织设计就是每场战斗的战术安排。施工组织总设计要解决的是全局性的问题,而单位工程施工组织设计则是针对具体工程解决具体的问题。也就是针对一个具体的拟建单位工程,从施工准备工作到整个施工的全过程进行规划,实行科学管理和文明施工,使投入到施工中的人力、物力和财力及技术能最大限度地发挥作用,使施工能有条不紊地进行,从而实现项目的质量、工期和成本目标。

6.1.1 单位工程施工组织设计的作用

施工企业在施工前应针对每一个施工项目,编制详细的施工组织设计。其作用主要有以下几个方面。

1) 施工组织设计为施工准备工作做详细的安排

施工准备是单位工程施工组织设计的一项重要内容。在单位工程施工组织设计中对以下的施工准备工作提出明确的要求或做出详细、具体的安排。

(1) 熟悉施工图纸,了解施工环境。

(2) 施工项目管理机构的组建、施工力量的配备。

(3) 施工现场"三通一平"工作的落实。

(4) 各种建筑材料及水电设备的采购和进场安排。

(5) 施工设备及起重机等的准备和现场布置。

(6) 提出预制构件、门、窗以及预埋件等的数量和需要日期。

(7) 确定施工现场临时仓库、工棚、办公室、机具房以及宿舍等面积,并组织进场。

2) 施工组织设计对项目施工过程中的技术管理作具体安排

单位施工组织设计是指导施工的技术文件,可以针对以下几个主要方面的技术方案和技术措施作出详细的安排,用以指导施工。

(1) 结合具体工程特点,提出切实可行的施工方案和技术手段。

(2) 各分部分项工程以及各工种之间的先后施工顺序和交叉搭接。

(3) 对各种新技术及较复杂的施工方法所必须采取的有效措施与技术规定。

(4) 设备安装的进场时间以及与土建施工的交叉搭接。

(5) 施工中的安全技术和所采取的措施。

(6) 施工进度计划与安排。

总之,从施工的角度看,单位工程施工组织设计是科学组织单位工程施工的重要技术、经济文件,也是建筑企业管理科学化特别是施工现场管理的重要措施之一。同时,它也是指导施工和施工准备工作的技术文件,是现场组织施工的计划书、任务书和指导书。

6.1.2 单位工程施工组织设计的编制依据

单位工程施工组织设计的编制依据主要有以下几个方面:

(1) 招标文件或施工合同。包括对工程的造价、进度、质量等方面的要求,双方认可的协作事项和违约责任等。

（2）设计文件（如已进行图纸会审的,应有图纸会审记录）。包括本工程的全部施工图纸及设计说明,采用的标准图和各类勘察资料等。

（3）施工组织总设计。当单位工程为建筑群的一个组成部分时,则该建筑物的施工组织设计必须按照施工组织总设计的各项指标和任务要求来编制,如进度计划的安排应符合总设计的要求等。

（4）工程预算、报价文件及有关定额。要有详细的分部、分项工程量,最好有分层、分段、分部位的工程量以及相应的定额。

（5）建设单位可提供的条件。如现场"三通一平"情况,临时设施以及合同中约定的建设单位供应的材料、设备的时间等。

（6）施工现场条件和地质勘察资料。如施工现场的地形、地貌、地上与地下障碍物以及水文地质、气象条件、交通运输道路、施工现场可占用的场地面积等。

（7）本工程的资源配备情况。包括施工中需要的人力情况,材料、预制构件的来源和供应情况,施工机具和设备的配备及其生产能力。

（8）本项目相关的技术资料。包括标准图集、地区定额手册、国家操作规程及相关的施工与验收规范、施工手册等,同时包括企业相关的经验资料、企业定额等。

（9）建设用地征购、拆迁情况,施工执照,国家有关规定、规范规程和定额等。

6.1.3　单位工程施工组织设计的编制程序

单位工程施工组织设计的编制程序是指编制此文件的各个组成部分工作的先后顺序及对相互间的制约关系的处理。如图 6-1 所示。

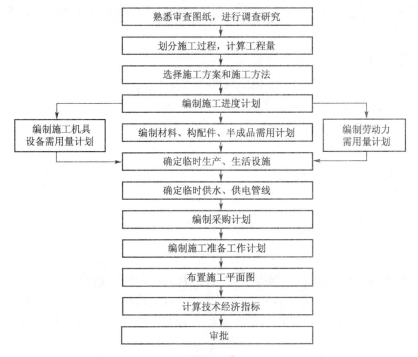

图 6-1　单位工程施工组织设计的编制程序

6.1.4 单位施工组织设计的编制原则

单位工程施工组织设计的编制应遵循以下原则：

1）符合施工组织总设计的要求

如果单位工程属于群体工程的一部分，则此单位工程施工组织设计时应满足施工组织总设计工期、质量、安全、环境保护、造价等方面的要求。

2）合理划分施工段和安排施工顺序

为了科学地组织施工，满足流水施工要求，应将施工对象划分成若干个施工段，同时按照施工客观规律和建筑产品的工艺要求安排施工顺序，这是编制单位工程施工组织设计的重要原则。在施工组织设计中应将施工对象按施工工艺特征进行分解，以便组织流水施工。在保证安全的前提下，使不同的施工工艺（施工过程）之间尽量平行搭接，同一施工工艺连续施工作业，从而缩短工期。

3）采用先进的施工技术和施工组织措施

提高企业劳动生产率，保证工程质量，加快施工进度，降低施工成本，减轻劳动强度。积极开发并使用新技术和新工艺，推广应用新材料和新设备。但选用新技术必须在调查研究的基础上，从企业实际出发，结合工程实际情况，经过科学分析和技术经济论证，既要考虑其先进性，又要考虑其适用性和经济性。

4）专业工种的合理搭接和密切配合

施工组织设计要有预见性和计划性，既要使各施工过程、专业工种顺利进行施工，又要使它们之间尽可能实现搭接和交叉，以缩短工期。有些工程的施工中，一些专业工种是既互相制约又互相依存的，这就需要各工种间密切配合。高质量的施工组织设计应对专业工种的合理搭接和密切配合做出周密的安排。

5）进行施工方案的技术经济分析

对主要工种工程施工方案和主要施工机械的选择方案进行论证和经济技术分析，以选择技术上先进、经济上合理且符合现场实际要求的施工方案。

6）确保工程质量、降低成本并安全施工

在单位工程施工组织设计的编制过程中，应根据工程条件制定具体的保证质量、降低成本和安全施工的措施，以确保工程顺利进行。

6.1.5 单位工程施工组织设计的内容

根据工程性质、规模和复杂程度，单位工程施工组织设计的内容、深度和广度上会有不同要求，但内容必须要具体、实用，简明扼要，有针对性，使其真正能起到指导现场施工的作用。因而在编制时应从实际出发，确定各种生产要素，如材料、机械、资金、劳动力等，使其真正起到指导建筑工程投标，指导现场施工的目的。单位工程施工组织设计的基本内容可以概括为以下几个方面：

1）工程概况

主要包括拟建工程的性质、规模,建筑、结构特点,建设条件,施工条件,建设单位及上级的要求等。

2）施工方案

主要包括安排施工流向和施工顺序,确定施工方法和施工机械,制定保证成本、质量、安全的技术组织措施等。

3）施工进度计划

主要包括划分施工过程,计算工程量,劳动量或机械台班量,确定工作天数及相应的作业人数或机械台数,编制进度计划表及检查与调整等。

4）施工准备工作计划

施工准备工作计划主要是明确施工前应完成的施工准备工作的内容、起止期限、质量要求等。

5）资源需要量计划

主要包括资金、劳动力、施工机具、主要材料、半成品的需要量及加工供应计划。

6）施工平面图

主要包括各种主要材料、构件、半成品堆放安排、施工机具布置、各种必需的临时设施及道路、水电等安排与布置。

7）技术经济指标分析

主要包括工期指标、质量指标、安全指标、降低成本等指标的分析。

对于一般常见的建筑结构类型和规模不大的单位工程,施工组织设计可以编制得简单一些,其主要内容为:施工方案、施工进度计划和施工平面图,辅以简明扼要的文字说明,简称为"一案一表一图"。

6.2　工程概况及施工特点分析

工程概况是对拟建工程的主要情况、各专业设计简介和工程施工条件等所做的一个简要的、突出重点的文字介绍。为弥补文字叙述的不足,一般附以拟建工程简介图表。一般情况下,工程概况及施工特点分析主要包括以下几个方面的内容:

6.2.1　工程特点

1）工程建设概况

工程建设概况应说明拟建工程的建设单位、工程名称、性质、用途和建设的目的;资金来源及工程造价;开工竣工日期;设计单位、施工单位、监理单位;施工图纸情况(是否出齐和是否经过会审);施工合同是否签订;主管部门的有关文件和要求;组织施工的指导思想和具体原则要求等。

2)工程设计概况

（1）建筑设计特点

主要说明拟建工程的平面形状,平面组合和使用功能划分,平面尺寸、建筑面积、层数、层高、总高,室内外装饰情况等,并可附平、立、剖面简图。

（2）结构设计特点

主要说明拟建工程的基础类型与构造、埋置深度、土方开挖及支护要求,主体结构类型及墙体、柱、梁板主要构件的截面尺寸和材料,新材料、新结构的应用要求,工程抗震设防程度。

（3）设备安装设计特点

主要说明拟建工程的建筑给排水、采暖、建筑电气、通信、通风与空调、消防、电梯安装等方面的设计参数和要求。

6.2.2 建设地点特征

主要说明拟建工程的位置、地形,工程地质与水文地质条件,不同深度土壤结构分析;冬期冻结起止时间和冻结深度变化范围;地下水位、水质,气温;冬雨期施工起止时间,主导风力、风向;地震烈度等。

6.2.3 施工条件

主要说明水、电、道路及场地的"三通一平"情况;现场临时设施、施工现场及周边环境等情况;当地的交通运输条件;预制构件的生产及供应情况;施工单位机械、设备、劳动力等落实情况;内部承包方式、劳动组织形式及施工管理水平等情况。

6.2.4 工程施工特点分析

主要指出单位工程的施工特点和施工中的关键问题,以便于在选择施工方案、组织资源供应、技术力量配备、施工准备等工作中采取有效措施,突出重点,抓住关键,使施工顺利进行,提高施工单位的经济效益和管理水平。

不同类型的建筑、不同条件下的工程施工,均有不同的施工特点。如砖混结构房屋建筑施工的特点是:砌筑和抹灰工程量大,水平和垂直运输量大等。现浇钢筋混凝土高层建筑的施工特点主要有:对结构和施工机具设备的稳定性要求高,钢材加工量大,混凝土浇筑难度大,脚手架要进行设计计算,安全问题突出,要有高效率的机械设备等。

6.3 施工部署及施工方案的选择

6.3.1 施工部署

（1）工程施工目标应根据施工合同、招标文件以及本单位对工程管理目标的要求确定，包括进度、质量、安全、环境和成本等目标。各项目标应满足施工组织总设计中确定的总体目标。

（2）施工部署中的进度安排和空间组织应符合下列规定：

① 工程主要施工内容及其进度安排应明确说明，施工顺序应符合工序逻辑关系。

② 施工流水段应结合工程具体情况分阶段进行划分；单位工程施工阶段的划分一般包括地基基础、主体结构、装修装饰和机电设备安装 3 个阶段。

（3）对于工程施工的重点和难点应进行分析，包括组织管理和施工技术两个方面。

（4）工程管理的组织机构形式应按照《建筑施工组织设计规范》（GB/T 50502—2009）相关规定执行，并确定项目经理部的工作岗位设置及其职责划分。

（5）对工程施工中开发和使用的新技术、新工艺应做出部署，对新材料和新设备的使用应提出技术及管理要求。

（6）对主要分包工程施工单位的选择要求及管理方式应进行简要说明。

6.3.2 施工方案的选择

施工方案的选择是单位工程施工组织设计的核心内容，施工方案合理与否将直接影响工程的施工效率、质量、工期和经济技术效果。施工方案的设计内容主要包括确定施工程序、划分施工段、确定施工起点流向和施工顺序、选择主要分部分项工程的施工方法和施工机械、施工方案的评价等。单位工程施工方案应在若干个初步方案基础上进行筛选优化后确定。

1）确定施工程序

施工程序可以指施工项目内部各施工区段的相互关系和先后次序，也可以指一个单位工程内部各工序之间相互关系和先后顺序。单位工程施工中应遵循的程序一般为：

（1）"先地下后地上"是指地上工程开始之前，尽量把管道、线路等地下设施、土方工程和基础工程完成或基本完成，以免对地上部分施工产生干扰，提供良好的施工场地。

（2）"先主体后围护"主要是指框架建筑、排架建筑等先主体结构，后围护结构的总程序和安排。

（3）"先结构后装修"是就一般情况而言。有时为了缩短工期，也可以部分搭接施工。

（4）"先土建后设备"是指不论是工业建筑还是民用建筑，一般说来，土建施工应先于水暖煤电卫等建筑设备的施工。但它们之间更多的是穿插配合的关系，尤其在装修阶段，应处理好各工种之间协作配合的关系。

以上原则不是一成不变的，在特殊情况下，如在冬季施工前，应尽可能完成土建主体和维护工程,并完成采暖工程,以有利于施工中的防寒和室内作业的开展。

总之,在编写单位工程施工组织设计时,应按施工程序,结合工程具体情况,明确各阶段的工作内容及顺序。

2)划分施工段

当组织单位工程施工时,为了能够组织流水施工,应该把建筑物在平面或空间上划分为几个施工区段。划分施工段的目的,就是在于保证不同施工队能在不同的工作面上同时进行工作,消除由于各施工队不能依次进入同一工作面上而产生的互等、停歇现象,为流水施工创造条件。

施工段数的数目应适中,若过多则会拖长总的施工延续时间,工作面不能充分利用;若施工段过少,又会引起劳动力、材料供应的过分集中,有时会产生断流现象。

在确定施工段时,分段部位一般应尽量利用建筑物的伸缩缝、沉降缝、平面有变化处和留接茬缝不影响建筑结构整体性的部位。住宅一般按单元或楼层划分施工段,工业建筑可按跨或生产线划分。

确定施工段时,还应使每段的工程量大致相等,以便组织有节奏流水,使劳动组织相对稳定,各班组能连续均衡施工,减少停歇和窝工。

在确定施工段后,还要配置相应的机具设备,如垂直运输设备、模板和脚手架等周转设备,以满足和保证各施工段施工操作的需要。

3)确定施工流向

施工流向是指单位工程在平面上或竖向上施工开始的部位和进展的方向。它主要解决施工项目在空间上的施工顺序是否合理的问题。单层建筑物要确定分段(跨)在平面上的施工流向,多层建筑物除了确定每层在平面上的施工流向外,还要确定每层或单元在竖向上的施工流向。其决定因素包括以下几点:

(1)单位工程生产工艺要求。

(2)建设单位对单位工程投产或交付使用的工期要求。

(3)单位工程各部分复杂程度,一般应从复杂部位开始。

(4)单位工程当有高低跨并列时,应从并列处开始。

(5)单位工程如果基础埋深不同,一般应先深后浅,并且考虑施工现场周边环境状况。

4)施工顺序的选择

施工顺序是指各项工程或施工过程之间的先后次序。施工顺序合理与否将直接影响工种间的配合、工程质量、施工安全、工程成本和施工速度,因此必须科学合理地确定单位工程施工顺序。

施工顺序应根据实际的工程施工条件和采用的施工方法来确定,没有一种固定不变的顺序,但这并不是说施工顺序是可以随意改变的,也就是说建筑施工的顺序有其一般性,也有其特殊性。

(1)确定施工顺序的原则

① 遵循施工程序。施工顺序应在不违背施工程序的前提下确定。

② 符合施工工艺。施工顺序应与施工工艺顺序相一致,如现浇钢筋混凝土连梁的施工顺序为:支模板→绑扎钢筋→浇混凝土→养护→拆模板。

③ 与施工方法和施工机械的要求相一致。不同的施工方法和施工机械会使施工过程的先后顺序有所不同,如建造装配式单层厂房,采用分件吊装法的施工顺序是:先吊装全部柱子,再吊装全部吊车梁,最后吊装所有屋架和屋面板。采用综合吊装法的顺序是:先吊装完一个节间的柱子、吊车梁、屋架和屋面板之后,再吊装另一个节间的构件。

④ 考虑工期和施工组织的要求。如地下室的混凝土地坪,可以在地下室的楼板铺设前施工,也可以在楼板铺设后施工。但从施工组织的角度来看,前一方案便于利用安装楼板的起重机向地下室运送混凝土,因此宜采用此方案。

⑤ 考虑施工质量和安全要求。如基础回填土,必须在砌体达到必要的强度以后才能开始,否则,砌体的质量会受到影响。

⑥ 不同地区的气候特点不同,安排施工过程应考虑到气候特点对工程的影响。如土方工程施工应避开雨季,以免基坑被雨水浸泡或遇到地表水而造成基坑开挖的难度。

现在以砖混结构建筑、钢筋混凝土结构建筑以及装配式工业厂房为例,分别介绍不同结构形式的施工顺序。

(2) 多层混合结构民用建筑房屋的施工顺序

多层混合结构民用建筑房屋的施工,可以分为基础工程、主体工程、屋面及装修工程 3 个施工阶段,如图 6-2 所示。

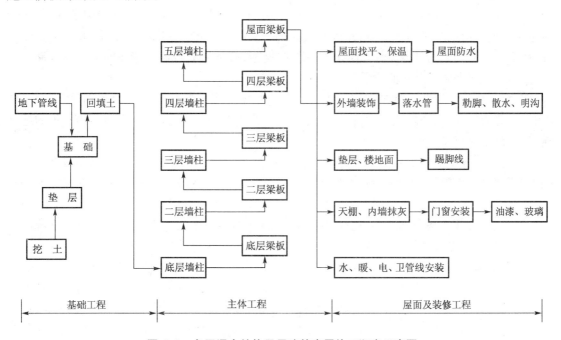

图 6-2　多层混合结构民用建筑房屋施工顺序示意图

① 基础工程的施工顺序

基础工程施工阶段是指室内地坪(±0.00)以下的所有工程的施工阶段,其施工顺序一般是:挖基坑(槽)→做混凝土垫层→基础施工→回填土。如有地下室,则施工过程和施工顺序一般是:挖基坑(槽)→做垫层→地下室底板→地下室墙、柱结构→地下室顶板→防水层及保护层→回填土。但由于地下室结构、构造不同,施工内容和顺序也有所不同,有些内容可能存在配合和交叉。有桩基础时应在基坑开挖前完成桩身施工。

挖土和垫层之间这两道工序在施工安排上应尽可能紧凑,时间间隔不宜过长,以避免基槽(坑)开挖后,因垫层未能及时施工,使地基积水浸泡或暴晒,从而使地基承载力降低,造成工程质量事故或引起工程量、劳动量、机械等资源的增加。垫层混凝土施工后应有一定的养护时间,才能进行下一道工序的施工,同时也为施工放线提供作业面。在实际施工中,若由于技术或组织上的原因不能立即验槽做垫层或基础,则在开挖时可留 20～30 cm 至设计标高,以保护地基土,在下道工序施工前再挖去预留土层。

各种管沟的挖土,管道铺设应尽可能与基础施工配合,平行搭接施工。基础施工时应注意预留孔洞。

回填土一般应在基础工程完工后一次性分层夯实,以免基础受到浸泡,并为下一道工序施工创造条件,如为搭外脚手架及底层墙体砌筑创造较平整的工作面。±0.00 以下标高室内回填土,最好与基槽回填土同时进行。当回填土工程量较大且工期较紧时,可将回填土分段施工并与主体结构搭接进行,室内回填土也可安排在室内装修施工前进行。

② 主体工程阶段施工顺序

主体工程施工阶段的主要施工过程包括:安装起重垂直机械设备,搭设脚手架,砌筑墙体,现浇柱、梁、板、雨篷、阳台、楼梯等。

在上述施工过程中,砌筑墙体和浇筑楼板是主体工程施工阶段的主导施工过程,应使它们在施工中保持均衡、连续、有节奏地进行,并以它们为主组织流水施工。其他施工过程应配合砌墙和浇筑楼板组织流水施工,搭接进行。如脚手架搭设应配合砌墙和现浇楼板逐层分段架搭,其他现浇混凝土构件的支模、绑筋可安排在现浇楼板的同时或砌筑墙体的最后一步插入。

③ 屋面及装修工程施工顺序

屋面及装修工程施工阶段的施工特点是施工内容多、繁、杂,工程量大小差别较大,手工操作多,劳动消耗大,工期较长。因此,为了加快施工进度,必须合理安排屋面及装修工程的施工顺序,组织立体交叉作业。

屋面工程分卷材防水屋面和刚性防水屋面两种,一般不划分施工段,它可以和装修工程搭接或平行进行,应根据屋面设计构造层次逐层采用依次施工的方式组织施工。卷材防水屋面一般的施工顺序为:找平层→隔气层→保温层→找平层→卷材防水层→保护层;刚性防水屋面的施工顺序为:找平层→隔气层→保温层→找平层→刚性防水层。细石混凝土刚性防水层及分隔缝的施工应在主体结构完成后尽快完成,为顺利进行室内装修提供条件。

装修工程的施工可分为室外装修和室内装修两个方面。室外装修主要包括檐沟、女儿墙、外墙面、勒脚、散水、台阶、明沟、水落管等。室内装修主要包括顶棚、墙面、楼面、地面、踢脚线、楼梯、门窗、五金、油漆及玻璃等。其中内、外墙及楼、地面的饰面是整个装修过程的主导过程。室内、外装修工程的施工顺序采用可分为先内后外、先外后内及内外同时的 3 种顺序,具体选用应该根据施工条件和气候条件等确定。通常室外装饰应避开冬季和雨季。

① 室外装修工程的施工顺序

室外装修工程一般采用自上而下的施工顺序,其施工流向一般采用水平向下,如图 6-3 所示。采用这种顺序的优点是使房屋在主体结构完成后,有足够的沉降和收缩期,从而保证装修质量,同时便于脚手架拆除。室外装修的施工顺序一般按外墙面抹灰(饰面)→勒脚→散水→台阶→明沟。抹灰的同时安装水落管。室外装饰施工的同时,应随进度同时拆除外脚手架。

② 室内装饰工程

室内装修的施工顺序有自上而下和自下而上两种,如图 6-3 和图 6-4 所示。自上而下指主体及屋面防水完工后,室内抹灰从顶层逐层向下进行。它的施工流向又分为水平向下和垂直向下,通常采用水平向下的施工流向。自上而下的施工顺序的优点不会因上层施工产生楼板渗漏而影响下层装修质量,可以避免各工种操作互相交叉,便于组织施工,有利于安全生产,也便于楼层清理。缺点是不能与主体及屋面搭接施工,工期较长。

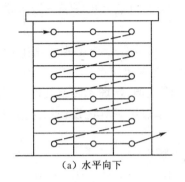
（a）水平向下

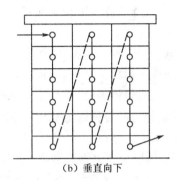
（b）垂直向下

图 6-3　自上而下的施工流向

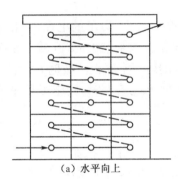
（a）水平向上

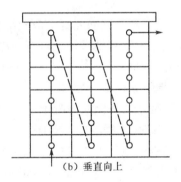
（b）垂直向上

图 6-4　自下而上的施工流向

室内装修自下而上的施工顺序是指主体结构施工到 3 层以上时(有 2 层楼板,以保证施工安全),室内抹灰从底层开始逐层向上进行,其施工流向可分为水平向上和垂直向上两种,一般采用水平向上的施工流向。为防止雨水和施工用水从上层楼板渗漏而影响装修质量,应先做好上层楼板的面层,再进行本层顶棚、墙面、楼地面等饰面。它的优点是可以与主体工程平行搭接施工,从而缩短工期。但它的缺点也很多:同时施工的工序多、人员多、交叉作业多,不利于施工安全,材料供应集中,施工机具负担重,也不利于成品保护,现场组织和管理比较复杂。因此,只有当工期紧迫时,才可以考虑采取此种施工顺序。

同一层室内抹灰的施工顺序有两种:一是地面→天棚→墙面;二是天棚→墙面→地面。前一种施工顺序的特点是地面质量容易保证,便于收集落地灰、节省材料,但地面需要养护时间和采取保护措施,影响工期。后一种施工顺序的特点是墙面与地面抹灰不需养护时间,工期可以缩短。但落地灰不易收集,地面质量不易保证,容易产生地面起壳。

其他室内装饰工程通常采用的施工顺序:底层地面一般在各层天棚、墙面和楼地面做好后进行;楼梯间和楼梯抹面通常在房间、走廊等抹灰全部完成后自上而下进行,以免施工期间使其损坏;门窗扇的安装一般在抹灰之前或抹灰之后进行,视气候和施工条件而定,若室内装饰是在冬季施工,为防止抹灰冻结和加速干燥,门窗扇和玻璃应在抹灰之前安装好。为防止油漆弄脏玻璃,应采用先油漆后安装玻璃的顺序。

在装修工程施工阶段,还应考虑室内装修和室外装修的先后顺序。室内装修渗漏水可能对外装修产生污染时,应先进行内装修;当采用单排脚手架砌墙时,由于有脚手眼需要填补,应先做室内装修;当装修工人较少时,则不宜采用内外同时施工的施工顺序。一般来说,先外后内的施工顺序比较有利。

水暖电卫等工程部分施工阶段,一般与土建工程中有关分部分项工程紧密配合,穿插进行。在基础施工回填土之前,应该完成上下水管沟和暖气管沟垫层及墙壁施工。在主体施工时应在砌墙和浇筑楼板时,预留上下水和暖气管孔、电线管孔槽、预埋木砖或其他预埋件;装饰施工前,安装相应的各种管道和电气照明用的接线盒等。水暖电卫其他设备均穿插在地面、墙面和天棚抹灰前后进行。

(3) 多、高层全现浇钢筋混凝土框架结构建筑的施工顺序

多、高层全现浇钢筋混凝土框架结构建筑的施工顺序,一般可划分为±0.00 以下基础工程、主体结构工程、屋面工程及维护工程、装饰工程 4 个施工阶段,如图 6-5 所示。

① 地下工程的施工顺序

多、高层全现浇钢筋混凝土框架结构建筑的地下工程(±0.00 以下的工程)一般可分为有地下室及无地下室基础工程。若有一层地下室且又建在软土地基层上时,其施工顺序是桩基施工(包括围护桩)→土方开挖→破桩头及铺垫层→做基础地下室底板→做地下室墙、柱(防水处理)→做地下室顶板→回填土。若无地下室且也建在软土地基上时,其施工顺序是桩基施工→挖土→铺垫层→钢筋混凝土基础施工→回填土。

② 主体结构工程的施工顺序

主体结构的施工主要包括柱、梁(主梁、次梁)楼板的施工。由于柱、梁、板的施工工程量很大,所需的材料、劳力很多,而且对工程质量和工期起决定性作用,故需采用多层框架在竖向上分层、在平面上分段的流水施工方法。若采用木模,其施工顺序为:绑扎柱钢筋→支柱、梁、板模板→浇柱混凝土→绑扎梁、板钢筋→浇梁、板混凝土。若采用钢模,其施工顺序为:绑扎柱钢筋→支柱模→浇柱混凝土→支梁、板模→绑扎梁、板钢筋→浇梁、板混凝土。

这里应注意的是在梁、板钢筋绑扎完毕后,应认真进行检查验收,然后才能进行混凝土的浇筑工作。

③ 屋面工程和维护工程的施工顺序

屋面工程的施工顺序与多层砖混结构居住房屋的屋面工程施工顺序相同。

维护工程的施工包括砌筑外墙、内墙(隔断墙)及安装门窗等施工过程,对于这些不同的施工过程可以按要求组织平行、搭接及流水施工。但内墙的砌筑则应根据内墙的基础形式而定,有的需在地面工程完工后进行,有的则可在地面工程之前与外墙同时进行。

④ 装饰工程的施工顺序

装饰工程的施工顺序同多层砖混居住房屋的施工顺序一样,也分为室外装饰与室内装饰。室内装饰包括天棚、墙面、楼地面、楼梯等的抹灰,安装门窗玻璃、油漆门窗等。室外装修也同样包括外墙抹灰(外墙饰面)以及做勒脚、散水、台阶、明沟等施工过程。

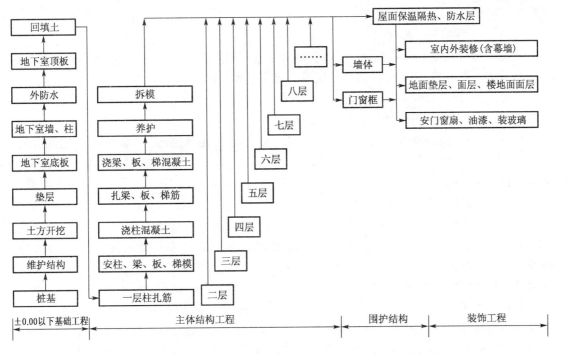

图 6-5 多、高层全现浇钢筋混凝土框架结构建筑施工顺序示意图

(4) 装配式钢筋混凝土单层工业厂房的施工顺序

装配式钢筋混凝土单层工业厂房的施工顺序可分为基础工程、预制工程、结构安装工程、围护工程和装饰工程 5 个主要分部工程,其施工顺序如图 6-6 所示。

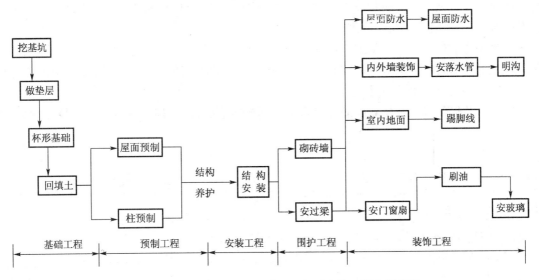

图 6-6 装配式钢筋混凝土单层工业厂房施工顺序示意图

由于工业建筑规模大,生产工艺复杂,厂房按生产工艺要求分区分段。为了尽快发挥建设投资效益,对规模较大、工艺复杂的厂房要分期分批进行施工,分期分批交付试生产。因此,确定装配式钢筋混凝土单层工业厂房的施工顺序时,除了考虑土建施工及施工组织外,还应研究

其生产工艺流程。

① 基础工程的施工顺序

装配式钢筋混凝土单层工业厂房的基础大多采用钢筋混凝土杯形基础,土质较差时,一般采用桩基础。为了缩短工期,常将打桩安排在施工准备阶段。

基础工程的施工顺序为:基坑挖土→做垫层→安装基础模板→绑扎钢筋→浇筑混凝土基础→养护→拆基础模板→回填土等施工过程。

在地下工程开始之前,应先处理好地下洞穴等,然后确定其流向,划分施工段,以便于组织流水施工。挖土和垫层这两道工序安排要紧凑,时间间隔不宜太长,在保证质量的前提下,尽早拆模和完成回填,以免暴晒和水浸地基。回填土应在基础完工后及时分层、一次性回填、夯实,以保证为预制构件制作提供场地。

单层厂房中往往都有设备基础,特别是重工业厂房,其设备基础埋置深、体积大,比一般柱基施工困难和复杂,有时会因为施工顺序不同,影响构件吊装、设备安装及投入生产使用时间。根据设备基础埋置深浅、体积大小、位置关系和施工条件等情况,厂房柱基础和设备基础的施工顺序一般有两种方案:封闭式和开敞式。

封闭式施工是指先进行厂房柱基施工和结构吊装,后进行设备基础施工的情况。它适用于设备基础埋置深度不超过厂房柱基埋置深度,基础体积小,地基土质较好,设备基础距柱基较远,设备基础的施工对已安装的厂房结构稳定性没有影响的情况。它的优点是:厂房施工时,工作的作业面大,构件预制、拼装和安装方便,便于选择合适的施工机械和开行路线,主体结构施工快,维护结构能提早完成,设备基础施工在室内进行,不受气候影响,可以减少设备基础施工时的防雨防寒费用,还可以利用厂房吊车为施工服务。缺点是:出现某些重复性的工作,如挖填土和临时运输道路的铺设等,设备基础施工场地受到限制,施工条件差,不便于使用机械开挖土方。如果厂房地基土质不佳,两种基础距离较近时,容易造成地基不稳定,需采取加固措施,施工中增加了加固费用。

开敞式施工是指厂房柱基础和设备基础同时施工,当厂房设备基础尺寸较大、设备基础埋置深度大于柱的埋置深度、基坑的挖土范围连成一片、地基的土质不佳时,才采用此施工顺序。它的优缺点与封闭式相反。

如果设备基础与厂房柱基础的埋置深度相同或接近时,应该根据具体情况,对比后选择合适的施工顺序。

② 预制工程阶段的施工顺序

装配式钢筋混凝土单层工业厂房预制构件制作,一般采用加工厂制作和现场制作相结合。对于重量较大或运输不便的大型构件,如柱、屋架、托架和吊车梁等,一般在拟建车间现场制作,如屋面板等中小型构件可在加工厂制作。具体确定预制方案时,应结合构件技术要求、工期规定、当地加工能力及现场施工运输条件等因素进行技术经济分析后确定。

现场制作预制构件时,非预应力构件的制作程序是:支模→绑扎钢筋→预埋铁件→浇筑混凝土→养护→拆模。预应力构件现场制作主要采用后张法,它的制作程序是:支模→绑扎非预应力钢筋→预埋铁件→孔道留设→浇筑混凝土→养护→拆模→预应力钢筋的张拉、锚固→孔道灌浆→养护。

预制构件的制作日期、制作位置、起点流向,主要取决于工作面准备情况和后续工程的要求。如结构安装方案已经确定,构件平面布置图已绘出后,只要基础回填土、场地平整完成一部分之后,就可以开始进行预制构件的制作,制作的起点流向应与基础工程的施工起点流向一致,这样既能使构件制作早日开始,又能及早交出工作面,为结构吊装创造条件。

预制构件的制作方案和吊装安装方法有关。当采用分件安装时,如果场地宽敞时,可在柱、梁制作完成后就进行屋架预制;如果场地狭小但工期允许时,预制构件可以分别制作,首先预制柱、梁,待柱、梁安装就位后再预制屋架;如果场地狭小而工期要求又较紧时,应把柱、梁等构件放在拟建车间内就地预制,同时或首先在拟建车间外预制屋架。当采用在综合吊装法时构件需一次制作完成。这时视场地具体情况确定构件是全部在拟建车间内部就地制作,还是有一部分在拟建车间外制作。

③ 结构安装工程阶段的施工顺序

结构安装工程是单层工业厂房施工中的主导工程。其内容依次为:柱子、基础梁、吊车梁、连系梁、托架、屋架、天窗架、屋面板等构件的吊装、校正和固定。

构件在吊装前应做好准备工作,准备工作主要包括有柱基杯口的弹线和杯底标高抄平、构件的检查和弹线、构件的吊装验算和加固、起重机械的安装等。当上述准备工作完成后,且构件的混凝土强度已达到规定的吊装强度后,就可以开始吊装。

吊装的起点和流向应与构件的制作起点流向一致,即先制作的构件先吊装。但是如果车间为多跨且又有高低跨时,吊装流向应从高低跨柱列开始。

构件吊装的方法有两种,即分件吊装法和综合吊装法。如采用分件吊装法时,其吊装顺序是:第一次开行吊装柱子,随后校正和固定;第二次开行吊装基础梁、吊车梁、连系梁;第三次开行吊装屋盖构件。有时也可将第二次和第三次开行合并为一次开行。如果采用综合吊装法时,其吊装顺序是:先吊4根或6根柱子,立即校正固定,再吊装基础梁、吊车梁、连系梁及屋盖等构件,如此依次逐个节间吊装,直至整个厂房结构吊装完毕。

山墙抗风柱的安装顺序有两种:一是在吊装排架柱的同时先安该跨一端的抗风柱,另一端则在屋盖安装完毕之后进行;二是全部抗风柱的安装均待屋盖安装完毕之后进行。

④ 围护结构阶段的施工顺序

围护工程施工阶段包括垂直运输设备搭设、墙体工程、现浇门窗框及雨篷、屋面工程等。墙体工程包括搭设脚手架及内外墙砌筑等,墙体砌筑应在厂房结构安装结束之后,或安装完一部分区段后即可开始内外墙的分层分段流水施工。脚手架应配合砌筑搭设,应在室外装饰之后,做散水坡之前拆除。

屋面工程在屋盖构件吊装完毕,垂直运输设备(一般选用井架)搭好后就可安排施工,其施工顺序与多层混合结构基本相同。

⑤ 装修工程施工顺序

装饰工程包括室内装修和室外装修,两者可平行施工,并可与其他施工过程交叉进行,通常不占工期。室外装修一般采用自上而下的施工顺序;室内按屋面底板→内墙→地面的顺序施工;门窗安装在粉刷中穿插进行。

水暖电卫安装工程与多层混合建筑房屋一样,但工业建筑应注意通风空调设备的安装。生产设备的安装由于专业性强、技术要求高等,一般需专业公司分包安装。

上述民用混合多层建筑、钢筋混凝土框架结构及装配式钢筋混凝土单层工业厂房的施工顺序,仅适用于一般情况。建筑施工顺序的确定本身是一个发展的过程,随着新建筑材料的应用和施工技术、施工工艺的发展,施工顺序也会发生变化。所以,针对每一个单位工程,必须根据其施工特点实际情况,合理安排施工顺序。组织立体交叉平行流水施工,充分使用时间和空间,取得良好的经济技术效果。

5) 选择施工方法及施工机械

选择施工方法及施工机械是施工方案中的关键问题,直接影响施工进度、质量和安全以及工程成本。我们必须根据建筑结构的特点、工程量的大小、工期长短、资源供应情况、施工现场情况和周围环境等因素,制定出几个可行方案,在此基础上进行技术经济分析比较,确定最优的施工方案。

(1) 选择施工方法

在单位工程施工组织设计中,主要项目的施工方法是根据工程特点在具体施工条件下拟定的,其内容要求简明扼要。在描述施工方法时,应选择比较重要的分部分项工程、施工技术复杂或采用新技术、新工艺的项目以及工人在操作上还不够熟练的项目,对这些部分应制定详细而具体,有时还必须单独编制施工组织设计。凡按常规做法和工人熟练的项目,不必详细拟定,只要提出这些项目在本工程上一些特殊的要求就行了。通常应着重考虑的内容如下。

① 土石方工程

计算土石方开挖量、回填量及外运量,根据工程量确定土石方开挖或爆破方法,工作面宽度、放坡坡度、排水措施、基坑壁的支护形式;确定土石方开挖的施工流向,土方工程一般不分施工段。

② 基础工程

地下室应根据防水要求,留置、处理施工缝,事先应做好防渗试验,确定用料要求及有关技术措施等;如有深浅基础标高不同时,应明确基础的先后施工顺序;混凝土基础如留施工缝时,应明确留置位置和技术要求;基础工程一般应分段组织流水施工,当垫层工程量较小时,划分施工过程时可并入其他工程项目。

③ 砌筑工程

明确砌体的组砌方法及质量要求,弹线、立皮数杆、标高控制及轴线引测的质量要求;砌块工程应事先编制排块图;选择砌筑工程中的所需机具型号和数量;砌筑脚手架的形式、用料和技术要求;砌筑施工中流水分段和劳动力的组合形式。

④ 钢筋混凝土工程

确定模板的类型及支模方法,进行支撑设计,复杂工程进行模板设计和绘制模板放样图;确定钢筋的加工、连接方法;确定混凝土的搅拌、运输、浇捣、养护方法;确定混凝土的浇筑顺序,施工缝的留置位置和处理;确定预应力混凝土的施工方法。

⑤ 结构安装工程

确定构件的预制、运输及堆放方法;确定构件的吊装方法;确定构件制作、安装的工艺流程。

⑥ 屋面工程

根据屋面构造确定各层做法及操作要求,选择所需机具型号和数量;确定屋面工程施工所用材料及运输储存方式。

⑦ 装修工程

明确装修装饰工程进入现场的时间、施工顺序和产品保护等具体要求;确定各种装修材料的做法及施工要点,必要时要做样板间;确定材料的运输方式、堆放位置、储存要求;确定工艺流程和施工组织,尽可能做到与结构穿插施工,合理交叉施工,以利于缩短工期。

⑧ 现场垂直运输设备、水平运输及脚手架等搭设

选择垂直运输及水平运输方式,验算起重参数是否满足;确定运输机械的布置位置和开行路线;确定脚手架的材料、搭设方法及安全网的挂设方法。

在施工方案确定之后,应对所选方案做技术经济分析评价,采用技术指标、经济指标和效果指标等评价所设计的施工方案,以避免施工方案的盲目性、片面性,在方案实施前就能分析出经济效益,保证所选方案的科学性、有效性和经济性,达到提高质量、缩短工期、降低成本的目的。

(2) 选择施工机械

选择施工方法必须涉及施工机械的选择问题。机械化施工是改变建筑工业生产落后面貌、实现建筑工业化的基础。因此,施工机械的选择是施工方法选择的中心环节。选择施工机械时应着重考虑以下方面:

① 选择施工机械时,应首先根据工程特点,选择适宜主导工程的施工机械。如主体结构工程的垂直、水平运输机械,结构吊装工程的起重机械等。

② 各种辅助机械或运输工具应与主导机械的生产能力协调配套,以充分发挥主导机械的效率。如土方工程施工中采用汽车运土时,汽车的载重量应为挖土机斗容量的整数倍,汽车的数量应保证挖土机的连续工作。

③ 在同一工地上,应力求建筑机械的种类和型号尽可能少一些,以利于机械管理。因此,工程量大且分散时,宜采用多用途机械施工,如挖土机既可用于挖土,又能用于装卸、起重和打桩。

④ 施工机械的选择还应考虑充分发挥施工单位现有机械的能力。当本单位的机械能力不能满足工程需要时,则应购置或租赁所需的新型机械或多用途机械。

6) 施工方案的技术经济评价

工程项目施工方案选择的目的是要求适合本工程的最佳方案即方案在技术上可行,经济上合理,做到技术与经济相统一。对施工方案进行技术经济分析,就是为了避免施工方案的盲目性、片面性,在方案付诸实施之前就能分析出其经济效益,保证所选方案的科学性、有效性和经济性,达到提高质量、缩短工期、降低成本的目的,进而提高工程施工的经济效益。

(1) 评价方法

施工方案技术经济分析方法可分为定性分析法和定量分析法两大类。

定性分析法是指结合工程施工实际经验,对多个施工方案的一般优缺点进行分析比较。只能泛泛地分析各方案的优缺点,如施工操作上的难易程度和安全可靠性;可否为后续工序提供有利条件;是否可利用某些现有的机械和设备;是否体现文明施工等。评价时人为的主观因素影响大,故只用于方案初步评价。

定量分析法是通过对各个方案的工期指标、实物量指标和价值指标等一系列的单个技术经济指标进行计算比较,从而得到最优实施方案的方法。如劳动力、材料及机械台班消耗、工期、成本等直接进行计算、比较,用数据说话,比较客观,让人信服,所以定量分析法是方案评价的主要方法。

(2) 评价指标

① 技术指标。技术指标一般用各种参数表示,如大体积混凝土施工时为了防止裂缝的出

现,体现浇筑方案的指标有浇筑速度、浇筑厚度、水泥用量等,模板方案中的模板面积、型号、支撑间距等。这些技术指标,应结合具体的施工对象来确定。

② 经济指标。主要反映为完成任务必须消耗的资源量,由一系列价值指标、实物指标及劳动指标组成。如工程施工成本消耗的机械台班台数,用工量及其钢材、木材、水泥(混凝土)等材料消耗量等,这些指标能评价方案是否经济合理。

③ 效果指标。主要反映采用该施工方案后预期达到的效果。效果指标有两大类:一类是工程效果指标,如工程工期、工程效率等;另一类是经济效果指标,如成本降低额或降低率,材料的节约量或节约率等。

6.4　单位工程施工进度计划

单位工程施工进度计划是单位工程施工组织设计的重要内容,它是在既定施工方案的基础上,根据合同工期和各种资源供应条件,按照合理的施工工艺顺序及组织施工的基本原则,用图表的形式,把单位工程从工程开工到工程竣工的施工全过程,对各分部分项工程在时间和空间上做出的合理安排,是控制各分部分项工程施工进程及总工期的依据。

6.4.1　单位工程施工进度计划的作用与分类

1)　施工进度计划的作用

(1)单位工程施工进度计划是施工中各项活动在时间的具体反映,是指导施工活动、保证施工顺利进行的基本文件之一。

(2)单位工程施工进度计划能确定各主要分部、分项工程施工过程的施工顺序及其持续时间和互相之间的配合、制约关系。

(3)指导现场施工安排,确保施工进度和施工任务如期完成。

(4)确定为完成任务所必需的劳动工种和总劳动量及各种机械、各种技术物资资源的需要量,为编制相关的施工计划做好准备、提供依据。

(5)为施工单位编制季度、月度、旬生产作业计划提供依据。

2)　施工进度计划的分类

单位工程施工进度计划根据施工项目划分的粗细程度可分为控制性施工进度计划和指导性施工进度计划两类。

(1)单位工程控制性施工进度计划:这种控制性施工计划是以分部工程作为施工项目划分对象,控制各分部工程的施工时间及它们之间互相配合、搭接关系的一种进度计划。它主要适用于工程结构比较复杂、规模较大、工期较长而需要跨年度施工的工程。例如大型工业厂房、大型公共建筑。还适用于规模不是很大或者结构不算复杂,但由于施工各种资源(劳动力、材料、机械等)不落实,或者由于工程建筑、结构等可能发生变化以及其他各种情况。

(2)单位工程指导性施工进度计划:这种指导性施工进度计划是以分项工程或施工过程

为施工项目划分对象,具体确定各个主要施工过程施工所需要的时间以及相互之间搭接、配合的关系。它适用于任务具体而明确、施工条件落实、各项资源供应正常、施工工期不太长的工程。编制控制性施工进度计划的单位工程,当各分部工程或施工条件基本落实以后,在施工之前也应编制指导性施工计划。这时,可按各施工阶段分别具体地、比较详细地进行编制。

6.4.2 单位工程施工进度计划的表示方法

单位工程施工进度计划一般用图表表示,主要有两种表达方式:横道图和网络图。网络图有单代号网络计划和双代号网络计划,双代号网络计划又分为双代号非时标网络计划和双代号时标网络计划,网络计划的表示方法详见第 4 章所述。横道图的表格形式见表 6-1。

施工进度计划表是由两部分组成的。左边部分列出的是拟建工程所划分的施工过程名称、工程量、相应的定额、劳动量、机械台班数、施工人数、机械数、工作班次、工作延续时间等。右边上部是从规定的开工之日到竣工之日止的时间表;下面是按左面表格的计算数据设计的进度指示图表,用线条形象地表示出各个施工过程的计划进度,各个施工过程的持续时间和整个单位工程的总工期,反映出各分部分项工程相互关系和各施工队在时间和空间上开展工作的相互配合关系。有时为了反映单位时间的资源用量,需在表格的下方汇总单位时间内的资源需用量,并绘制资源需用量的动态曲线。

表 6-1 单位工程施工进度计划

序号	施工过程名称	工程量		劳动定额	劳动量		机械		每天工作班次数	每天工人数	工作日数	施 工 进 度												
		单位	数量		单位	数量	机械名称	台班数				××月					××月					××月		
												5	10	15	20	25	5	10	15	20	25	5	10	

6.4.3 单位工程施工进度计划的编制程序与步骤

1) 编制程序

单位工程施工进度计划是在既定施工方案的基础上,根据规定的工期和各种资源供应条件,对单位工程中的各分部(分项)工程的施工顺序、施工起止时间及衔接关系进行合理安排的计划。其编制程序一般为:收集编制依据→划分施工过程→确定施工顺序→计算工程量→套用施工定额→计算劳动量或机械台班需用量→确定持续时间→编制施工进度计划初始方案→施工进度计划的检查与调整→绘制正式进度计划。

2) 编制步骤

(1) 划分施工过程

施工过程是进度计划的基本组成单元,其划分的粗与细、适当与否关系到进度计划的安排,因而应结合具体的施工项目来合理地确定施工过程。这里的施工过程主要包括直接在建筑物(或构筑物)上进行施工的所有分部分项工程,不包括加工厂的预制加工及运输过程。即这些施工过程不进入到进度计划中,可以提前完成,不影响进度。在确定施工过程时,应注意以下几个问题:

① 施工过程划分的粗细程度,主要取决于进度计划的客观需要。编制控制性进度计划时,施工过程应划分得粗一些,通常只列出分部工程名称。编制实施性施工进度计划时,项目要划分得细一些,特别是其中的主导工程和主要分部工程,应尽量详细而且不漏项以便于指导施工。

② 施工过程的划分要结合所选择的施工方案。施工方案不同,施工过程的名称、数量和内容也会有所不同。

③ 适当简化施工进度计划内容,避免工程项目划分过细、重点不突出。编制时可考虑将某些穿插性分项工程合并到主要分项工程中去,如安装门窗框可以并入砌墙工程。对于在同一时间内,由同一工程队施工的过程可以合并为一个施工过程,而对于次要的零星分项工程,可合并为"其他工程"一项。

④ 水暖电卫工程和设备安装工程通常由专业施工队负责施工。因此,在施工进度计划中只要反映出这些工程与土建工程如何配合即可,不必细分,一般采用此项目穿插进行。

⑤ 所有施工过程应大致按施工顺序先后排列,所采用的施工项目名称可参考现行定额手册上的项目名称。

总之,划分施工过程要粗细得当,最后根据划分的施工过程列出施工过程一览表以供使用。

(2) 计算工程量

工程量计算应严格按照施工图纸和工程量计算规则进行。当编制施工进度计划时如已经有了预算文件,则可直接利用预算文件中有关的工程量。若某些项目的工程量有出入但相差不大时,可结合工程项目的实际情况作一些调整或补充。计算工程量时应注意以下几个问题:

① 各分部分项工程的计算单位必须与现行施工定额的计量单位一致,以便计算劳动量和材料、机械台班消耗量时直接套用。

② 结合分部分项工程的施工方法和技术安全的要求计算工程量。例如,土方开挖应考虑土的类别、挖土的方法、边坡护坡处理和地下水的情况。

③ 结合施工组织的要求,分层、分段计算工程量。

④ 计算工程量时,尽量考虑编制其他计划时使用工程量数据的方便,做到一次计算,多次使用。

(3) 计算劳动量和机械台班数

根据所划分的施工过程和选定的施工方法,套用现行的施工定额,以确定相应的劳动量和机械台班数。

【知识链接】

施工定额有两种形式,即时间定额和产量定额。时间定额就是生产单位产品或完成一项工作所必须消耗的工时;产量定额就是单位时间内必须完成的产品数量或工作量。时间定额和产量定额互为倒数。

(4) 确定各施工过程的持续时间

计算出各施工过程的劳动量(或机械台班)后,可以根据现有的人力或机械来确定各施工过程的作业时间,其具体方法和要求可以参见第 3 章,流水节拍的确定内容。

（5）编制进度计划初始方案

根据"施工方案的选择"中确定的施工顺序,各施工过程的持续时间,划分的施工段和施工层并找出主导施工过程,按照流水施工的原则来组织流水施工,绘制初始的横道图或网络计划,形成初始方案。

（6）施工进度计划的检查与调整

无论采用流水作业法还是网络计划技术,施工进度计划的初始方案均应进行检查、调整和优化。其主要内容有:

① 各施工过程的施工顺序、平行搭接和技术组织问题是否合理。

② 编制的计划工期能否满足合同规定的工期要求。

③ 劳动力和物资资源方面是否能保证均衡、连续施工。

根据检查结果,对不满足要求的进行调整,如增加或缩短某施工过程的持续时间;调整施工方法或施工技术组织措施等。总之,通过调整,在满足工期的条件下,达到使劳动力、材料、设备需要趋于均衡,主要施工机械利用合理的目的。

3）进度计划的评价

施工进度计划编制得是否合理不仅直接影响工期的长短、施工成本的高低,而且还可能影响到施工的质量和安全。因此,对工程施工进度计划经济评价是非常必要的。

评价单位工程施工进度计划的优劣,实质上是评价施工进度计划对工期目标、工程质量、施工安全及工期费用等方面的影响。

具体评价施工进度计划的指标主要有:

（1）工期。包括总工期、主要施工阶段的工期、计划工期、定额工期或合同工期或期望工期。

（2）施工资源的均衡性。施工资源是指劳动力、施工机具、周转材料、建筑材料及施工所需要的人、财、物等。

6.5　施工准备工作计划与各种资源需要量计划

单位工程施工进度计划编出后,即可着手编制施工准备工作计划和劳动力及物资需要量计划。这些计划也是施工组织设计的组成部分,是施工单位安排施工准备及劳动力和物资供应的主要依据。

6.5.1　施工准备工作计划

单位工程施工前,应编制施工准备工作计划,这也是施工组织设计的一项重要内容。为使准备工作有计划地进行并便于检查、监督,各项准备工作应有明确的分工,由专人负责并规定期限,其计划表格形式见表 6-2。

表 6-2　施工准备工作计划表

序号	准备工作项目	工程量		简要内容	负责单位或负责人	起止日期		备注
		单位	数量			日/月	日/月	

6.5.2　资源需要量计划

1）劳动力需要量计划

主要根据确定的施工进度计划提出，其方法是按进度表上每天所需人数分工种分别统计，得出每天所需工种及人数，按时间进度要求汇总，其表格参见表 6-3。

表 6-3　劳动力需要量计划

序号	工种名称	总工日数	需要人数及时间								
			××月			××月			××月		
			上旬	中旬	下旬	上旬	中旬	下旬	上旬	中旬	下旬

2）主要材料需用量计划

主要材料需用量计划是作为备料、供应和确定仓库、堆场面积及组织运输的依据。它是根据施工预算中的工料分析表、施工进度计划表、材料的储备及消耗定额，将施工中所需的主要材料，按品种、规格、数量、使用时间计算汇总，填入表 6-4 中。

表 6-4　主要材料需用量计划

序号	材料名称	规格	需用量		需要时间							
					××月			××月			××月	
			单位	数量	上旬	中旬	下旬	上旬	中旬	下旬	上旬	…

3）施工机具需用量计划

它的主要作用是用于确定施工机具的类型、数量和使用时间。它是根据施工预算、施工方案、施工进度计划和机械台班定额编制的。其表格参见表 6-5。

表 6-5　施工机具需用量计划

序号	机械名称	类型型号	需要量		货源	使用起止时间	备注
			单位	数量			

4）构件和半成品需用量计划

它是用于落实预制构件、配件和其他加工半成品的订货单位，并按照所需规格、数量、时间组织加工、运输进场和确定仓库、堆场的依据，它是根据施工进度计划和施工平面图编制的，其表格参见表 6-6。

表 6-6　构件和半成品需用量计划

序号	品名	规格	图号	需 用 量		使用部位	加工单位	供应日期	备注
				单位	数量				

6.6　单位工程施工平面图

施工平面图是施工过程空间组织的具体成果，也是根据施工过程空间组织的原则，对施工过程所需的工艺路线、施工设备、原材料堆放、动力供应、场内运输、半成品生产、仓库、料场、生活设施等进行空间的特别是平面的科学规划与设计，并以平面图的形式加以表达。施工平面图绘制的比例一般为 1∶200～1∶500。

施工平面图是单位工程施工组织设计的重要组成部分，是进行施工现场布置的依据，也是施工准备工作的一项重要内容。施工现场布置直接影响到能否有组织、按计划地进行文明施工，节约并合理利用场地，减少临时设施费用等问题，所以，施工平面图的合理设计具有重要意义。施工平面图要根据拟建工程的规模、施工方案、施工进度及施工生产中的需要，结合现场的具体情况和条件，对施工现场做出的规划、部署和具体安排。不同的工程性质和不同的施工阶段，各有不同的施工特点和要求，对现场所需的各种施工设备也各有不同的内容和要求。因此，不同的施工阶段（如基础阶段施工和主体阶段施工）可能有不同的现场施工平面图设计。

6.6.1　施工平面图的设计依据

施工平面图的设计依据是：建筑总平面图、施工图纸、现场地形图、施工现场的现有条件（如水源、电源、建设单位能提供的原有房屋及其他生活设施的条件）、各类材料和半成品的供应计划和运输方式、各类临时设施的布置要求（性质、形式、面积和尺寸）、各加工车间和场地的规模与设备数量等。

6.6.2　施工平面图布置的内容

（1）建筑总平面图上已建及拟建的永久性房屋、构筑物及地下管道的位置和尺寸。

（2）起重机的开行路线及垂直运输设施的位置。

（3）生产、生活用品临时设施。如搅拌站、高压泵站、钢筋棚、木工棚、仓库、办公室、供水管、供电线路、消防设施、安全设施、道路以及其他需搭建或建造的设施。

（4）运输道路的布置。

（5）临时设置的布置。

（6）水电管网的布置。

（7）测量控制桩，安全及放火、防汛设施的位置。

（8）必要的图例、比例尺、方向及风向标记。

上述内容可根据建筑总平面图、施工图、现场地形图、现有水源、场地大小、可利用的已有房屋和设施、施工组织总设计、施工方案、进度计划等，经科学地计算、优化，并遵照国家有关规定进行设计。

6.6.3　施工平面图设计的基本原则

（1）在满足施工条件下，布置要紧凑，尽可能地减少施工用地。特别应注意不占或少占农田。

（2）合理布置运输道路、加工厂、搅拌站、仓库等的位置，最大限度地减小场内材料运输距离，特别是减少场内二次搬运。

（3）力争减少临时设施的工程量，降低临时设施费用。尽可能利用施工现场附近的原有建筑物作为施工临时设施。

（4）便利于工人生产和生活，符合安全、消防、环境保护和劳动保护的要求。

6.6.4　施工现场平面图的设计步骤

单位工程施工平面图的设计步骤一般是：确定垂直运输机械的位置→确定搅拌站、仓库、材料和构件堆场、加工厂的位置→布置运输道路→布置行政管理、生活福利用临时设施→布置水电管线→计算技术经济指标。

1）确定起重机械的位置

起重机械的位置直接影响仓库、堆场、砂浆和混凝土搅拌站的位置，以及道路和水、电线路的布置等。它是施工现场布置大核心，因此必须首先确定。

由于各种起重机械的性能不同，其布置方式也不相同。

（1）固定式起重机具

布置固定式垂直运输设备，如井架、门架、桅杆等，主要根据机械性能、建筑物的平面形状和大小、施工段的划分情况、材料进场方向、最大起升荷载和运输道路等情况来确定。其目的是充分发挥起重机械的能力并使地面和楼面上的水平运距最小且施工方便。同时应注意以下几点：

① 当建筑物各部位的高度相同时，应布置在施工段的分界线附近。

② 当建筑物各部位的高度不同时，应布置在高低分界线处。

③ 井架、门架的位置，以布置在有窗口的地方为宜，以避免砌墙留槎和减少井架拆除后的修补工作。

④ 井架、龙门架的数量要根据施工进度、垂直提升的构件和材料数量、台班工作效率等因素来确定。

⑤ 固定式起重运输设备中卷扬机的位置不应距离起重机过近，以便司机的视线能够看到起重机的整个升降过程，一般要求此距离大于或等于建筑物的高度，水平距离应离外脚手架3 mm以上。

⑥ 井架应在外脚手架之外，并应有一定距离为宜。

⑦ 当建筑物为点式高层时,固定的塔式起重机可以布置在建筑物中间或布置在建筑物的转角处。

（2）有轨式起重机

有轨式起重机的布置主要取决于建筑物的平面形状、大小和周围场地的具体情况。布置时应注意以下几点:

① 建筑物的平面应处于吊臂回转半径之内,以便直接将材料和构件运至任何施工地点,尽量避免出现"死角"。如图 6-7 所示。

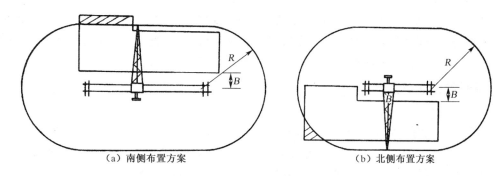

（a）南侧布置方案　　　　　　　　　　　　　　（b）北侧布置方案

图 6-7　塔吊布置方案

② 使轨行式起重机运行方便,尽量缩短吊车每吊次的时间,增加吊次,提高效率。

③ 尽量缩短轨道长度,以降低铺轨费用。轨道布置方式通常是沿建筑物的一侧或两侧布置,必要时还需增加转弯设备。同时,做好轨道路基四周的排水工作。

④ 如果建筑物的一部分不在吊臂活动的服务半径之内（即出现了"死角"）,在安装最远部位的构件时,需要水平移动,移动的最大距离不能超过 1 m,并要有足够的安全措施,以免发生安全事故。

（3）自行式无轨起重机械

自行式无轨起重机主要有履带式、轮胎式和汽车式 3 种。它们一般用作构件装卸的起吊构件之用,还适用于装配式单层工业厂房主体结构的吊装,它的开行路线,主要取决于建筑物的平面布置、构件的重量、安装高度和吊装方法等。一般不用作垂直和水平运输。

2）确定搅拌站、仓库和材料、构件堆场以及加工厂的位置

（1）搅拌站、仓库和材料、构件堆场的位置布置要求:

① 建筑物基础和第一施工层所用的材料,应该布置在建筑物的四周。材料堆放位置应与基槽边缘保持一定的安全距离,以免造成基槽土壁的塌方事故。

② 第二施工层以上用的材料,应布置在起重机附近。

③ 沙、砾石等大宗材料应尽量布置在搅拌站附近。

④ 当多种材料同时布置时,对大宗的、重大的和先期使用的材料,应尽量在起重机附近布置;少量的、轻的和后期使用的材料,则可布置的稍远一些。

⑤ 根据不同的施工阶段使用不同材料的特点,在同一位置上可先后布置不同的材料。

目前很多地方、很多城市里的施工要求采用商品混凝土,现场搅拌越来越少。若使用商品混凝土,则可以不考虑布置搅拌站的问题。

（2）搅拌站、仓库和堆场位置的几种布置方式:

① 当采用固定式垂直运输设备时,须经起重机运送的材料和构件堆场位置,以及仓库和搅拌站的位置应尽量靠近起重机布置,以缩短运距或减少二次搬运。

② 当采用塔式起重机进行垂直运输时,材料和构件堆场的位置,以及仓库和搅拌站出料口的位置,应布置在塔式起重机的有效起重半径内。

③ 当采用无轨自行式起重机进行水平和垂直运输时,材料、构件堆场、仓库和搅拌站等应沿起重机运行路线布置,且其位置应在起重臂的最大外伸长度范围内。

3)运输道路布置

运输道路的布置主要解决运输和消防两个问题。现场主要道路应尽可能利用永久性道路的路面或路基,以节约费用。现场道路布置时要保证行驶畅通,使运输工具有回转的可能性。因此,运输线路最好绕建筑物布置成环形道路。道路宽度大于 3.5 m。

4)临时设施的布置

(1)临时设施分类、内容

施工现场的临时设施可分为生产性与非生产性两大类。

生产性临时设施内容包括:在现场制作加工的作业棚,如木工棚、钢筋加工棚、白铁加工棚;各种材料库、棚,如水泥库、油料库、卷材库、沥青棚、石灰棚;各种机械操作棚,如搅拌机棚、卷扬机棚、电焊机棚;各种生产性用房,如锅炉房、烘炉房、机修房、水泵房、空气压缩机房等;其他设施,如变压器等。

非生产性临时设施主要包括:各种生产管理办公用房、会议室、文娱室、福利性用房、医务室、宿舍、食堂、浴室、开水房、警卫传达室、厕所等。

(2)单位工程临时设施布置

布置临时设施,应遵循使用方便、有利施工、尽量合并搭建、符合防火安全的原则;同时结合现场地形和条件、施工道路的规划等因素分析考虑它们的布置。各种临时设施均不能布置在拟建工程(或后续开工工程)、拟建地下管沟、取土、弃土等地点。

各种临时设施尽可能采用活动式、装拆式结构或就地取材。

木工棚和钢筋加工棚的位置可考虑布置在建筑物四周以外的地方,但应有一定的场地堆放木材、钢筋和成品;石灰仓库和淋灰池的位置要接近砂浆搅拌站并布置在下风向;沥青堆场及熬制锅的位置要离开易燃仓库和堆场,并布置在下风向。

5)布置水电管网

(1)施工用临时给水管,一般由建设单位的干管或施工用干管接到用水地点。布置有枝状、环状和混合状等方式,应根据工程实际情况从经济和保证供水两个方面去考虑其布置方式。管径的大小、龙头数目根据工程规模由计算确定。管道可埋置于地下,也可铺设在地面上,视气温情况和使用期限而定。工地内要设消防栓,消防栓距离建筑物应不小于 5 m,也不应大于 25 m,距离路边不大于 2 m。消防栓的间距不应大于 120 m,工地消防栓应设有明显的标志,且周围 3 m 内不准堆放建筑材料。条件允许时,可利用城市或建设单位的永久消防设施。有时,为了防止供水的意外中断,可在建筑物附近设置简易蓄水池,储存一定数量的生产和消防用水。水压不足时,尚应设置高压水泵。

(2)为了便于排除地面水和地下水,要及时修通永久性下水道,并结合现场地形在建筑物四周设置排泄地面水和地下水的沟渠。

（3）施工中的临时供电，应在施工总平面图中一并考虑。只有独立的单位工程施工时才根据计算出的现场用电量选用变压器或由业主原有变压器供电。变压器的位置应布置在现场边缘高压线接入处，但不宜布置在交通要道口处。

现场导线宜采用绝缘线架空或电缆布置，现场架空线与施工建筑物水平距离不小于10 m，架空线与地面距离不小于6 m，跨越建筑物或临时设施时，垂直距离不小于2 m。现场线路应尽量架设在道路的一侧，且尽量保持线路水平。在低压线路中，电杆间距应为25～40 m，分支线及引入线均应由电杆处接出，不得由两杆之间接线。

单位工程施工平面图所包含的内容很多，为了具体指导现场的布置，编制时应该有足够的深度。绘制单位工程施工平面图时，应把拟建单位工程放在图的中心位置。图幅一般采用2号或3号图纸，比例为1∶200～1∶500，常采用的是1∶200。

建筑施工是一个复杂多变的生产过程，工地上的实际布置情况会随时改变，如基础施工、主体施工、装饰施工等各阶段在施工平面图上是经常变化的。但是，对各个施工期间使用的一些主要道路、垂直运输机械、临时供水供电线路和临时房屋等则不会轻易变动。对于大型建筑工程，施工期限较长或建设地点较为狭窄的工程，要按施工阶段布置多张施工平面图。对于狭小的建筑物，一般按主要施工阶段的要求来布置施工平面图即可。

某单位工程（装饰阶段）施工平面图设计实例如图6-8所示。

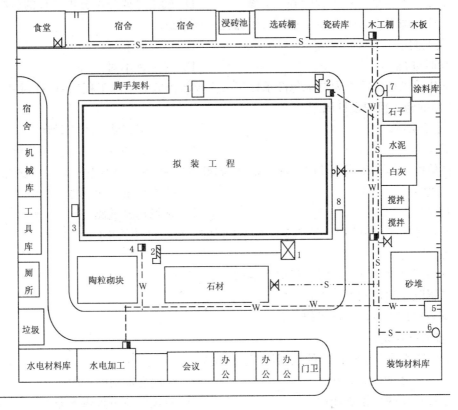

1—井架；2—卷扬机；3—临时垃圾道；4—分配电箱；5—配电室；6—水源；7—消火栓；8—消防器材

图6-8 某工程装饰装修阶段施工平面图示例

本章小结

单位工程施工组织设计是本课程的重点教学内容。本章详细地阐述了单位工程施工组织设计的具体内容,包括其编制依据和编制内容。重点介绍了编制内容中的工程概况、施工方案的选择、施工进度计划、施工准备工作计划与各种资源需要量计划、施工平面图的设计内容、依据、原则、步骤。

本章的教学目标是使学生熟悉单位工程施工组织设计编制的方法,为实际编制单位工程施工组织设计提供参考。

思考与练习

一、单项选择题

1. 下列各项内容,( )是单位工程施工组织设计的核心。

A. 工程概况   B. 施工方案

C. 施工平面图   D. 施工进度计划

2. 下列各项内容,( )不属于施工方案的主要内容。

A. 确定单位工程的施工流向   B. 确定分部分项工程的施工顺序

C. 确定主要分部分项工程的施工方案   D. 确定主要分部分项工程的材料用量

3. 室外装饰工程的施工顺序必须采用的施工顺序是( )。

A. 自上而下   B. 自下而上

C. 同时进行   D. 以上都不对

4. 某建筑工程公司作为总承包商承接了某高校新校区的全部工程项目,针对其中的综合楼建设所作的施工组织设计属于( )。

A. 施工规划   B. 单位工程施工组织设计

C. 施工组织总设计   D. 分部分项工程施工组织设计

5. 在单位工程平面图设计的步骤中,当收集好资料后,紧接着应进行( )的布置。

A. 搅拌站   B. 垂直起重运输机械

C. 加工厂   D. 现场运输道路

6. 下列各项工程中,需要直接编制单位工程施工组织设计的是( )。

A. 某市新建机场工程

B. 某城际高速公路(含公路、桥梁和隧道)

C. 某拆除工程定向爆破工程

D. 某发电厂干灰库烟囱维修工程

二、多项选择题

1. 单位工程施工组织设计的编制依据主要有( )。

A. 施工现场的勘察资料   B. 经过会审的施工图

C. 建设单位的总投资计划   D. 建设单位可提供的条件

E. 施工组织总设计

2. 单位工程施工组织设计的核心内容是( )。

A. 工程概况   B. 施工方案

C. 施工进度计划　　　　　　　　　　D. 施工平面布置图

E. 技术经济指标

三、思考题

1. 何谓单位工程施工组织设计？它在施工管理工作中有什么作用？

2. 单位工程施工组织设计的内容有哪些？

3. 何谓施工顺序？确定施工顺序时，应遵循哪些基本原则？

4. 单位工程施工进度计划编制的步骤有哪些？

5. 施工现场平面布置图的内容有哪些？布置步骤如何？

6. 若有几个施工过程劳动定额不相同，如何确定综合劳动定额？

7. 简述砖混结构、混凝土结构和单层装配式厂房的施工顺序及施工方法。

7 建筑工程施工进度计划的控制与应用

本章主要介绍了施工进度计划监测与调整的系统过程、实际进度与计划进度的比较方法、施工进度计划的控制措施、施工进度计划的调整方法和施工进度计划的应用。

教学要求

通过本章教学,使学生理解施工进度计划监测与调整的系统过程;掌握施工进度计划的检查方法;理解横道图比较法、S曲线比较法和前锋线比较法的实质;掌握施工进度计划中的组织、经济、技术和管理等控制措施;掌握施工进度计划的调整方法。

【引例】

某分部工程双代号时标网络计划执行到第 6 天结束时,检查其实际进度如图 7-1 前锋线所示,检查结果表明了哪些问题? 常用的实际进度与计划进度的比较还有哪些方法?

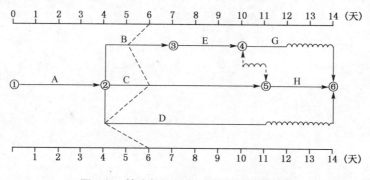

图 7-1　某分部工程施工进度前锋线比较

7.1　建筑工程施工进度控制概述

进度计划毕竟是人们的主观设想,在其实施过程中,必然会因为新情况的产生、各种干扰因素和风险因素的作用而发生变化,使人们难以执行原定的计划。为此,进度控制人员必须掌握动态控制原理,在计划执行过程中不断检查进度和工程实际进展情况,并将实际情况与计划安排进行比较,找出偏离计划的信息,然后在分析偏差及其产生原因的基础上,通过采取措施,使之能正常实施。如果采取措施后不能维持原计划,则需要对原进度计划进行调整或修改,再按新的进度计划实施。这样在进度计划的执行过程中不断进行检查和调整,以保证建设工程进度计划得到有效的实施和控制。

7.1.1 建筑工程施工进度控制的概念

1)建筑工程施工进度控制的概念

建筑工程施工进度控制是指对建筑工程施工阶段的工作内容、工作程序、持续时间和衔接关系编制计划,将该计划付诸实施,在实施的过程中经常检查实际进度是否按计划要求进行,对出现的偏差分析原因,采取补救措施或调整、修改原计划,直至工程竣工交付使用,从而确保项目进度目标实现的过程。

2)影响建筑工程施工进度的因素

影响工程的因素很多,但归纳起来主要有 5 个方面,即人(Man)的因素、材料(Material)的因素、机械(Machine)的因素、施工方法(Method)的因素,以及水文、地质与气象、社会和经济等环境(Environments)的因素,以上可简称为"1E"5 个因素。

(1)人员素质

人是生产经营活动的主体,也是工程项目建设的决策者、管理者、操作者,人员的素质,都将直接和间接地对规划、决策、勘察、设计和施工的质量产生影响。因此,建筑行业实行经营资质管理和各类专业从业人员持证上岗制度是保证人员素质的重要管理措施。

(2)工程材料

工程材料选用是否合理、产品是否合格、材质是否经过检验、保管使用是否得当等,都将直接影响建设工程的结构刚度和强度,影响工程外表及观感,影响工程的使用功能,影响工程的使用安全。

(3)机械设备

机械设备可分为两类:一是指组成工程实体及配套的工艺设备和各类机具,它们构成了建筑设备安装工程或工业设备安装工程,形成完整的使用功能;二是指施工过程中使用的各类机具设备,简称施工机具设备,它们是施工生产的手段。机具设备对工程质量也有重要的影响。工程用机具设备其产品质量优劣,直接影响工程使用功能质量。施工机具设备的类型是否符合工程施工特点、性能是否先进稳定、操作是否方便安全等,都将会影响工程项目的质量。

(4)施工方法

在工程施工中,施工方案是否合理,施工工艺是否先进,施工操作是否正确,都将对工程质量产生重大的影响。大力推进采用新技术、新工艺、新方法,不断提高工艺技术水平,是保证工程质量稳定提高的重要因素。

(5)环境条件

环境条件是指对工程质量特性起重要作用的环境因素,主要包括工程技术环境、工程作业环境、工程管理环境、周边环境 4 个条件。环境条件往往对工程质量产生特定的影响。加强环境管理,改进作业条件,把握好技术环境,辅以必要的措施,是控制环境对质量影响的重要保证。

【知识链接】

影响施工项目进度的责任和处理

工程进度的推迟一般分为工程延误和工程延期两种，其责任及处理方法不同。由于承包单位自身的原因造成的进度拖延，称为工程延误；由于承包单位以外的原因造成进度拖延，称为工程延期。

如果是工程延误，则所造成的一切损失由承包单位承担。如果是工程延期，则承包单位不仅有权要求延长工期，而且还有权向业主提出赔偿费用的要求以弥补由此造成的额外损失。

7.1.2　施工进度控制措施

进度控制的措施主要有组织措施、管理措施、经济措施和技术措施等。

1）组织措施

组织是目标能否实现的决定性因素，为实现项目的进度目标，应健全项目管理的组织体系；在项目组织结构中应由专门的工作部门和符合进度管理岗位资格的专人负责进度管理工作；进度管理的工作任务和相应的管理职能应在项目管理组织设计的任务分工表和管理职能分工表中标示并落实；应编制施工进度的工作流程，如确定施工进度计划系统的组成，各类进度计划的编制程序、审批程序和计划调整程序等；应进行有关进度管理会议的组织设计，以明确会议的类型，各类会议的主持人和参加单位及人员，各类会议的召开时间，各类会议文件的整理、分发和确认等。

2）管理措施

管理措施涉及管理的思想、管理的方法、承发包模式、合同管理和风险管理等。树立正确的管理观念，包括进度计划系统观念、动态管理的观念、进度计划多方案比较和选优的观念；运用科学的管理方法、工程网络计划的方法有利于实现进度管理的科学化；选择合适的承发包模式；重视合同管理在进度管理中的应用；采取风险管理措施。

3）经济措施

经济措施涉及编制与进度计划相适应的资源需求计划和采取加快施工进度的经济激励措施。

4）技术措施

技术措施涉及对实现施工进度目标有利的设计技术和施工技术的选用。施工进度计划控制的技术措施包括：不同的设计理念、设计技术路线、设计方案会对工程进度产生不同的影响。在设计工作的前期，特别是在设计方案评审和选用时，应对设计技术与工程进度的关系作分析比较，采用技术先进和经济合理的施工方案，改进施工工艺和施工技术、施工方法，选用更先进的施工机械。

对于施工进度控制工作，应明确一个基本思想：计划不变是相对的，而变化是绝对的；平衡是相对的，不平衡是绝对的。要针对变化采取对策，定期、经常地调整计划。

7.2 建筑工程施工进度计划的控制目标、监测与调整

7.2.1 施工进度控制目标的确定

1) 施工进度控制的总目标

保证工程项目按期建成交付使用,是工程建设施工阶段进度控制的最终目标。作为一个施工项目,总有一个时间限制,即施工项目的竣工时间。而施工项目的竣工时间就是施工阶段的进度目标。有了这个明确的目标以后,才能进行针对性的进度管理。

2) 施工进度控制目标的确定

确定施工进度控制目标的主要依据有:工程建设总进度目标对施工工期的要求;工期定额、类似工程项目的实际进度;工程难易程度和工程条件的落实情况等。

在确定施工进度分解目标时,还要考虑以下几个方面:

(1) 对大型工程建设项目,应根据尽早提供可动用单元的原则,集中力量分期分批建设,以便尽早投入使用,尽快发挥投资效益。

(2) 合理安排土建与设备安装的综合施工。合理安排土建施工与设备安装的先后顺序及搭接、交叉或平行作业。

(3) 结合本工程特点,参考同类工程建设的经验来确定施工进度目标。避免只按主观愿望盲目确定进度目标,而在实施过程中造成进度失控。

(4) 做好资金供应、施工力量配备、物资供应与施工进度需要的平衡工作,确保工程进度目标不落空。

(5) 考虑外部协作条件的配合情况,包括施工过程中及项目竣工动用所需的水、电、气、通讯、道路及其他社会服务项目的满足程度和满足时间。

(6) 考虑工程项目所在地区的地形、地质、水文、气象等方面的限制条件。

7.2.2 施工进度计划监测与调整的系统过程

为保证建设工程进度计划得到有效的实施和控制,必须对施工进度计划进行系统监测与调整。

1) 进度监测的系统过程

在建设工程实施过程中,应经常、定期地对进度计划的执行情况跟踪检查,发现问题后,及时采取措施加以解决。

进度监测系统过程主要包括以下工作:

(1) 进度计划执行中的跟踪检查。跟踪检查的主要工作是定期收集反映实际工程进度的有关数据。

(2) 整理、统计和分析收集的数据。对收集的数据进行整理、统计和分析,形成与计划具

有可比性的数据。

（3）实际进度与计划进度对比。将实际进度的数据与计划进度的数据进行比较,从而了解到实际进度比计划进度是拖后、超前还是一致。建设工程进度监测系统如图7-2所示。

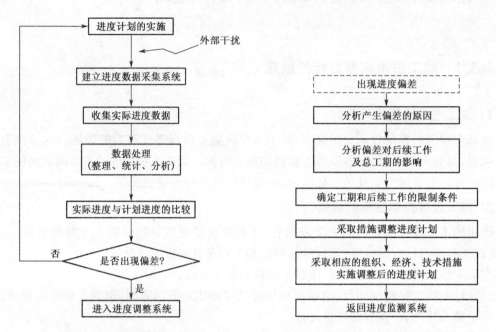

图7-2　建设工程进度监测系统　　　　图7-3　建设工程进度调整系统过程

2）进度调整的系统过程

在建设工程实施进度监测过程中,一旦发现实际进度偏离计划进度,即出现进度偏差时,必须认真分析产生偏差的原因及其对后续工作和总工期的影响,必要时采取合理、有效的进度计划调整措施,确保进度总目标的实现。进度调整的系统过程如图7-3所示。

（1）分析进度偏差产生的原因

通过实际进度与计划进度的比较,发现进度偏差时,为了采取有效措施调整进度计划,必须深入现场进行调查,分析产生进度偏差的原因。

（2）分析进度偏差对后续工作和总工期的影响

当查明进度偏差产生的原因之后,要分析进度偏差对后续工作和总工期的影响程度,以确定是否应采取措施调整进度计划。

（3）确定后续工作和总工期的限制条件

当出现的进度偏差影响到后续工作或总工期而需要采取进度调整措施时,应当首先确定可调整进度的范围,主要指关键节点、后续工作的限制条件以及总工期允许变化的范围。这些限制条件往往与合同条件自然因素和社会因素有关,需要认真分析后确定。

（4）采取措施调整进度计划

采取进度调整措施,应以后续工作和总工期的限制条件为依据,确保要求的进度目标得到实现。

（5）实施调整后的进度计划

计划调整之后,应采取相应的组织、经济、技术和管理措施执行,并继续监测其执行情况。

7.3 实际进度与计划进度的比较方法

实际进度与计划进度的比较是建设工程进度监测的主要环节,常用的进度比较方法有横道图比较法、S形曲线比较法和前锋线比较法。

7.3.1 横道图比较法

横道图比较法是指将项目实施过程中检查实际进度收集到的数据,经加工整理后直接用横道线平行绘于原计划的横道线处,进行实际进度与计划进度的比较方法。采用横道图比较法,可以形象、直观地反映实际进度与计划进度的比较情况。

1) 匀速进展横道图比较法

匀速进展是指在工程项目中,每项工作在单位时间内完成的任务量都是相等的,即工作的进展速度是均匀的。此时,每项工作累计完成的任务量与时间呈线性关系。

采用匀速进展横道图比较法时,其步骤如下:

(1) 编制横道图进度计划。

(2) 在进度计划上标出检查日期。

(3) 将检查收集到的实际进度数据经加工整理后按比例用涂黑的粗线标于计划进度的下方,如图 7-4 所示。

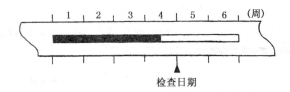

图 7-4 匀速进展横道图比较

(4) 对比分析实际进度与计划进度

① 如果涂黑的粗线右端落在检查日期左侧,表明实际进度拖后。

② 如果涂黑的粗线右端落在检查日期右侧,表明实际进度超前。

③ 如果涂黑的粗线右端与检查日期重合,表明实际进度与计划进度一致。

应该强调,该方法仅适用于工作从开始到结束的整个过程中,其进展速度均为固定不变的情况。如果工作的进展速度是变化的,则不能采用这种方法进行实际进度与计划进度的比较,否则会得出错误的结论。

2) 非匀速进展横道图比较法

当工作在不同单位时间里的进展速度不相等时,累计完成的任务量与时间的关系就不可能是线性关系。此时,应采用非匀速进展横道图比较法进行工作实际进度与计划进度的比较。

非匀速进展横道图比较法在用涂黑粗线表示工作实际进度的同时,还要标出其对应时刻完成任务量的累计百分比,并将该百分比与其同时刻计划完成任务量的累计百分比相比较,判断工作实际进度与计划进度之间的关系。

采用非匀速进展横道图比较法时,其步骤如下:

(1) 绘制横道图进度计划。

(2) 在横道线上方标出各主要时间工作的计划完成任务量累计百分比。

(3) 在横道线下方标出相应时间工作的实际完成任务量累计百分比。

(4) 用涂黑粗线标出工作的实际进度,从开始之日标起,同时反映出该工作在实施工程中的连续与间断情况。

(5) 比较同一时刻实际完成任务量累计百分比和计划完成任务量累计百分比,判断工作实际进度与计划进度之间的关系:

① 如果同一时刻横道线上方累计百分比大于横道线下方累计百分比,表明实际进度拖后,拖欠的任务量为二者之差。

② 如果同一时刻横道线上方累计百分比小于横道线下方累计百分比,表明实际进度超前,超前的任务量为二者之差。

③ 如果同一时刻横道线上下方两个累计百分比相等,表明实际进度与计划进度一致。

由于工作进展速度是变化的,因此,在图中的横道线,无论是计划的还是实际的,只能表示工作的开始时间、完成时间和持续时间,并不表示计划完成的任务量和实际完成的任务量。此外,采用非匀速进展图比较法,不仅可以进行某一时刻(如检查日期)实际进度与计划进度的比较,而且还能进行某一时间段实际进度与计划进度的比较。当然,这需要实施部门按规定的时间记录当时的任务完成情况。

例如,某编制的非匀速进展横道图比较如图 7-5 所示。

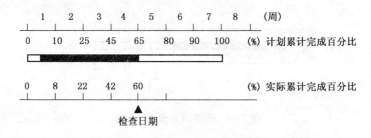

图 7-5 非匀速进展横道图比较

图 7-5 所反映的信息:横道线上方标出的土方开挖工作每周计划完成任务量的百分比分别为:10%、15%、20%、20%、15%、10%、10%;计划累计完成任务量的百分比为:10%、25%、45%、65%、80%、90%、100%。横道线下方标出第 1 周至检查日期第 4 周每周实际完成任务量百分比分别为:8%、14%、20%、18%;实际累计完成任务量的百分比分别为:8%、22%、42%、60%。每周实际进度百分比分别为:拖后 2%,拖后 1%,正常,拖后 2%;各周累计拖后分别为:2%、3%、3%、5%。

横道图比较法比较简单、形象直观、易于掌握、使用方便,但由于其以横道计划为基础,因而带有不可克服的局限性。在横道计划中,各项工作之间的逻辑关系表达不明确,关键工作和关键线路无法确定。一旦某些工作实际进度出现偏差时,难以预测其对后续工作和工程总工期的影响,也就难以确定相应的进度计划调整方法。因此,横道图比较法主要用于工程项目中某些工作实际进度与计划进度的局部比较。

【案例7-1】　对某工程施工过程中的某工作实际进度进行检查后,绘制如下进度计划对比分析图,具体各阶段计划进度与实际进度如图7-6所示。

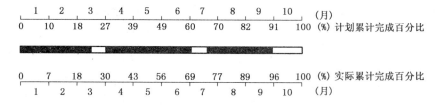

图7-6　某工程施工各阶段计划进度与实际进度对比分析图

试问:(1)该工作是否按预计进展完成,简述理由。

(2)简要比较该工作第4月和前7个月的实际进度与预计进度情况。

(3)该工作实际进行过程中,第4月到第6月是否为匀速进展,并简述理由。

(4)该工作实际进行过程中,共几次停顿?分别在什么时间段?

【解析】

(1)该工作未能按预计进展完成,至原计划的10月末,本工程实际累计完成百分比仍为96%,尚拖欠4%的工作量。

(2)第4月计划完成工作量为39%−27%＝12%,实际完成工作量为43%−30%＝13%,比预计进度多完成1%。前7个月预计完成工作量为70%,实际完成工作量为77%,比预计进度多完成7%的工作量。

(3)第4月至第6月间,每个月实际完成工作量均为13%,故为匀速进展。

(4)该工作实际进行过程中共出现3次停顿,第一次为3月的后半段,第二次为7月的前半段,第三次为整个10月。

7.3.2　S形曲线比较法

S形曲线比较法是在一个以横坐标表示进度时间,纵坐标表示累计完成任务量的坐标体系上,首先按计划时间和任务量绘制一条累计完成任务量的曲线(即S形曲线),然后将施工进度中各检查时间时的实际完成任务量也绘在此坐标上,并与S形曲线进行比较的一种方法。

对于大多数工程项目来说,从整个施工全过程来看,其单位时间消耗的资源量,通常是中间多而两头少,即资源的投入开始阶段较少,随着时间的增加而逐渐增多,在施工中的某一时期达到高峰后又逐渐减少直至项目完成,其变化过程可用图7-7(a)表示。而随着时间进展,累计完成的任务量便形成一条中间陡而两头平缓的S形变化曲线,故称S形曲线,如图7-7(b)所示。

S形曲线比较法是在图上直观地进行施工项目实际进度与计划进度相比较。一般情况下,计划进度控制人员在计划实施前绘制出S形曲线。在项目施工过程中,按规定时间将检查的实际完成情况绘制在与计划S形曲线同一张图上,可得出实际进度S形曲线,比较两条S形曲线可以得到以下信息:

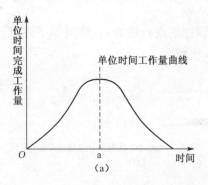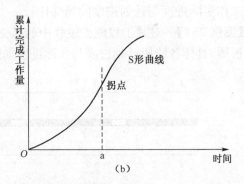

图 7-7 时间与完成任务量关系曲线

（1）项目实际进度与计划进度比较。当实际工程进展点落在计划 S 形曲线左侧，则表示此时实际进度比计划进度超前；若落在其右侧，则表示拖后；若刚好落在其上，则表示二者一致。

（2）项目实际进度比计划进度超前或拖后的时间如图 7-8 所示，ΔT_a 表示 T_a 时刻实际进度超前的时间；ΔT_b 表示 T_b 时刻实际进度拖后的时间。

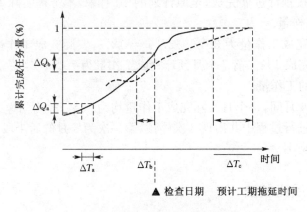

图 7-8 S 形曲线比较图

（3）项目实际进度比计划进度超额或拖欠的任务量如图 7-8 所示，ΔQ_a 表示 T_a 时刻超额完成的任务量；ΔQ_b 表示在 T_b 时刻，拖欠的任务量。

（4）预测工程进度。后期工程按原计划速度进行，则工期拖延预测值为 ΔT_c。

7.3.3 前锋线比较法

前锋线比较法是通过绘制某检查时刻工程项目实际进度前锋线，进行工程实际进度与计划进度比较的方法，它主要适用于时标网络计划。所谓前锋线，是指在原时标网络计划上，从检查时刻的时标点出发，用点画线依次将各项工作实际进展位置点连接而成的折线。前锋线比较法就是通过实际进度前锋线与原进度计划中各工作箭线交点的位置来判断工作实际进度与计划进度的偏差，进而判定该偏差对后续工作及总工期影响程度的一种方法。

采用前锋线比较法进行实际进度与计划进度的比较，其步骤如下：

（1）绘制时标网络计划图

工程项目实际进度前锋线在时标网络计划图上标示。为清楚起见,可在时标网络计划图的上方和下方各设一时间坐标。

（2）绘制实际进度前锋线

一般从时标网络计划图上方时间坐标的检查日期开始绘制,依次连接相邻工作的实际进展位置点,最后与时标网络计划图下方坐标的检查日期相连接。

工作实际进展位置点的标定方法有两种:

① 按该工作已完任务量比例进行标定:假设工程项目中各项工作均为匀速进展,根据实际进度检查时刻该工作已完成任务量占其计划完成总任务量的比例,在工作箭线上从左至右按相同的比例标定其实际进展位置点。

② 按尚需作业时间进行标定:当某些工作的持续时间难以按实物工程量来计算而只能凭经验估算时,可以先估算出检查时刻到该工作全部完成尚需作业的时间,然后在该工作箭线上从右向左逆向标定其实际进展位置点。

（3）进行实际进度与计划进度的比较

前锋线可以直观地反映出检查日期有关工作实际进度与计划进度之间的关系。对某项工作来说,其实际进度与计划进度之间的关系可能存在以下3种情况:

① 工作实际进展位置点落在检查日期的左侧,表明该工作实际进度拖后,拖后的时间为二者之差。

② 工作实际进展位置点与检查日期重合,表明该工作实际进度与计划进度一致。

③ 工作实际进展位置点落在检查日期的右侧,表明该工作实际进度超前,超前的时间为二者之差。

（4）预测进度偏差对后续工作及总工期的影响

通过实际进度与计划进度的比较确定进度偏差后,还可根据工作的自由时差和总时差预测该进度偏差对后续工作及项目总工期的影响。由此可见,前锋线比较法既适用于工作实际进度与计划进度之间的局部比较,又可用来分析和预测工程项目整体进度状况。值得注意的是,以上比较是针对匀速进展的工作。

【案例7-2】　某工程项目时标网络计划如图7-9所示。该计划执行到第6周末检查实际进度时,发现工作A和B已经全部完成,工作D、E分别完成计划任务量的20%和50%,工作C尚需3周完成,试用前锋线法进行实际进度与计划的比较。

【解析】　根据第6周末实际进度的检查结果绘制前锋线,如图7-9中点画线所示。通过比较可以看出:

（1）工作D实际进度拖后2周,将使其后续工作F的最早开始时间推迟2周,并使总工期延长1周。

（2）工作E实际进度拖后1周,既不影响总工期,也不影响其后续工作的正常进行。

（3）工作C实际进度拖后2周,使总工期延长2周,并将使其后续工作G、H、J的最早开始时间推迟2周。

由于工作G、J开始时间的推迟,从而使总工期延长2周。综上所述,如果不采取措施加快进度,该工程项目的总工期将延长2周。

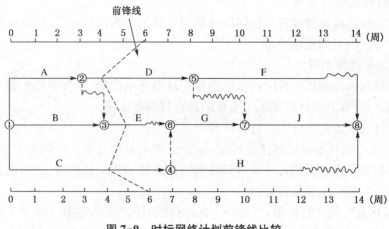

图 7-9　时标网络计划前锋线比较

7.4　施工项目进度计划的调整

7.4.1　分析进度偏差对后续工作及总工期的影响

当实际进度与计划进度进行比较,判断出现偏差时,首先应分析该偏差对后续工作和对总工期的影响程度,然后才能决定是否调整以及调整的方法与措施。具体分析步骤如下所述。

(1) 分析出现进度偏差的工作是否为关键工作。若出现偏差的工作为关键工作,则无论偏差大小,都将影响后续工作按计划施工,并使工程总工期拖后,必须采取相应措施调整后期施工计划,以便确保计划工期;若出现偏差的工作为非关键工作,则需要进一步根据偏差值与总时差和自由时差进行比较分析,才能确定对后续工作和总工期的影响程度。

(2) 分析进度偏差时间是否大于总时差。若某项工作的进度偏差时间大于该工作的总时差,则将影响后续工作和总工期,必须采取措施进行调整;若进度偏差时间小于或等于该工作的总时差,则不会影响工程总工期,但是否影响后续工作,尚需分析此偏差与自由时差的大小关系才能确定。

(3) 分析进度偏差时间是否大于自由时差。若某项工作的进度偏差时间大于该工作的自由时差,说明此偏差必然对后续工作产生影响,应该如何调整,应根据后续工作的允许影响程度而定;若进度偏差时间小于或等于该工作的自由时差,则对后续工作毫无影响,不必调整。

7.4.2　施工项目进度计划的调整方法

在对实施的进度计划分析的基础上,应确定调整原计划的方法,一般主要有以下几种。

1) 改变某些工作间的逻辑关系

如果检查的实际施工进度产生的偏差影响了总工期,在工作之间的逻辑关系允许改变的条件下,可以改变关键线路和超过计划工期的非关键线路上的有关工作之间的逻辑关系,达到缩短工期的目的。用这种方法调整的效果是很显著的。例如,可以把依次进行的有关工作改成平行的或相互搭接的,以及分成几个施工段进行流水施工等,都可以达到缩短工期的目的。

2）缩短某些工作的持续时间

通过检查分析,如果发现原有进度计划已不能适应实际情况时,为了确保进度控制目标的实现或需要确定新的计划目标,就必须对原进度计划进行调整,以形成新的进度计划,作为进度控制的新依据。

这种方法的特点是不改变工作之间的先后顺序,通过缩短网络计划中关键线路上工作的持续时间来缩短工期,并考虑经济影响,实质是一种工期费用优化,通常优化过程需要采取一定的措施来达到目的。

3）资源供应的调整

如果资源供应发生异常(供应满足不了需要),应采用资源优化方法对计划进行调整,或采取应急措施,使其对工期影响最小化。

4）增减工程量

增减工程量主要是指改变施工方案、施工方法,从而导致工程量的增加或减少。

5）起止时间的改变

起止时间的改变应在相应工作时差范围内进行。每次调整必须重新计算时间参数,观察该项调整对整个施工计划的影响。调整时可采用下列方法:将工作在其最早开始时间和其最迟完成时间范围内移动;延长工作的持续时间;缩短工作的持续时间。

7.4.3　施工项目进度计划的调整措施

施工项目进度计划调整的具体措施包括以下几种。

1）组织措施

如增加工作面,组织更多的施工队伍;增加每天的施工时间(如采用三班制等);增加劳动力和施工机械的数量;改变施工组织方式(将依次施工改为平行施工,将依次施工改为流水施工或将流水施工改为平行施工)等。

2）技术措施

如改进施工工艺和施工技术,缩短工艺技术间歇时间;采用更先进的施工方法,以减少施工过程的数量(如将现浇框架方案改为预制装配方案);采用更先进的施工机械,加快作业速度等。

3）经济措施

如实行包干奖励;提高奖金数额;对所采取的技术措施给予相应的经济补偿。

4）其他配套措施

如改善外部配合条件、改善劳动条件、实施强有力的调度等。

一般来说,不管采取哪种措施,都会增加费用。因此,在调整施工进度计划时,应利用费用优化的原理选择费用增加量最小的关键工作作为压缩对象。

【案例 7-3】 某工程网络计划如图 7-10 所示,在第 5 天检查时,发现 A 工作已完成,B 工作已进行 1 天,C 工作已进行 2 天,D 工作尚未开始。

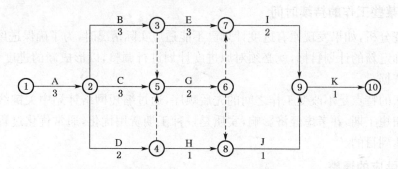

图 7-10 某施工项目网络计划图

问题:

(1) 绘制实际进度前锋线,记录实际进度执行情况。

(2) 对实际进度与计划进度对比分析,填写网络计划检查结果分析表。

(3) 根据检查结果绘制未调整前的双代号时标网络图。

(4) 若要求按原工期目标完成,不允许拖延工期,试绘制调整后的双代号时标网络图。

【解析】

(1) 绘制实际进度前锋线,如图 7-11 所示。

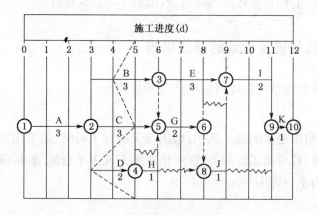

图 7-11 实际进度前锋线

所谓前锋线是指在原时标网络计划上,从检查时刻的时标点出发,用点画线依次将各项工作实际进展位置点连接而成的折线。

(2) 填写网络计划检查结果分析表,见表 7-1。

表 7-1　网络计划检查结果分析表

工作代号	工作名称	检查计划时尚需作业天数	到计划最迟完成时尚有天数	原有总时差	尚有总时差	情况判断
2-3	B	3-1=2	6-5=1	0	1-2=-1	影响工期1天
2-5	C	3-2=1	7-5=2	1	2-1=1	正常
2-4	D	2-0=2	7-5=2	2	2-2=0	正常

检查计划时尚需作业天数＝工作持续时间－工作已进行时间

到计划最迟完成时尚有天数＝工作最迟完成时间－检查时间

尚有总时差＝到计划最迟完成时尚有天数－检查计划时尚需作业天数

（3）绘制检查后、未调整前的双代号时标网络图，如图 7-12 所示。

（4）绘制调整后的双代号时标网络图，如图 7-13 所示。

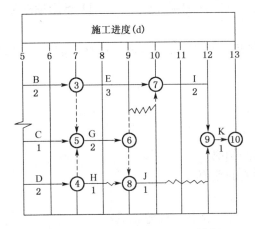

图 7-12　未调整前的时标网络计划图

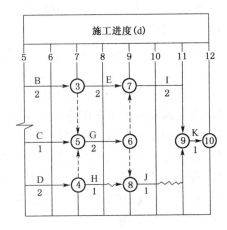

图 7-13　调整后的时标网络计划图

本章小结

　　本章主要介绍了建筑工程施工进度控制的概念、影响施工进度的因素、施工进度计划监测与调整的系统过程、实际进度与计划进度的比较方法、施工进度计划的控制措施、施工进度计划的调整方法和施工进度计划的应用。通过本章教学，使学生理解施工进度计划监测与调整的系统过程；掌握施工进度计划的检查方法；理解施工进度计划中的组织、经济、技术和管理等控制措施；能够在施工进度计划调整时，根据分析进度偏差产生的影响，确定施工进度计划的调整方法。

思考与练习

一、单项选择题

1. 实际进度前锋线是用（　　）进行进度检查的。

A. 横道进度计划　　　B. 里程碑计划　　　C. 时标网络计划　　　D. 搭接网络计划

2. 编制施工进度的工作流程是一种（　　）。

A. 组织措施　　　B. 管理措施　　　C. 经济措施　　　D. 技术措施

3. 在工程网络计划的执行过程中,如果需要判断某工作进度偏差对总工期是否造成影响,应根据(　　)的差值确定。

A. 总时差与进度偏差　　　　　　　　　B. 自由时差与进度偏差

C. 时差与进度偏差　　　　　　　　　　D. 自由时差与总时差

4. 当计算工期不能满足合同要求时,应首先压缩(　　)的持续时间。

A. 持续时间最长的工作　　　　　　　　B. 总时差最长的工作

C. 关键工作　　　　　　　　　　　　　D. 非关键工作

5. (　　)是指在原时标网络计划上,从检查时刻的时标点出发,用点画线依次将各项工作实际进展位置点连接而成的折线。

A. 横道线　　　　　B. 工作箭线　　　　　C. 前锋线　　　　　D. S形曲线

二、多项选择题

1. 施工进度计划的检查方法主要有(　　　　)。

A. 横道计划法　　　　B. 网络计划法　　　　C. 函询调查法　　　　D. S形曲线法

E. 实际进度前锋线法

2. 在网络计划的执行过程中,当发现某工作进度出现偏差后,需要调整原进度计划的情况有(　　　　)。

A. 进度偏差大于该工作的总时差

B. 进度偏差大于该工作的自由时差

C. 进度偏差小于该工作的自由时差

D. 进度偏差大于该工作与其紧后工作的时间间隔

E. 进度偏差大于该工作的总时差与自由时差的差值

3. 施工进度计划的调整方式主要有(　　　　)。

A. 单纯调整工期　　　　　　　　　　　B. 优化最佳施工成本

C. 资源有限,工期最短调整　　　　　　D. 工期固定,资源均衡调整

E. 工期、成本调整

4. 某分部工程双代号时标网络计划执行到第 6 天结束时,检查其实际进度如图 7-14 前锋线所示,检查结果表明(　　　　)。

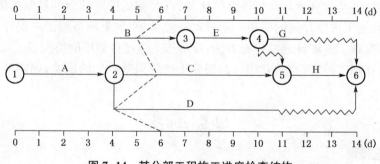

图 7-14　某分部工程施工进度检查结构

A. 工作 B 的实际进度不影响总工期　　　B. 工作 C 的实际进度正常

C. 工作 D 的总时差尚有 2 天　　　　　　D. 工作 E 的总时差尚有 1 天

E. 工作 G 的总时差尚有 1 天

三、思考题

1. 施工进度计划的控制措施有哪些方面?

2. 简述施工进度监测与调整的系统过程。

3. 建设工程实际进度与计划进度的比较方法有哪些? 各有哪些特点?

4. 简述建设工程实际施工进度前锋线的绘制步骤。

5. 如何分析进度偏差对后续工作及总工期的影响?

6. 进度计划的调整方法有哪些?

7. 施工项目进度计划的调整方法有哪些?

8. 施工项目进度计划的调整措施主要有哪些?

四、综合练习题

某建筑施工企业承接了某工程项目,编制了该工程项目的双代号网络计划如图 7-15 所示,其工作名称及持续时间见表 7-2。工程施工进行到第 12 周末时,G 工作完成了 1 周,H 工作完成了 3 周,F 工作已经完成。

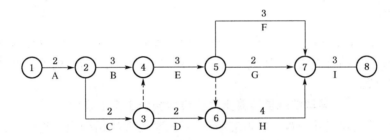

图 7-15　某工程项目的双代号网络计划

表 7-2　网络计划的工作名称及持续时间表

工作名称	A	B	C	D	E	F	G	H	I
持续时间(周)	2	3	2	2	3	3	2	4	3

问题:(1) 绘制实际进度前锋线。

(2) 若后续工作按计划进行,分析上述 3 项工作对该计划产生了什么影响?

(3) 在不考虑工作延误的情况下,确定该网络计划的关键线路。

(4) 重新绘制第 12 期至完工的时标网络计划。

(5) 如果要保持工期不变,第 12 期后需压缩哪项工作?

8

施工组织设计实例

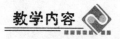 **教学内容**

本章详细介绍了某学院现浇混凝土结构教学楼施工组织设计的内容。可以结合前几章介绍的施工组织设计理论来对应教学和学习。

教学要求

通过本章教学,学生掌握单位工程施工组织设计和施工作业(方案)设计编制的主要方法和过程。重点让学生结合本实际案例掌握施工组织设计的施工部署、施工进度计划的编制和施工平面图的布置。

某学院现浇混凝土结构教学楼施工组织设计

混凝土现浇结构在实际中被广泛地应用,因而混凝土现浇结构施工组织设计具有一定的代表性。本章介绍一个实际混凝土现浇结构工程的施工组织设计。

8.1 工程概况

8.1.1 工程概况

本工程位于××市××路××本校院内北部,场地的整体高低布局为东高西低,新开通道路与××西外环路连接,交通便利,施工主要出入口为东面的××路,施工现场"三通一平"已经完成。

1)工程建设概况

主要说明:建设项目的建设、勘察、设计、总承包名称,以及建设单位委托的社会建设监理单位名称及其监理班子组织状况。见表 8-1。

表 8-1 工程建设概况一览表

工程名称	××学院教学楼	工程地址	××市××路××本校院内
建设单位	××学院	勘察单位	××市勘察测绘研究院
设计单位	××建筑规划设计研究院	监理单位	××省建设监理咨询有限公司

续表 8-1

工程名称	××学院教学楼	工程地址	××市××路××本校院内
质量监督部门	××市质量与安全生产监督站	总承包单位	××置业股份有限公司
合同工期	548 天	质量标准	××杯
工程主要功能	教学楼		

2）建筑设计概况

本工程东西长 209 m，南北宽 42.6 m。框架结构，柱下独立基础加防水底板，地下 1 层，地上中部 6 层，两端部 4 层，庭院式布置。总高 25.1 m，局部 31.2 m。本工程由 50 人、90 人、130 人、180 人教室地下实训基地加人防工程组成。建筑面积 43 104.81 m²，建筑物室内地坪设计标高±0.000 相当于绝对标高 140.85 m。

3）结构设计概况

本工程结构形式为框架结构，柱下独立承台基础，带混凝土防水底板。本工程按使用年限分类为 3 类建筑，设计使用年限为 50 年，建筑结构的安全等级为二级，地基基础设计等级为丙级，地下工程防水等级为一级。建筑抗震设防类别为标准设防类丙类，抗震设防烈度为 6 度。建筑物的耐火等级为地下一级、地上二级，建筑场地类别为Ⅱ类。

8.1.2 建设地区自然条件状况

1）气象情况

春季干燥少雨，夏季炎热多雨，秋季天高气爽，冬季寒冷干燥，四季分明，日照充分，年平均气温 14℃，年平均降雨量 650～700 mm。

2）地形地貌

本工程场地位于山前坡洪积平原上部，地势较高，地形起伏较大，西侧堆积了较厚的建筑垃圾，东侧为一土坑，高差 3 m 左右，地形总趋势南高北低，东高西低。东部 140.00 m，西部 137.00 m 左右。本工程基坑底标高 134.45 m。由于前期土方已开挖完成，场地已基本成形，满足开工要求。

3）水文及水文地质条件

场地勘察深度范围内未见地下水，场区附近无地表水体。根据专门的水质检验报告及环境水文地质调查报告，判断该地下水对混凝土无腐蚀性。

4）地基土

勘区地层上部为第四系坡洪积成因的黄土、碎石土、下覆古生代奥陶系风化石灰岩及泥灰岩。

8.1.3 工程特点、难点、新材料、新工艺

本工程特点：结构形式为框架结构，柱下独立承台基础加防水底板、局部筏板基础，两端部

无地下室基础埋至较深,中间地下室实训、人防相互结合。地上部分两端部为 180 人教室并与中间部分教室不同层高并为庭院式布置。

本工程难点:地基处于岩石山坡,地面有高差,占地面积较大。施工放线及运输材料困难。

新材料:钢筋采用直螺纹套筒机械连接,FIEA 补偿收缩混凝土的应用。

8.2 施工部署与主要施工方案

8.2.1 项目管理目标

1)工期目标

开工日期以甲方开工令日期为准,竣工日期以合同约定日期为准。确保形象进度,节点工期保证率 100%。

2)质量目标

工程质量确保"泰山杯",争创"鲁班奖"工程。

3)安全生产目标

确保安全生产无事故,创建安全卫生型、文明环保型施工现场。

4)服务目标

建造业主满意工程。

工程采用建筑业新技术组织施工,依靠科技进步,确保工程质量、工期,降低成本,提高工程科技含量,精心组织,精心施工。

5)文明施工目标

严格执行建设部有关施工现场文明施工管理规定,确保达到市文明施工现场样板工地,争创文明施工工地。

6)环保卫生目标

不污染城市道路,不排放未经处理的污水,不影响师生工作与学习,夜间施工不扰民。

8.2.2 施工段的划分

本工程根据施工情况,遵循先地下后地上、先深后浅的原则进行施工。基础部分先中间地下人防再两端部柱基。地上部分同图纸划分五部分自东向西流水施工。

装饰、机电安装阶段施工区段的划分,机电安装工程的区段划分在结构施工与土建工程相同,安装工程需密切配合土建施工,不能影响土建的施工进度。

装修施工阶段,区段划分原则上与土建相同。此时安装工程全面展开,各分包安装队伍也将进场施工,我们将与装修队伍配合完成各种机电设备的安装。

机电安装施工流水总体原则是紧随土建专业的工期、进度控制点的要求进行安排机电安装工程的施工。机电安装总体施工流水顺序分为 5 个层面：第一个层面是前期配合土建工程进度预留洞口，预埋铁件，强电、弱电暗管敷设；第二个层面是紧跟土建湿作业进度，安装管道工程大面积展开施工，在此层面上给排水管道、消防管道、设备层管线、管道井等部位全部进行展开施工；第三个层面是穿插配合装饰工程进行电气线缆敷设，各层管道支管的安装施工；第四个层面是紧随精装饰进行机电工程设备、配电箱、卫生洁具等的安装；第五个层面是机电设备单机调试、系统调试和联动调试。

8.2.3 施工工艺流程

1）总体施工流程的规划布置

为了贯彻空间占满、时间连续、均衡协调有节奏的原则，保证工期按照总控计划完成，土建结构施工和装修以及水电预留预埋、安装从时间和空间立体交叉施工。

主体施工中均采取以结构施工为先导的程序，实行平面分段、立体分层、同步流水的施工方法。主体结构施工时主体结构完成第二层时，进行基础验收；主体施工至第四层时基础回填完成。主体结构完成 6 层后，安装室外升降机，插入砌筑工程，形成各主要分部分项工程在时间、空间上紧凑搭接。

为使各工作能有外部安全保护且不影响工程进展，结合实际情况，本工程外墙脚手架分 2 段进行，－1 层～1 层，2～6 层，每层悬挑高度不超过 20 m。

本工程的重点控制为结构施工，装饰、安装交叉配合，在施工过程中合理、科学地安排施工顺序，减少工序之间的相互干扰是保证施工顺利进行的关键。

2）总体施工流程（见图 8-1）

3）分部工程的施工流程

（1）基础施工阶段

本工程一区地下室±0.000 以下必须在 40 天完成。为了确保基础工程施工质量，必须制定出周密的基础施工方案。对刚浇筑混凝土如果遇雨进行覆盖处理；对钢筋防锈、模板的支设、混凝土的养护等制定详细的施工方案，同时落实进度计划要求，地下室施工完验收合格后立即进行防水施工，并及时回填。

基础结构施工工艺流程：人工清槽→底板垫层施工→底板防水层→基础钢筋绑扎→基础混凝土浇筑。

（2）主体施工阶段

主体结构施工工艺流程：放线→框架柱钢筋绑扎→框架柱模板→梁、板模板→梁、板钢筋→管线预埋→浇筑柱梁板混凝土→养护（以此类推）。

（3）装修施工阶段

在结构验收完毕以后，及时进行样板间、层的施工，为装修大面积展开做好准备。同时，主体施工完毕以后，及时进行屋面防水工作。内装修施工墙面、地面按不同楼层穿插进行。水电安装随土建施工同时进行。

室内装饰施工工艺流程：清理基层→墙体抹灰→门窗框安装→电气箱盒安装→管道安

装→楼地面工程→门窗扇安装→室内油漆、涂料→灯具、卫生器具安装。

室外装饰施工工艺流程:结构处理→抄平吊线→清理基层→外墙岩棉保温板保温层施工→外墙挤塑板保温层施工→面层施工。

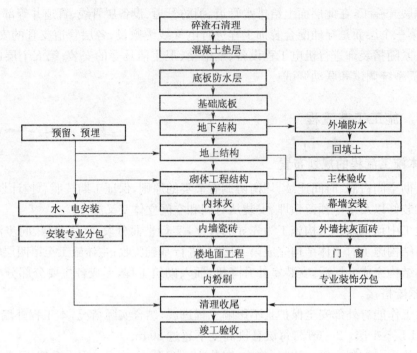

图 8-1　总体施工流程图

8.2.4　主要施工方案的选择

1) 现场规划方案

本工程占地面积较大,主体施工时物料堆放及现场加工分为东西两个加工区,全部在主楼北侧,现场配备 2 个配电总箱,3 台 QTZT63 型塔机。在主体阶段施工中,除了总承包单位主承建的工程项目实施外,同时还有建筑幕墙、内部精装修、弱电工程、网络信息工程、消防工程、电梯工程、空调、铝合金门窗工程等专业分包穿插施工,为了保证该工程按期投入使用,文明施工,材料整齐堆放。按工程进度具体划分各自区域。

(1) 为了满足各专业施工所需临时场地,专门设置了施工平面管理人员,根据不同施工阶段的需求,进行施工平面划分,实行动态管理。

(2) 做好总包的计划管理,落实每一专业需要场地数量和使用时间,合理规划、动态使用施工现场所拥有的场地。

(3) 根据现场情况初步确定,现场将分 3 个阶段布置。第一阶段为基础工程施工阶段,第二阶段为地上结构施工阶段,第三阶段为装饰安装工程施工阶段。根据该工程实地考察情况,本工程施工现场比较宽阔。为便于工程施工,降低工程费用,在工程东侧布置办公区、工人生活区;基础、主体施工阶段,在工程北侧布置钢筋加工区、木工加工区。装饰施工阶段,根据工程情况就近布置砂石堆场及砌块堆放区。具体详见后附现场总平面布置图。

2）边坡支护施工方案

由于工程东段处于回填杂土及黄性土,且开挖后会出现边坡不稳定。边坡支护分为临时性边坡支护和永久性边坡支护。两种支护同时施工,施工前根据现场实际情况,编制专项施工方案,经业主、监理同意后方可进行施工。

3）混凝土工程施工方案

根据现场实际情况和××市有关规定,确定全部混凝土均采用商品混凝土。因混凝土用量大,所以决定选择信誉度好的混凝土搅拌站供应商品混凝土。混凝土的浇筑采用基础时采用长臂汽车泵,主体施工时采用汽车地泵泵送。

4）模板工程方案

本工程结构属于框架结构,故本工程模板全部采用覆面防水竹胶板、次楞为木龙骨、主楞为钢管龙骨,支撑主要采用扣件式钢管。后浇带应采用相对独立模板体系。对达到以下条件的工程需进行专家组论证后方可施工:高度大于 8 m,面荷载大于等于 15 kN/m²,线荷载大于等于 20 kN/m。由于考虑室外升降机安装在地下室顶板上,规划在地下室顶板底部满扎满堂脚手架作为支撑体系。立杆间距 400 mm,设置纵横向扫地杆及扫天杆。平面及立面闭合剪刀撑。

5）钢筋工程方案

梁的钢筋直径大于等于 22 mm 的接头采用滚压直螺纹连接,其余水平受力钢筋采用搭接或闪光对焊连接;竖向钢筋直径小于等于 14 mm 的采用绑扎搭接,大于等于 16 mm 小于20 mm 的钢筋采用电渣压力焊连接,大于等于 20 mm 的采用滚压直螺纹连接。

6）垂直运输和脚手架方案

根据本工程工期特点,在北侧中央位置安装 1 台 QTZ63 塔吊,南侧配备 1 台,在两端部庭院内各自安装 1 台 QTZ63。本工程地上 6 层,结合工程实际情况和现场情况,计划外脚手架采用悬挑式脚手架。地下部分采用双排扣件式落地脚手架。

为了更直接、更明确地指导施工,重点、难点及以上分项工程在此施工组织中不做详细说明,具体详见专项施工方案。

8.2.5 主要分项工程施工方案

1）工程测量放线

为保证放线的精度要求,根据建设单位提供的控制坐标和定位图纸,采用全站仪进行建筑物定位放线,各楼层放线使用 J2 经纬仪,建筑物标高均使用 DS3 水准仪进行抄平。所有测量仪器在使用前必须送检,取得检验合格证后方可使用。

2）土石方开挖工程

（1）施工准备

① 主要机具

挖土机械:挖土机、推土机、铲运机、自卸汽车等。

一般机具:铁锹(尖头与平头两种)、手推车、小白线或 20# 铅丝和 2m 钢卷尺、坡度尺等。

② 作业条件

土石方开挖前,应根据施工方案的要求,将施工区域内的地下、地上障碍物清除和处理完毕;建筑物或构筑物的位置或场地的定位控制线(桩)标准水平桩及开槽的灰线尺寸,必须经过检验合格,并办完预检手续;在机械施工无法作业的部位和修整边坡坡度与清理均应配备人工进行。

(2) 操作工艺

① 挖土机从坑(槽)或管沟的端头,以倒退行驶的方法进行开挖。自卸汽车配置在挖土机的两侧装运土,岩石部分使用油锤破石。

② 开挖基坑(槽)和管沟,不得挖至设计标高以下,如不能准确地挖至设计地基标高时,可在设计标高以上暂留一层土不挖,以便在找平后由人工挖出。暂留土层以挖土机用正铲挖土时为 30 cm 左右为宜。

③ 机械施工挖不到的土方,应配合人工随时进行挖掘,并用手推车把土方运到机械挖到的地方,以便及时挖走。

④ 修帮和清底。在距槽底设计标高 50 cm 槽帮处,找出水平线,钉上小木橛,然后用人工将暂留土层挖走。同时由两端轴线(中心线)引桩拉通线(用小线或铅丝),检查距槽边尺寸,确定槽宽标准。以此修整槽边,最后清除槽底土方。槽底修理铲平后进行质量检查验收。

(3) 成品保护

① 对定位标准桩、轴线引桩、标准水准点、龙门板等,挖运土时不得碰撞,也不得在龙门板上休息。并应经常测量和校核其平面位置、水平标高和边坡坡度是否符合设计要求。定位标准桩和标准水准点应定期复测和检查是否正确。

② 土方开挖时,应防止邻近已有建筑物或构筑物、道路、管线等发生下沉和变形。必要时应与设计单位或建设单位协商采取防护措施,并在施工中进行沉降或位移观测。

③ 施工中如发现有文物或古墓等应妥善保护,并应及时报请当地有关部门处理,方可继续施工。如发现有测量用的永久性标桩或地质,地震部门设置的长期观测点等,应加以保护。在敷设有地上或地下管线、电缆的地段进行土方施工时,应事先取得有关管理部门的书面同意,施工中应采取措施,以防止损坏管线,造成严重事故。

(4) 应注意的质量问题

① 基地超挖。开挖基坑(槽)、管沟不得超过基地标高,如个别地方超挖时,其处理方法应取得设计单位的同意。

② 基底未保护。基坑(槽)开挖后应尽量减少对基土的扰动。如果基础不能及时施工时,可在基底标高以上预留 30 cm 土层不挖,待做基础时再挖。

③ 施工顺序不合理。应严格按施工方案规定的施工顺序进行开挖土方,应注意宜先从低处开挖,分层、分段依次进行,形成一定坡度,以利排水。

④ 开挖尺寸不足,边坡过陡。基坑(槽)或管沟底部的开挖宽度和坡度,除应考虑结构尺寸要求外,还应根据施工需要增加工作面宽度,如排水设施、支撑结构等所需宽度。

3) 钢筋工程

本工程所用钢筋规格及种类较多,包括 HPB235(Ⅰ)、HRB400(Ⅲ),为加快施工进度,在保证工程质量的前提下,结合工程实际情况决定:梁直径大于等于 22 mm 的钢筋接头采用滚压直螺纹连接;其余水平受力钢筋采用搭接或闪光对焊连接;竖向钢筋直径小于等于14 mm

采用绑扎搭接,直径大于等于 16 mm 采用电渣压力焊连接。

(1) 施工准备

① 原材供应

施工前,根据施工进度计划合理配备材料,并运到加工场进行加工。钢筋进现场后,要严格按分批级、牌号、直径长度分别挂牌摆放,不得混淆。

加强钢筋的进场控制,时间上既要满足施工需要,又要考虑场地的限制。所有加工材料,必须有出厂合格证,且必须进行复试(包括三方见证取样试验)合格后方可配料。钢筋复试按照每次进场钢筋中的同一牌号、同一规格、同一交货状态、重量不大于 60t 一批进行取样,每批试件包括拉伸和弯曲试验各 2 组。见证取样达到试件总数的 30%。

② 钢筋加工

钢筋加工在加工场进行,钢筋配料单由技术员复核无误后方可进行钢筋的下料加工。

钢筋加工过程中要严格按尺寸加工,加工完毕后由技术员、质量检查员、工长检查,合格的钢筋标识后方可使用。成品钢筋及原材一定要分类堆码整齐,并且标识清楚。

钢筋加工过程中,为减少浪费,充分利用短钢筋,长短搭配,接头位置必须符合规范要求。

钢筋加工完毕,填写钢筋加工工程检验批质量验收记录表并由监理确认。

③ 保护层垫块加工

为确保施工质量,用于基础底板的钢筋保护层垫块用 1:2:4 细石混凝土制作。地上部分钢筋侧面及楼板、梁钢筋保护层,依据设计要求厚度,订购塑料定位卡。施工时,要根据实际情况放样,以控制垫块的准确度。当塑料卡尺寸不能满足要求时,可预制砂浆垫块,但须严格控制垫块的强度及加工精度。

(2) 钢筋施工

① 基础底板钢筋施工

将基础垫层清扫干净,用石笔和墨斗在上面弹放钢筋位置线;按钢筋位置线布放基础钢筋;筏板钢筋交叉点均应每点绑扎牢。相邻绑扎点的钢丝扣成八字形,以免网片歪斜变形;受力钢筋的接头宜设置在受力较小处。接头末端至钢筋弯起点的距离不应小于钢筋直径的 10 倍;若采用绑扎搭接接头,则接头相邻纵向受力钢筋的绑扎接头须相互错开。钢筋绑扎接头连接区段的长度为 1.3 倍搭接长度。凡搭接接头中点位于该区段的搭接接头均属于同一连接区段。位于同一区段内的受拉钢筋搭接接头面积百分率为 25%;当钢筋的直径 $d > 16$ mm时,不采用绑扎接头;采用焊接或机械连接;根据图纸要求,防水底板的钢筋贯穿中间基础;在周边基础内达到锚固长度。

② 框架梁钢筋绑扎施工

框架梁钢筋绑扎工艺流程:画箍筋间距→在主次梁模板上口铺横杆数根→在横杆上面放箍筋→穿主梁下层纵筋→穿次梁下层钢筋→穿主梁上层钢筋→按箍筋间距绑扎→穿次梁上层纵筋→按箍筋间距绑扎→抽出横杆落骨架于模板内。

③ 框架柱钢筋绑扎

框架柱钢筋绑扎工艺流程:弹柱子线→剔凿柱混凝土表面浮浆→修理柱子筋→套柱箍筋→搭接绑扎竖向受力筋→画箍筋间距线→绑箍筋。

④ 剪力墙钢筋绑扎

按设计要求的箍筋间距和数量,先将箍筋按弯钩错开要求,套在下层伸出的搭接筋上,再立起柱子钢筋,在搭接长度内与搭接筋绑好;在立好的柱主筋上用粉笔标出箍筋间距;然后将套好的箍筋向上移置,由上往下宜用缠扣绑扎;箍筋应与主筋垂直,箍筋转角与主筋交点均要绑扎,柱筋与箍筋非转角部分的相交点,成梅花或交错绑扎,但箍筋的平直部分与纵向钢筋交叉点可成梅花或交错牢,以防骨架歪斜;箍筋的接头应沿柱子竖向交错布置,并位于箍筋与柱角主筋的交接点上,但在有交叉式箍筋的大截面柱,其接头可位于箍筋与任何一根中间主筋的交接点上。柱箍筋端头应弯成 135° 弯钩,平直长度不小于 10d 且 d 不小于 75 mm。

⑤ 板钢筋绑扎施工

板钢筋绑扎时应注意锚固长度、搭接长度及位置符合规范要求,另外钢筋网片不得超高。

板钢筋绑扎工艺流程:清理模板→模板上画线→绑板下受力筋→绑负弯矩钢筋。

⑥ 楼梯钢筋绑扎施工

楼梯钢筋绑扎工艺流程:画位置线→绑主筋→绑分布筋→绑踏步筋。

⑦ 钢筋连接

本工程钢筋采用闪光对焊、电渣压力焊及滚压直螺纹连接方式。

4) 模板工程

(1) 模板设计说明

先进的模板体系是保证工程质量的重要环节,结合本工程特点,所有模板在收到施工图后,及时进行模板设计,并做拼板布置、支撑布置,支撑系统要进行力学计算,防止塌模。本工程模板体系应用选择方案见表 8-2。

表 8-2　模板工程体系应用方案选择

部位、构件	模板应用体系
现浇钢筋混凝土墙	采用 12 厚竹胶板。对拉螺栓为 φ14
柱	采用 18 厚竹胶板。柱箍采用 φ48×3.0 mm 钢管
后浇带	采用 12 厚竹胶板,支撑体系采取相对独立体系
现浇梁板结构	采用 12 厚竹胶板,40 mm×60 mm 木方为次楞,φ48×3.0 mm 为主楞及立杆,立杆顶设可调 U 形托,梁自由高度>700 mm 加设 φ14 的对拉螺栓加固
楼　梯	底采用 12 厚竹胶板,40 mm×60 mm 木方为次楞,φ48 钢管为主楞,可调支托和扣件式脚手架钢管支撑

(2) 模板设计

① 基础底板模板

基础砖外模的砌筑。垫层施工完后在条形基础四周砌筑 370 砖模,M7.5 水泥砂浆砌筑且每隔 3 m 设 490 mm×490 mm 砖柱。在砖模施工过程中,确保基础底板的几何尺寸,考虑粉刷层及防水保护层的厚度。杜绝因几何尺寸不准确而造成返工现象。最上面三皮砖用石灰砂浆砌筑,可使上部做防水层搭接时便于拆砖。砖模的抹灰,在阴角、阳角处抹成圆角,表面光滑,无毛细孔及抹子痕迹,保证防水施工顺利进行。

② 地下室外墙模板

地下室底板与混凝土外墙之间留水平施工缝,墙体水平施工缝高出底板 300 mm,施工缝处设中埋式止水带复合外贴式止水带防水措施,后浇带采用补偿收缩(膨胀)混凝土复合遇水膨胀止水条及外贴式止水带防水措施。

地下室外墙模板采用竹胶合模板。支模采用 40 mm×60 mm 木方钢管架子与自制螺栓相结合,外墙螺杆 φ14,长度为墙厚加 420 mm,螺杆上焊上 4 mm×80 mm×100 mm 止水钢片,木方间距不大于 250 mm,竖向钢管间距不大于 350 mm,横向钢管间距不大于 450 mm。

对拉螺栓在高度 1 m 以下垂直间距 300 mm,水平间距 500 mm;1 m 以上垂直间距 500 mm,水平间距 600 mm。钢管排架立杆间距 500~800 mm,注意跨中加强部位间距小。立杆架设扫地杆,底部设铁板或竹胶板垫片。排架应有剪刀撑加固,保证其稳定性和刚度。

③ 框架柱模板

采用竹胶板作面板,竖楞采用 40 mm×60 mm 木方,间距 250 mm;外侧横向外楞采用 φ48×3.0 mm 钢管进行加固,间距为 400 mm,螺栓间距为 400 mm×400 mm。

④ 梁、顶板模板支设

采用竹胶板作底模,小楞采用 40 mm×60 mm 木方,间距 200 mm,大楞采用 φ48×3.0 mm 钢管;支柱采用 φ48×3.0 mm 钢管,间距为 800 mm。

⑤ 楼梯模板设计

本工程楼梯均板式楼梯,楼梯模板采用 12 mm 厚竹胶板和 40 mm×60 mm 木方及 φ48 mm 钢管进行施工,踏步模采用 50 mm 木板。

(3) 模板制作安装

① 柱模板制作安装

按图纸尺寸制作柱侧模板后,按放线位置钉好压脚板再安装柱模板,两垂直向加斜拉顶撑,校正垂直度及柱顶对角线。柱箍应根据柱模尺寸、侧压力的大小等因素进行设计选择(有木箍、钢箍、钢木箍等)。柱箍间距、柱箍材料及对拉螺栓直径应通过计算确定。

② 梁模板安装

在柱子上弹出轴线、梁位置和水平线,钉柱头模板。梁底模板按设计标高调整支柱的标高,然后安装梁底模板,并拉线找平;当梁底板跨度≥4 m 时,跨中梁底处应按设计要求起拱,如设计无要求时,起拱高度为梁跨度的 1/1 000~3/1 000。主次梁交接时,先主梁起拱,后次梁起拱;梁下支柱支承在基土面上时,应对基土平整夯实,满足承载力要求,并加木垫板或混凝土垫板等有效措施,确保混凝土在浇筑过程中不会发生支撑下沉;支撑楼层高度在 4.5 m 以下时,应设 2 道水平拉杆和剪刀撑,若楼层高度在 4.5 m 以上时要另行施工;梁侧模板应根据墨线安装梁侧模板、压脚板、斜撑等。梁侧模板制作高度应根据梁高及楼板模板来确定,当梁高超过 700 mm 时,梁侧模板宜加穿梁螺栓加固。

③ 剪力墙模板安装

按位置线安装门洞模板,下预埋件或木砖;把一面模板按位置线就位,然后安装拉杆或斜撑,安装塑料套管和穿墙螺栓,穿墙螺栓规格和间距在模板设计时应明确规定;清扫墙内杂物,再安另一侧模板,调整斜撑(拉杆)使模板垂直后,拧紧穿墙螺栓;模板安装完毕后,检查一遍扣件、螺栓是否紧固,模板拼缝及下口是否严密;墙模板宜将木方作竖肋,双根 φ48×3.0 mm 钢管或双根槽钢作水平背楞;墙模板立缝、角缝宜设于木方和胶合板所形成的企口位置,以防漏浆和错台。墙模板的水平缝背面应加木方拼接;墙模板的吊钩,设于模板上部,吊钩铁件的连接螺栓应将面板和竖肋木方连接在一起。

④ 现浇板模板安装

根据模板的排列图架设支柱和龙骨。支柱与龙骨的间距,应根据楼板混凝土重量与施工荷载的大小,在模板设计中确定。一般支柱为 800～1 200 mm,大龙骨间距为 600～1 200 mm,小龙骨间距为 200～300 mm。支柱排列要考虑设置施工通道;底层地面应夯实,并铺垫脚板。采用多层支架支模时,支柱应垂直,上下层支柱应在同一竖向中心线上。各层支柱间的水平拉杆和剪刀撑要认真加强;通线调节支柱的高度,将大龙骨找平,架设小龙骨;铺模板时可从四周铺起,在中间收口。楼板模板压在梁侧模时,角位模板应通线钉固;楼面模板铺完后,应认真检查支架是否牢固,模板梁面、板面应清扫干净。

5)混凝土工程

由于本工程结构较复杂,而且施工工期紧,为加快施工速度,基础部分混凝土均采用汽车泵进行浇筑,二层以上采用混凝土输送泵进行浇筑。

(1)施工准备

① 材料准备

根据施工进度,施工单位提前 2 天写出书面用混凝土量计划,交监理工程师审批后根据实际用量及时提供原材料。

② 作业条件

浇筑混凝土层段的模板、钢筋、预埋铁件及管线等全部安装完毕,经检查合格,符合设计要求,并办完隐、预检手续。

浇筑混凝土用架子及走道已搭设完毕并经检查合格。

振捣器(棒)经检验试运转合格。

工长根据施工方案对班组进行全面施工技术交底。

清理模板:浇筑前应将模板内的垃圾、泥土等杂物及钢筋上的油污清除干净,并检查钢筋的塑料卡是否卡牢。如使用木模板时应浇水使模板湿润。柱子模板的扫除口应在清除杂物及积水后再封闭。

③ 商品混凝土现场交货检验:交货检验的混凝土试样的采取应在混凝土运送到交货地点后按《普通混凝土拌合物性能试验方法标准》(GB/T 50080—2002)规定在 20 分钟内完成,强度试件的制作应在 40 分钟内完成。

(2)混凝土的输送

本工程全部考虑使用商品混凝土,现场不设搅拌站,浇筑主要使用混凝土泵车浇筑施工。主体选用混凝土罐车,从集中搅拌站将混凝土直接运至浇筑地点。

① 泵管的选择和布置

根据本工程结构高度,最小墙厚,考虑墙中部分钢筋较密,故混凝土中选用小粒径碎石,泵管选用直径 100 mm。输送管直径按表 8-3 选用。

表 8-3　混凝土输送管管径与粗集料粒径的关系

粗集料最大粒径(mm)		输送管最小管径(mm)
卵石	碎石	
20～25	20～25	100
40	40	125

② 泵管的布置原则:宜直,转弯缓,管线短,接头严和管架牢固。水平配管接头处设马凳,转弯处必须设井字形支架;垂直配管可用钢管井架和吊架支设,管与楼板间的缝用木楔堵塞。

③ 混凝土的泵送程序

混凝土在泵送以前,应先泵水,然后用与混凝土同成分的水泥砂浆,使管壁处于充分滑润状态。润管用水泥砂浆不得直接泵入结构内,应放入桶内备用。混凝土泵送按初始泵送、正常泵送、短时间停泵、长时间停泵的操作规程作业。

(3) 混凝土的浇筑

混凝土浇筑前应检查模板的标高、位置、截面尺寸必须符合设计要求,模板的缝隙嵌严,模板的支撑、木楔、垫板(块)等均牢固、稳定,钢筋的规格、数量、箍筋间距、构件同一截面钢筋接头数量、搭接长度以及钢筋保护层厚度等,埋设的铁件、水、电、暖等管道及预留孔洞等位置及数量等均正确而无遗漏,并做好隐蔽验收记录,办理好土建与水电等其他专业的会签手续方可浇筑混凝土。重点部位的混凝土施工,在开盘前半小时需由项目技术负责人对施工管理人员、班组长及作业人员进行现场技术交底;一般部位的现场交底由工长主持。就混凝土浇筑顺序、浇筑方法、施工缝留置、现场配合比调整、试块留置、材料计量、质量要求、成品保护等,工程技术负责人均应向施工操作人员进行有针对性、可操作性交底。

① 基础混凝土的浇筑

本工程底板混凝土按设计设置区段或后浇带分段施工。混凝土底板施工质量的控制点是混凝土振捣密实,分层搭接及时,避免出现施工冷缝,有效控制内外温差,加强养护,减少混凝土温度应力和收缩应力,以达到底板混凝土不裂、不漏、不渗水的质量要求。

② 地下室防水混凝土施工

混凝土连续浇捣,保证混凝土密实;施工前做好一切准备,保证混凝土的连续浇筑,不允许随意留施工缝。在预定施工缝位置要加设止水条并采用界面剂进行防水处理;按规范要求,底板上外墙 20 cm 高与底板一同浇筑,并设止水带通长布置,其他施工缝采用企口做法,延长止水路径;外墙的小钢模板采用防水螺栓;所有穿墙管线必须设防水套管,严禁后凿。

③ 框架梁板柱混凝土的浇筑

混凝土浇筑是混凝土工程中的重点,混凝土浇筑时,根据混凝土浇筑平面布置图布设输送泵管,泵管要用铁马凳架设抬高,严禁直接架设在顶板钢筋上,同时铺设混凝土浇筑时的操作面,操作面需用木脚手板搭在铁马凳铺设而成,浇筑混凝土时,严禁踩踏钢筋,操作面可随浇随拆随铺,能保证施工使用即可;铺设楼板混凝土时应适当比设计厚度稍厚,用平板式震动器或插入式震动器振捣密实;面层标高(板厚)控制:混凝土振完后用大杠刮平,拉水平线控制面层标高并进行修整,使混凝土面标高同设计标高或高出 2 mm,地面不宜超高,以免影响下道工序的施工;在混凝土振捣完毕,先用 2 m 长刮尺,按设计标高找平,待混凝土沉实后,用木抹子进一步搓压提浆找平,搓抹 2 遍,在混凝土初凝前再抹压一遍,使其表面平整度控制在 5 mm之内(规范允许偏差为 8 mm);尽可能减少施工缝,如超过终凝时间应做表面接浆处理。

④ 楼梯混凝土浇筑

楼梯混凝土浇筑前将接缝处的杂物清理干净。梯段混凝土比楼板的混凝土提前浇筑 1~1.5 小时,以免梯段与上部平台板交接处产生下沉缝隙现象。

(4) 混凝土的养护

混凝土的养护是保证质量的最重要的措施之一,应安排专人负责养护工作。混凝土浇筑后,在其表面马上覆盖一层塑料薄膜,进行保温隔热养护,在养护期间根据温控系统测得混凝土内外温差和降温速率,对养护措施进行及时的调整。混凝土养护一方面避免温度过快降低,另一方面避免混凝土表面水分的过快散发,避免曝晒,防止阴阳面产生温差。潮湿养护的时间应尽量地长,养护时间不应少于1个月。

6)砌体工程

本工程砌体为填充结构,砌筑采用加气混凝土砌块砌筑。砌体工程量大、面广,砂浆采用分区域现场搅拌,通过小推车、施工电梯等机具运至施工点。砌体工程施工安排在主体结构完成到4层以后并拆模清理后跟进施工。

砌筑工艺流程:放线→立皮数杆→排列砌块→拉线→砂浆拌制→砌筑→勾缝→质量验收。

7)脚手架工程

由于本工程设有地下室,为不影响基础外墙防水、基础回填土及其他分项工程施工,结合现场实情况,自二层顶开始悬挑,悬挑高度不超过20 m。

脚手架的搭设程序:基层(顶板)清理→弹线→固定悬挑工字钢→立杆定位→摆放扫地杆→竖立杆与扫地杆扣紧→装扫地小横杆与立杆和扫地杆扣紧→装第一步大横杆与各立杆扣紧→安第一步小横杆→安第二步大横杆→安第二步小横杆→加设临时斜撑杆,上端与第二步横杆扣紧→安第三、第四步大横杆和小横杆→安装二层与柱拉杆→接立杆→加设剪刀撑→铺设脚手板、绑扎防护栏及挡脚板→挂设安全网。

8)外墙工程

本工程外墙保温采用岩棉、挤塑聚苯板及胶粉聚苯颗粒。

9)抹灰工程

本工程内墙均为住宅户内混合砂浆抹面,面层刷腻子;其余公共部分,刷白色乳胶漆(卫生间、厨房除外)。

抹灰工程工艺流程:基层处理→浇水湿润→吊垂直、套方、找规矩、抹灰饼→抹水泥踢角或墙裙→做护角抹水泥窗台→抹底灰→修补预留孔洞、电箱槽、盒等→抹罩面灰。

10)墙面工程

(1)内墙面施工

乳胶漆墙面施工工艺流程:基层处理→修补腻子→刮腻子3遍→施涂第一遍乳胶漆→施涂第二遍乳胶漆→施涂面层乳胶漆。

(2)吊顶工程施工

吊顶工程施工工艺流程:弹顶棚标高水平线→画龙骨分档线→安装主龙骨吊杆→安装主龙骨→安装边龙骨→安装次龙骨→安装石膏板→涂料→饰面清理→分项→检验批验收。

11)楼地面工程

本工程楼地面做法包括水泥砂浆防潮地面、地面砖防水楼面、水泥楼面、花岗石楼面、地面砖防水楼面、地面砖楼面等。

(1)水泥砂浆楼地面

① 施工工艺:清理基层→冲筋、贴灰饼→铺抹素水泥浆结合层一道→找平、压头遍→二次压光→三次压光→养护。

② 操作要点:墙面弹标高线,用 1:2 干硬性水泥砂浆在基层上做灰饼,大小约 50 mm 见方,纵横间距约 1.5 m。如局部厚度薄于 10 mm 时,应调整其厚度或将高出的局部基层凿去部分;找平后用木抹子搓揉压实,将砂眼、脚印等消除后,用靠尺检查平整度。待表面收水后,随即用铁抹子进行头遍抹平压实至起浆为止。如局部过干,可用茅柴帚稍洒水;如局部过稀,可均匀撒一层水泥砂(砂需过 3 mm 筛孔)来吸水,顺手用木抹子用力搓平,使互相混合;在砂浆初凝后进行第二遍压光,用钢抹子边抹边压,把死坑、砂眼填实压平,使表面平整。要求不漏压,平面出光;在砂浆终凝前进行,即人踩上去稍有脚印时进行 3 遍压光,用抹子压光无抹痕时,用铁抹子把前遍留下的抹纹全部压平、压实、压光,达到交活的程度为止;视气温高低在面层压光交活 24 小时内,铺锯末或用草袋覆盖,并洒水保持湿润,养护时间不少于 14 天。

(2)铺地砖楼地面

① 基层清理:为杜绝地面空鼓、裂缝等质量通病的出现,楼(地)面工程施工前必须将基层表面的浮土、砂浆等沾污杂物清理干净,表面如沾有油污,应用 5%～10% 浓度的火碱水溶液清刷干净,以确保楼(地)面工程不空鼓,粘接牢固。

② 刷素水泥浆:在清理好的基层上浇水湿润,撒素水泥面,用扫帚扫匀。扫浆面积的大小应依据打底铺灰速度决定,应随扫浆随铺灰。

③ 冲筋:从 + 500 mm 平线下返至底灰上皮的标高(从地面标高减去砖厚及粘结砂浆的厚度),抹灰饼,从房间一侧开始,每隔 1 m 左右冲筋一道,有地漏的房间应四周向地漏方向放射性冲筋,并找好坡度,冲筋应使用干硬性砂浆。

④ 装挡:根据冲筋的标高进行砂浆的装挡,用大杠横竖检查其平整度,并检查其标高和泛水是否正确,用木抹子搓平,24 小时后浇水养护。

⑤ 找规矩弹线:沿房间纵横两个方向排好尺寸,当尺寸不足整块砖的模数时可裁割用于边角处,根据已确定后的砖数和缝宽,在地面上弹纵横控制线并严格控制好方正。

⑥ 铺砖:从门口开始,纵向先铺几行砖,找好位置及标高,以此为筋,拉线,铺砖,应从里向外退着铺,每块砖应跟线。铺好地砖后,常温 48 小时内放锯末浇水养护。铺地砖时要求相邻房间的接槎放在门口的裁口处。

⑦ 踢脚板的施工:踢脚板施工时应在房间阴角两头各铺贴一块砖,出墙厚度及高度符合设计要求,并以此砖上楞为标准,挂线,及时将挤出砖面的砂浆刮去,将砖面清擦干净。

(3)细石混凝土楼地面

① 清理基层。将基层表面的泥土、浮浆块等杂物清理冲洗干净,楼板表面有油污,应用 5%～10% 浓度的火碱溶液清洗干净。浇铺面层前一天浇水湿润,表面积水应予扫除。

② 冲筋贴灰饼。小面积房间在四周根据标高线做灰饼,大面积房间还应每隔 1.5 m 冲筋,有地漏时在地漏四周做出 0.5% 的泛水坡度;灰饼和冲筋均用细石混凝土制作,随后铺细石混凝土。

③ 配制混凝土。细石混凝土的强度等级不应小于 C20,其施工参考配合比通知单,应用机械搅拌不少于 1 分钟,要求拌和均匀,坍落度不宜大于 30 mm,混凝土随拌随用。

④ 铺混凝土。铺时预先用木板隔成宽不大于 3 m 的区段,先在已湿润的基层表面均匀扫一道 1:(0.4～0.45)(水泥:水)的素水泥浆,随即分段顺序铺混凝土,随铺随用长木杠刮平拍实,表面塌陷处应用细石混凝土补平,再用长木杠刮一次,用木抹子搓平。紧接着用长带形

平板振动器振捣密实,或用 30 kg 重铁滚筒纵横交错来回滚压 3~5 遍,直至表面出浆为止,然后用木抹搓平。

⑤ 撒水泥砂子干面灰。木抹搓平后,在细石混凝土面层上均匀地撒 1:1 干水泥砂,待灰面吸水后再用长木杠刮平,用木抹子搓平。

⑥ 第一遍抹压。用铁抹轻压面层,将脚印压平。

⑦ 第二遍抹压。当面层开始凝结,地面上有脚印但不下陷时,用铁抹子进行第二遍抹压,尽量不留波纹。

⑧ 第三遍抹压。当面层上人稍有脚印,而抹压无抹纹时,应用钢皮抹子进行第三遍抹压,抹压时要用力稍大,将抹子纹痕抹平压光为止,压光时间应控制在终凝前完成。

⑨ 养护。第三遍抹压完 12 小时后,可满铺湿润锯屑或其他材料覆盖养护,每天浇水 2 次,时间不少于 7 天。

⑩ 分格缝压抹。有分格缝的面层,在撒 1:1 干水泥砂后,用木杠刮平和木抹子搓平,然后应在地面上弹线,用铁抹子在弹线两侧各 200 mm 宽的范围内抹压一遍,再用溜缝抹子划缝;以后随大面压光时沿分格缝用溜缝抹子抹压 2 遍,然后交活。

⑪ 施工缝处理。细石混凝土面层不应留置施工缝。当施工间歇超过允许时间规定,在继续浇筑混凝土时,应对已凝结的混凝土接槎处进行处理,刷一层素水泥浆,其水灰比为 0.4~0.5,再浇筑混凝土,并应捣实压平,不显接头槎。

⑫ 垫层或楼面兼面层施工。应采用随捣随抹的方法。当面层表面出现泌水时,可加干拌的水泥和砂撒匀,水泥与砂的体积比宜为 1:(2.0~2.5),并应用以上同样的方法进行抹平和压光工作。

12) 油漆工程

油漆工程施工工艺流程:基层处理→刷底子油→抹腻子→打砂纸→刷第一遍油漆→刷第二遍油漆→刷最后一遍油漆→清理交工。

13) 门窗工程

铝合金门窗施工工艺流程:弹线找规矩→门窗洞口处理→安装连接件的检查→铝合金门窗外观检查→按图示要求运到安装地点→铝合金门窗安装→门窗四周嵌缝→安装五金配件→清理。

门窗玻璃安装施工工艺流程:清理门窗框→量尺寸→下料→裁割→安装。

14) 屋面工程

本工程屋面为住宅楼,包括水泥砂浆平屋面(非上人屋面)、防滑地砖上人屋面、广场砖停车平屋面。

(1) 水泥砂浆平屋面

水泥砂浆平屋面工艺流程:基层清理及找平→弹线找坡→抹找平层→防水涂料→铺挤塑板→抹找平层→铺卷材防水→水泥压光分格。

(2) 防滑地砖上人屋面

防滑地砖上人屋面施工工艺流程:基层清理→管根封堵→标定标高、坡度→洒水湿润→施工找平层→刮平→抹平压实→养护→铺设防滑地砖→验收。

（3）广场砖停车平屋面

广场砖停车平屋面施工工艺流程：基层清理→管根封堵→标定标高、坡度→洒水湿润→施工找平层→刮平→抹平压实→养护→铺设防滑地砖→验收。

15）防水工程

本工程地下防水采用防水钢筋混凝土和复合双层聚酯物改性沥青卷材相结合的方式，混凝土抗渗等级 P6，防水涂层 SBS(BAC)高分子合成防水卷材。屋面防水等级按二级设计，采用 2 道柔性防水设防，防水层合理使用年限为 15 年。

（1）屋面防水卷材

按设计要求，屋面采用 SBS(BAC)防水卷材。

① SBS(BAC)防水卷材工艺流程

基层处理→细部节点处理→加强层铺设→定位放线→大面积防水卷材铺贴→滚压封边→验收

② SBS(BAC)卷材施工的主要工具

钢丝刷、手持压辊、小平铲、喷灯、砂轮机滚刷、铁抹子油刷、剪刀、橡刮板、电动搅拌器等。

③ SBS(BAC)防水卷材施工工艺

为了减少阴阳角和大面积的接头，先将卷材顺长方向进行配置，转角处尽量减少接缝。卷材的展开与铺贴，将卷材的一端粘贴固定在预定的部位，再沿着标准线铺展，每隔 1 m 左右对准线粘贴一下，以此顺序保证边对线齐平，铺贴卷材时不允许拉伸卷材，也不得有皱折存在。排除空气，每当铺完一段卷材后，应立即用干净而松软的长把滚刷从卷材的一端开始向卷材的横向顺序用力地滚压一遍，以彻底排除卷材粘结层间的空气，要边铺边压实以排除空气，在排除空气前尽量不要踩踏卷材。接头的粘贴，卷材的接头宽度一般为 10 cm，卷材的接缝应留在距转角 600 mm 以外。将卷材接缝用喷灯烤化粘牢，接缝以挤压出宽度大于 1 cm 的卷材熔液为宜，然后用刮板顺缝用力刮，使缝隙均达到黏合密实，最后用手持铁辊按顺序认真滚压一遍。卷材末端的收头处理，为了防止卷材末端的剥落或渗水，末端收头必须用密封材料封闭。对于阴阳角处等防水薄弱部位，卷材应铺贴附加层，其尺寸应距阴阳角 30 cm。

（2）卫生间防水

本工程卫生间采用聚氨酯防水涂膜。

涂刷防水层的基层表面，应将尘土、杂物清扫干净，表面残留的灰浆硬块及突出部分应刮平、扫净、压光；阴阳角处应抹成圆弧或钝角；基层表面应保持干燥，含水率不大于 9%，并要平整、牢固，不得有空鼓、开裂及起砂等缺陷；突出地面、墙面的管根、地漏、排水口、阴阳角、变形缝等处易发生渗漏的部位，应做完附加层等增补处理；刷完聚氨酯底胶后，经检查验收办理完隐蔽工程验收；防水层施工所用的各类材料、基层处理剂、着色剂及二甲苯等均为易燃物品，储存和保管要远离火源，施工操作时应严禁烟火；防水层施工不得在雨天、大风天进行，严冬季节施工的环境温度应不低于 +5℃。

8.3 施工进度计划与保证措施

8.3.1 工期目标

本工程总工期,将被控制在548个日历天内,其中跨越2个雨季1个冬季,由于冬雨季施工将给施工带来不利影响,另外,就整个工程而言,工期相对紧张,只有在合理安排施工流程、工序穿插和搭接、劳动力组织、机械配备等前提下,才能完成本工程的施工任务。计划×××
×年××月××日开工,××××年××月××日全部交付使用。

为确保本工程能在548天内完成施工任务,我们将以工程量为依据,在安排施工总进度计划时,我们考虑了文件界定范围的施工任务,对各阶段施工工期提出了明确的要求,只要我们能严格按计划完成每一个阶段的工作,那么整个计划一定能达到的。

8.3.2 进度计划网络图(略)

8.3.3 分段工期控制点

根据工程施工总控计划,布置具体各阶段控制的工期目标。找出关键线路及控制节点。根据合同工期及工程施工情况,控制节点如下:基础、正负零节点、主体封顶、砌体完成、主体验收、抹灰完成、粉刷完成、地面完成、竣工验收等各节点。

8.3.4 进度计划保证措施

1)施工组织保证措施

(1)为保证计划完成,我们将选派曾担任类似工程的项目经理×××担任该工程项目经理,该同志有丰富的现场施工组织管理经验,同时集中我们经验丰富、精力充沛、能吃住在施工现场的项目副经理、项目总工程师。

(2)为了充分利用施工空间和时间,应用流水段均衡施工流水工艺,合理安排工序,在绝对保证安全质量的前提下,充分利用施工空间,科学组织结构,装修和设备安装以利室外工程的立体交叉作业。

(3)早选定各专业分包并对其实施严格的管理控制。各专业分包进场前必须根据项目经理部总进度计划编制专业施工进度计划,各分包单位必须参加项目经理部定期或不定期召开的生产例会,把每天存在的问题及需要协调的问题落实解决。如因专业分包延误影响总进度关键日期,则要求其编制追赶计划并实施。必要时24小时连续作业。

(4)严格工序施工质量,确保一次验收合格,杜绝返工,以一次成优的良好施工,获取工期的缩短。

（5）建筑施工综合性强,牵涉面广,社会经济联系复杂,可能有难以预见的因素而拖延工期,尤其在装修安装阶段,为保证工期,在结构施工阶段就要对装修做法认定,材料选定,样板确定,进行落实。当然,这些工作也需要业主的密切配合和支持。

2）工序管理保证措施

为最大限度地挖掘关键线路的潜力,各工序的穿插要紧凑,工序施工时间尽量压缩。结构施工阶段安装预埋随时插入,不占用主导工序时间,装修阶段各工种之间建立联合验收制度,以确保施工时间充分利用,同时保证各专业良好配合,避免互相干扰和破坏,影响施工正常进行,造成工序时间的延长。

3）选择优秀施工队伍,提高施工机械化水平

（1）为确保工期完成,我们将选择两个专业结构施工队伍,增强其进度的竞争性和可比性,奖优罚劣,互相激励促进,并且队伍素质高,有一级施工资质,具有良好的合作基础,不会因节假日或季节而导致劳动力缺乏,劳动力保障有力及时。

（2）为缩短工期,降低劳动强度,我们将最大限度地提高机械化施工水平,如地下结构的垂直运输,在塔吊安装前先配备汽车起重机解决,塔吊要采取一些技术措施,尽早投入正常使用,商品混凝土采用混凝土泵输送,各专业配备专用中、小型施工机具。现场大型机械将配备塔式起重机 3 台,施工电梯 2 台,混凝土输送泵 1 台。这些都是完成计划的有利保证。

4）资金材料管理保证措施

本工程执行专款专用制度以防止施工中因为资金问题而影响工程的进展,充分保证劳动力、机械的充足配备和材料的及时进场。随着工程各阶段控制日期的完成,及时兑现各专业队伍的劳务费用,为对施工作业人员做的充足准备提供了保证。

5）外部环境保障措施

（1）积极主动与当地街道办事处、派出所、交通、环卫等政府主管部门协调联系,与他们交朋友,取得他们的支持理解,并多为施工提供方便条件。

（2）做好施工扰民问题的细致工作,积极热情地与当地居民联系沟通,取得周围单位和居民的理解支持,做到必要时能全天候施工,保证施工进度要求,并由工期经理部行政管理。

6）保证工期的技术措施

（1）编制好实施性施工组织设计

优化的施工组织设计和科学的施工方案是工程顺利开展的关键,编制详细的、切实可行的实施性施工组织设计,选择最优施工方案,使工程施工做到点线明确、轻重分明、计划可靠、资源配置合理。即人力、物力、财力和机械配置,使施工进度紧跟计划。加强调度统计工作,减少各道工序间的衔接时间,充分利用各个工作面,避免出现窝工现象。协调好各业务科室的工作,加强协作配合,为现场施工提供有力的经济技术保障。理顺上下关系,管理利用好工程资金,保证各项施工得以正常进行。因此,在施工中切实理顺与发包方、监理方、地方的工作,配置先进的施工机械,发挥施工机械的性能,保证施工进度。为此,我们将加强施工计划的科学性,运用网络技术、系统工程等新技术原理。

（2）对施工进度进行监控

① 进度监控的原则

在确保安全、质量的前提下，确保本标段的目标工期。对施工全过程进行进度监控管理，监控的原则为：目标明确，事先预控，动态管理，措施有效，履行合同。

② 进度监控的方法

施工进度采用如下监控方法：投资指标监控法、形象进度监控法、单项进度指标监控法、关键线路网络监控法。根据施工组织设计或业主、监理工程师及其他有关工期要求，适时根据工程进展，调整资源配置，实现工期目标。对关键工序、关键项目强化跟踪指导、跟踪监测。

7）农忙季节施工保证措施

本工程施工期 548 天，主体施工期将经历一个雨季、麦收、秋种、冬季，装饰阶段将经历一个麦收季节。为确保工程施工不受节假日影响，特制定以下措施：

（1）施工前与班组签订保证工期合同，制定提前完成计划奖励、拖后工期罚款的奖罚制度。其中，采取主体提前一天完成奖励 2 000 元，拖后一天罚款 3 000 元的措施。充分做好劳力的动员准备工作，加强施工人员思想教育，使施工人员思想稳定，凝聚力强，充分发挥我公司善于打硬仗的作风，加快步伐，保证工期目标的实现。

（2）为加强对节假日期间的劳动管理，由公司组成假期考核小组，负责有关制度的执行、监督。提前做好准备，组织好节假日的劳动力安排及落实，做到不因任何情况而影响施工。

（3）结构施工期间组织充足的劳力，昼夜两班施工，确保施工计划的完成。

（4）双休日、法定节假日期间，公司拿出部分资金采购慰问品来改善职工生活，并发放节假日补助 30 元/工日，保证生产的正常进行，以确保工期目标的实现。

（5）在农忙季节，为确保本工程工期的实现，充分做好劳动力的动员工作，合理安排有关操作人员正常施工，采取每天补助的方法。在农忙季节，每完成一个定额工日的工程量，给予 20 元的补助，10 元的奖励，并派人走访农忙期间施工人员家中情况，对有困难的家庭，公司另行组织农机设备及其他非农忙地区人员帮助收种，并统一为他们购买化肥、农药、柴油等农业急需物资，使施工人员思想稳定，积极性高涨。

（6）为保证秋季、麦季的劳力充足，我单位将选用不受季节性施工影响的四川劳务人员。

8）冬雨季影响工期施工措施

（1）雨季施工措施

为确保本工程能够顺利地渡过雨季施工阶段，按公司质量体系程序文件的要求，特制定以下雨暑季施工措施，其中包括：雨季施工组织措施、检查措施、准备措施、主要分部分项工程施工技术措施及安全措施等。

① 施工准备

做好天气预报信息管理；建立值班制度；整修施工道路，完善排水措施；加强设备管理；妥善保管各种施工原材料、成品、半成品；准备防水器材；不宜高温、曝晒的分项工程或建筑材料，要采取针对性措施，及时做好遮阳覆盖等防护工作，以保证工程质量及原材质量。

② 雨季施工安全措施

雨暑季到来前，应组织全体施工人员进行一次雨暑季安全生产的思想教育与技术学习；充分发挥安全员的作用，加强雨暑季安全施工检查。班组安全员做好本班组的安全检查，发现安全问题应及时排除，对解决不了的问题应立即上报有关领导，在不安全因素未排除前不得冒险作业；工长在布置生产时，应向生产班组做出口头或书面安全交底；冒雨施工人员必须有雨具，在陡坡上作业的应有防滑设施;所有机电设备都应接地接零,并按要求配备漏电保护器;室外机电设备应有防雷、防雨设施,接地电线应采用橡皮绝缘线,施工现场应安装触电保护器及自动断路器;现场机电设备必须有专人负责管理,暂时不用的材料工具应及时回收,妥善保管。

(2) 冬季施工措施

××市年平均气温多年平均为 14℃,最高气温 38.2℃,最低气温－26.8℃。年平均降水量多年平均为 638.3 mm,平均降水日为 73 天,日最大降水量为 154.2 mm。年平均风速多年平均为 2.5 m/s。

按照国家冬季施工期限的划分原则,根据当地多年气象资料统计,当室外日平均气温连续5 天稳定低于 5℃即进入冬期施工,当室外日平均气温连续 5 天高于 5℃解除冬期施工。据××市天气特点,11 月底～12 月初进入冬期施工,3 月份结束。

① 现场准备

在冬季到来之前,现场成立冬季施工领导小组,编制冬季施工技术措施及施工作业计划,对冬季施工做好全方位的充分准备,在连续 5 天平均气温低于 5℃时或当日最低气温低于－3℃时,必须严格按照制定好的冬季施工措施作业;做好天气预报的收听工作,指定专人负责掌握天气变化,每天注意收听天气预报,掌握次日气象情况,并做好记录,随时调整安排好现场工作;安排好职工生活,保证使职工吃好、喝好,职工宿舍、工地办公室做好保暖,应严禁将各种外加剂与食堂食物混放,以免误用中毒;准备冬期施工器材,提前将所需机具、外加剂和保温材料送至工地,砂浆机作业棚应符合保温及防水要求,拌合用水加热器具应及时购置,保证热水供应。对供水管道及附件要采取保温措施,收工前,供水管道应放空,以防冻裂;下工前必须将办公室、更衣室的取暖煤炉熄灭,并交代夜间值班人员注意检查。

② 冬期施工安全措施

所有的机械操作棚要进行保暖和防冻维护,要及时清除施工现场道路和通道的积雪、积水,防寒、防火、防中毒、防滑、防冻。

8.4 施工准备与资源配置计划

8.4.1 施工准备工作

施工准备工作应包括技术准备、现场准备和资金准备等。

1) 施工技术准备

(1) 施工图设计技术交底及图纸会审:项目经理负责组织现场管理人员认真审查施工图纸,领会设计意图。结合图纸会审纪要,编制具体的施工方案和进行必要的技术交底,计算并列出材料计划、周转材料计划、机具计划、劳动力计划等,同时做好施工中不同工种的组织协调工作。

(2) 设备及器具:本工程根据生产的实际需要情况配制设备及器具。主要机械设备有垂直运输机械;根据实际情况,主体结构施工选择 3 台 QTZT63 塔式起重机;选择 SCD200/200

型双笼外用电梯 2 台,主要用于人员上下、材料的运输;本工程全部考虑使用商品混凝土,现场不设搅拌站,浇筑主要使用混凝土泵车浇筑施工,选择 1 台 HBT60 型,最大输送量 60 m^3/h,最大垂直输送高度 200 m 混凝土泵。主体选用混凝土罐车,从集中搅拌站将混凝土直接运至浇筑地点。参见表 8-4 主要施工机具需用计划。

表 8-4 主要施工机具需用计划

序号	名　　称	单位	数量	规格型号	备注
1	塔式起重机	台	3	QTZT63	
2	施工电梯	台	2	SCD200/200	
3	混凝土输送泵	台	1	HBT60	
4	砂浆搅拌机	台	2	250 型	
5	钢筋切断机	台	2	GO40 - 2	
6	钢筋弯曲机	台	2	GJB40	
7	闪光对焊机	台	2	VN - 100	
8	交流电焊机	台	6	BX3 - 300	
9	打夯机	台	6	HC700	
10	插入式振动器	台	10	H - 50	
11	插入式振动器	台	6	HZ6X - 30	钢筋较密时
12	全站仪	台	2		
13	经纬仪	台	2	J2	
14	水准仪	台	4	DS3	
15	激光铅直仪	台	1		
16	S_4自动安平水准仪	台	2		

（3）测量基准交底、复测及验收本工程测量基准点。基准点由业主移交给项目,项目测量员应对基准点进行复测,复测合格后将其投测到拟建建筑物四周的建筑物外墙上。轴线定位根据设计图纸进行施工测量,测量员放线后请监理单位验收复测,合格以后方可进行施工测量。

2）施工现场准备

（1）施工和生活用电、用水由建设方向施工方提供。

（2）现场的临时排水,如生产、生活污水经排水管道集中在集水井后,排入市政管网。

3）资金准备

根据施工进度计划编制资金使用计划,专款专用。

8.4.2 各种资源配置计划

1）建立项目管理组织

由于本工程楼层较高,工程量大,安装工程较复杂,为使工程得到良好的控制,根据本工程特点,设置专职栋号管理人员,在项目经理和总工程师的领导下开展工作。本工程设项目经理1人,项目副经理1名,项目总工程师1人,设项目土建、安装经理各1人,其下设技术员、施工员、质量员、安全员、资料员、材料员、设备员、统计员、核算员、预算员等各个岗位齐备,分工明确,各司其职。项目管理机构系统见图8-2所示。

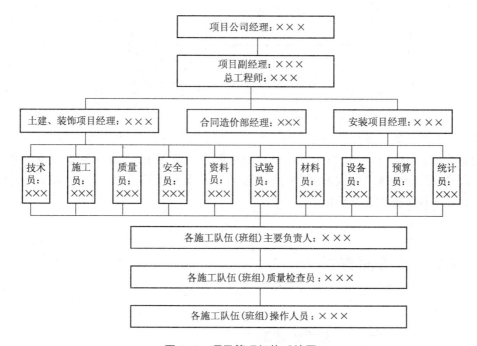

图8-2 项目管理机构系统图

2）劳动力需用量及进场计划

为保证工程施工质量、工期进度要求,根据劳动力需用计划适时组织各类专业队伍进场,对作业层要求技术熟练,平均技术等级达5级,并要求服从现场统一管理,对特殊工种人员需提前做好培训工作,必须做到持证上岗。根据工程需要,将组织素质好、技术能力强的施工队伍进行工程施工,主要施工队伍安排如下:混凝土施工队负责混凝土工程等的施工;钢筋队负责有关钢筋的制作与绑扎;砖工队负责砌体工程及抹灰工程;木工队负责梁、板、墙、柱等模板工作;架子工队负责脚手架施工;电工队负责电气安装;管工队负责管道安装;焊工队负责焊接施工。

3）施工用材料计划

为了搞好本工程的材料准备及市场调研工作,对本工程中将要使用的主要材料提前列出计划。主要周转材料的投入是工期目标能否实现的关键,针对本工程的具体特点,本工程需要投入的主要周转材料有：钢管、普通模板、木枋、扣件、对拉螺栓、竹架板、安全网。周转材料需用量计划表见表 8-5。

表 8-5 周转材料需用量计划表

序 号	名 称	规 格	数 量	备 注
1	钢 管	$\phi 48 \times 3.5$	××t	
2	扣 件		××万套	扣件按3种类型备齐
3	普通模板	1 830 mm×918 mm×18 mm	××万张	
4	对拉螺栓	$\phi 14$	××万根	
5	木 枋	50 mm×100 mm	××m³	
6	竹架板		××××块	
7	安全带		××副	
8	安全网	密目安全网	××万 m²	
9	手推车		××辆	

梁板模板根据施工流水段的划分，在满足工期要求的前提下，综合考虑框架梁卸荷确保支撑安全要求，以板底部最大面积加梁底模总数来配置可满足要求，梁板满堂架支撑配置也一样。竖向柱模按每个区中较大的那个流水段配置。水平模板配置 2.5 套，竖向模板配置 1 套，原则上直至周转 2 次再更换模板。

8.5 施工现场平面布置

8.5.1 施工现场平面图的布置原则

本着"统筹兼顾、合理安排、提高效益"的方针，本工程在满足施工条件下，布置要紧凑，尽可能地减少施工用地；合理布置运输道路、加工厂、仓库等的位置，最大限度地减小场内材料运输距离，特别是减少场内二次搬运；力争减少临时设施的工程量，降低临时设施费用。尽可能利用施工现场附近的原有建筑物作为施工临时设施；现场临时设施布置尽量集中并本着生产、生活区相对分开的原则。生产设施的布置考虑施工生产的实际需要，尽量不影响建设方的正常学习与生活。

8.5.2 施工现场平面布置依据

本工程总平面布置依据主要有图纸、工程特点、现场条件、建设方要求、现场施工管理条例以及相关规范、标准和地方法规等。

8.5.3 施工现场平面图的内容

本工程施工平面图的主要内容有:围挡及出入口、基坑周边围护、临时道路、场区地面硬化、施工供水及排水和排污布置、塔式起重机、施工电梯、混凝土输送泵、钢筋加工车间、木工车间及其他生产和生活用房等。

1)围挡、出入口

施工工地的大门和门柱为正方形 1 000 mm×1 000 mm,门头高度为 5 m,大门净宽 8 m。施工现场围墙,采用彩钢板围挡,高度 2 m,做到连续、整齐、牢固。大门内设门禁室及门卫人员,24 小时不间断值班。

2)基坑周边围护

由于本工程基坑较深,基坑安全防护尤其重要。因此在进场后立即对基坑四周整平,并在四周设置明排水沟,基坑四周设置围护,张挂密目网,底部设置挡脚板,并悬挂警示标志和照明装置。

3)临时道路

根据本工程施工现场实际情况进场后,对工程施工现场全部进行场地硬化。临时道路采用混凝土路面,做法为 300 mm 灰土夯实,上做 200 mm 厚混凝土面层。土方开挖工程施工完毕后,临时道路形成环路,宽度 6 m,材料运输车辆在道路上可对开。地下室施工完毕后,进入内庭院的消防通道处防水、保护墙优先施工,土方尽快回填,上面铺设临时道路进入内庭院,以充分利用两处内庭院的场地作为堆场和加工场。临时道路坚实、平坦,一侧设置 25 cm×25 cm 砖砌排水明沟。

4)场区地面硬化

施工场区的加工场地、办公区、生活区和道路进行"硬化"处理,其余场地铺设石子或绿化。场区内每天有专人洒水和清扫,避免风吹扬尘,以达到"安全文明工地"的要求。

5)施工供水、排水、排污布置

结合本工程具体情况,现场施工用水包括施工用水、施工机械用水、消防用水三部分。施工用水对接业主提供的接驳点,再采用镀锌钢管沿建筑物四周布设。在各用水位置设分支阀门,地下室、主体结构按使用要求各留设分支水阀,以满足施工要求,临时用水有专人负责日常的维修及保养。

道路两侧设置排水明沟。大门外侧设冲洗用水泵,由专人对汽车开出工地前进行冲刷,以免泥土带出工地。基坑、基础底板排水、洗车槽排水等经沉淀后排至市政管网中。定时清除淤泥,保持畅通。生活污水集中汇入化粪池,经过硝化后进入沉淀池,最后排入市政排污管网。生活废水排水程序以及措施见图 8-3 所示。

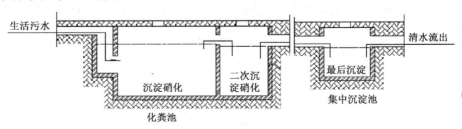

图 8-3　生活废水处理程序

6）塔吊布置

根据本工程工期特点,本工程采用 3 台 QTZ63 塔吊。在北侧中央位置安装 1 台 QTZ63 塔吊,在两端部庭院内各自安装 1 台 QTZ63。

首先对塔吊基础进行施工,混凝土标号采用 C40(设计标号 C30),待强度达到后着手对塔吊进行安装。

7）施工电梯的布置

在主体施工阶段及装修阶段,本工程在两个庭院分别设一台施工电梯。在地下室顶板混凝土浇筑前,按照施工电梯安装的有关图纸要求留设预留洞及螺栓并做好底板的加固。

8）混凝土泵的布置

现场混凝土浇筑过程中,安排专人做好交通的疏导工作和噪音防止措施。主体施工阶段设置一台混凝土输送泵。

9）钢筋加工车间

钢筋加工场及堆放场地在主楼北侧、东西两个区域,钢筋集中加工,钢筋原材集中堆放,成品钢筋根据塔吊位置布置,按不同规格堆放整齐,设置标识牌和检验表。

10）模板加工车间

模板加工车间为模板制作、堆放,本着方便施工就近原则设置。木工棚用定型型钢制作搭设,彩钢板顶棚,上设两层竹笆片防护,满足施工安全防护要求,现场按要求设置灭火器及专用消防用品。

8.5.4　施工现场平面布置管理

1）管理原则

根据施工各阶段平面布置,以充分保障阶段性施工重点,保证进度计划的顺利实施为目的。在工程实施前,制定详细的大型机具使用及进退场计划,主材及周转材料生产、加工、堆放、运输计划,同时制定以上计划的具体实施方案,严格执行,奖惩分明,实施科学文明管理。

2）平面管理体系

由项目经理部生产副经理负责施工现场总平面的使用管理,由项目副经理统一协调指挥。建立健全调度制度,根据工程进度及施工需要对总平面的使用进行协调和管理,工程部对总平面的使用负责日常管理工作。

3）管理计划的制定

施工平面科学管理的关键是科学的规划和周密详细的具体计划,在工程进度网络计划的基础上形成主材、机械、劳动力的进退场,垂直运输等计划,以确保工程进度,充分地均衡利用平面空间为目标,制定出切合实际的平面管理实施计划。

4）管理计划的实施

根据工程进度计划的实施调整情况,分阶段发布平面管理实施计划,包含时间计划表、责任人、执行标准、奖罚条例,在计划执行中不定期召开生产调度会,经充分协调确定后,发布计划调整书。工程部负责组织阶段性的定期检查监督,确保平面管理计划的实施。其重点保证项目是:安全用电、场区内外环卫场区道路,给排水系统,垂直运输、料具堆放场地管理调整,机具、机械进退场情况,以及施工作业区域管理等。

8.6 质量管理措施

8.6.1 质量保证体系

1)质量保证体系

成立以项目经理为核心的质量保证体系,健全质量目标管理系统、组织保证系统、信息反馈系统,确保工程质量目标的实现。质量保证体系图见图8-4所示。

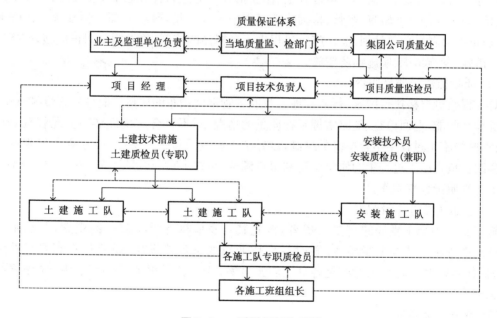

图 8-4 质量保证体系图

2)质量职责

根据质量体系要求,建立项目质量责任制和考核评价办法,明确分工职责,项目经理对质量控制负责。施工过程质量控制,每一道工序由岗位的负责人负责。

(1)项目部总质量职责

贯彻执行国家和行业主管部门有关法律、法规、规范、标准及地方有关部门的规定,贯彻执行企业的质量方针、目标和有关程序文件;贯彻执行企业的管理制度、办法、规定。

(2)项目经理质量职责

组织建立和完善项目管理机构,负责项目部质量体系的运行和完善,明确项目部各级管理人员的岗位职责。建立健全项目部内部各种责任制;负责对承包的工程质量、安全、工期等目标进行有效控制,实现工程质量目标,履行承包合同;组织施工组织设计的编制、实施及修改工作;组织制定项目其他各项规划、计划,对工程项目的成本、质量、安全、工期及现场文明等日常管理工作全面负责;合理配置并组织落实项目的各种资源,按质量体系要求组织项目的施工生产活动;协调项目经理部和业主之间的关系。

(3) 项目技术负责人质量职责

组织项目人员进行图纸会审;编制施工组织设计,并发放至有关部门和人员;确定施工关键过程和特殊工程,并编制质量控制要点;组织编制作业指导书,并逐级交底至作业班组;负责工程技术洽商,处理设计变更有关事宜,负责工程的技术复核工作,参与质量事故和不合格品的处理,参与制定纠正措施;负责制定预防措施并组织实施,编制技术处理方案,组织对工程质量进行检查评定;负责监督、检查单位工程试验计划的编制和实施;负责项目竣工技术资料的收集、整理和归档及统计技术的选用。

(4) 项目副经理的质量职责

负责生产的主管领导,应把抓工程质量作为首要任务,在布置施工任务时,充分考虑施工进度对施工质量带来的影响。严格按方案、作业指导书等进行操作检查,按规范、标准组织自检、互检、交接检的内部验收,监督、检查施工过程中工程质量,参与分部工程和竣工工程的质量检查;审批材料采购总计划;监督施工过程中不合格品的控制,负责制定纠正措施,并指导实施纠正措施,参与组织、实施预防措施。

(5) 质量监察员质量职责

对工程质量严格执行国家、行业和地方政府主管部门颁布的质量检验评定标准和规范,行使监督检查职能,巡回检查,随时掌握工程质量的情况,对不符合质量标准的情况有现场处理权,负责监督施工过程中不合格品的控制,做好施工检查质量记录,并针对检查中发现的问题监督整改。负责施工过程中的质量标识和可追溯性;负责工程的质量检查工作,参与分部工程和竣工工程质量检查工作。

(6) 施工工长的质量职责

施工工长为施工现场的直接指挥者,首先其自身应树立质量第一的观念,并在施工过程中随时对作业组进行质量检查,随时指出作业组的不规范操作,质量达不到要求的施工内容,督促其整改。施工工长亦是各分工施工方案、作业指导书的主要编制者,应做好技术交底工作。

(7) 材料员质量职责

负责项目部材料管理,根据预算提供的材料计划实施采购,确定合格物资供应商,对采购物资厂家进行考察评价;负责对发包人提供产品的监督管理,办理相关手续;对进场物资验收(包括发包人提供的产品)进行监督管理,检查现场材料的标识情况;对现场施工设备使用进行监督管理,满足生产要求;对原材料、半成品中的不合格品进行评审处置;对施工现场材料的搬运、储存进行管理;负责计量器具的管理,定期检定。

(8) 技术部门质量职责

组织并参与编制施工组织设计、施工技术方案,负责执行和落实各项技术管理制度和措施。参加不合格品、不合格项分析会,负责各项检验和实验,正确选择取样、送检工作。负责工程施工全过程的测量工作。做好各项计量器具验收、登记、统计、送检工作,负责建筑安装施工过程控制,负责工程技术文件资料、质量记录的管理和控制。

（9）工程部门职责

负责编制项目施工生产计划，检查生产计划执行情况；负责施工生产的协调、调度、现场文明施工的实施，处理好施工生产的进度与质量问题；落实好工程产品保护和保修服务；搞好劳动力管理，及时调配人力资源，满足施工生产需要；负责员工培训工作；负责管理评审、质量记录、文件资料的控制、内部质量审核、统计技术的推广应用等要素文件贯彻实施。

8.6.2 施工质量保证措施

施工质量控制措施是施工质量控制体系的具体落实，它主要是对施工各阶段及施工中的各控制要素进行质量上的控制，从而达到施工质量目标的要求。

1) 施工阶段性的质量控制措施

施工阶段性的质量控制措施主要分为 3 个阶段，并通过这 3 个阶段对本工程各分部分项工程的施工进行有效的阶段性质量控制。

（1）事前控制阶段

事前控制是在正式施工活动开始前进行的质量控制，事前控制是先导。事前控制，主要是建立完善的质量保证体系和质量管理体系，编制《质量保证计划》，制定现场的各种管理制度，完善计量及质量检测技术和手段。对工程项目施工所需的原材料、半成品、构配件进行质量检查和控制，并编制相应的检验计划。

进行设计交底、图纸会审等工作，并根据本工程特点确定施工流程、工艺及方法。对本工程将要采用的新技术、新结构、新工艺、新材料均要审核其技术审定书及运用范围。检查现场的测量标桩，建筑物的定位线及高程水准点等。

（2）事中控制阶段

事中控制是指在施工过程中进行的质量控制，是关键。主要有：

① 完善工序质量控制，把影响工序质量的因素都纳入管理范围。及时检查和审核质量统计分析资料和质量控制图表，抓住影响质量的关键问题进行处理和解决。

② 严格工序间交换检查，做好各项隐蔽验收工作，加强交检制度的落实，对达不到质量要求的前道工序决不交给下道工序施工，直至质量符合要求为止。

③ 对完成的分部分项工程，按相应的质量评定标准和办法进行检查、验收。

④ 审核设计变更和图纸修改。

⑤ 同时，如施工中出现特殊情况，隐蔽工程未经验收而擅自封闭、掩盖或使用无合格证的工程材料，或擅自变更替换工程材料等，主任工程师有权向项目经理建议下达停工令。

（3）事后控制阶段

事后控制是指对施工过的产品进行质量控制，是弥补。按规定的质量评定标准和办法，对完成的单位工程、单项工程进行检查验收。

整理所有的技术资料，并编目、建档。在保修阶段，对本工程进行维修。

2) 各施工要素的质量控制措施

（1）施工计划的质量控制

作为总承包商，在编制施工总进度计划、阶段性进度计划、月施工进度计划等控制计划时，应充分考虑人、财、物及任务量的平衡,合理安排施工工序和施工计划,合理配备各施工段上的操作人员,合理调拨原材料及各周转材料、施工机械,合理安排各工序的轮流作息时间,在确保工程安全及质量的前提下,充分发挥人的主观能动性,把工期抓上去。

鉴于本工程工期紧,施工条件不利,故在施工中应树立起工程质量为本工程的最高宗旨。如果工期和质量两者发生矛盾,则应把质量放在首位,工期必须服从质量,没有质量的保证也就没有工期的保证。

综上所述,无论何时都必须在项目经理部树立起安全质量放首位的概念,但工期的紧迫,就要求项目部内的全体管理人员在施工前做好充分的准备工作,熟悉施工工艺,了解施工流程,编制科学、简便、经济的作业指导书,在保证安全与质量的前提下,编制每周、每月直至整个总进度计划的各大小节点的施工计划,并确保其保质、保量地完成。

(2)施工技术的质量控制措施

施工技术的先进性、科学性、合理性决定了施工质量的优劣。发放图纸后,专业技术人员会同施工工长先对图纸进行深化、熟悉、了解,提出施工图纸中的问题、难点、错误,并在图纸会审及设计交底时予以解决。同时,根据设计图纸的要求,对在施工过程中,质量难以控制,或要采取相应的技术措施、新的施工工艺才能达到保证质量目的的内容进行摘录,并组织有关人员进行深入研究,编制相应的作业指导书,从而在技术上对此类问题进行质量上的保证,并在实施过程中予以改进。

施工工长在熟悉图纸、施工方案或作业指导书的前提下,合理地安排施工工序、劳动力,并向操作人员做好相应的技术交底工作,落实质量保证计划、质量目标计划,特别是对一些施工难点、特殊点,更应落实至班组每一个人,而且应让他们了解本次交底的施工流程、施工进度、图纸要求、质量控制标准,以便操作人员心里有数,从而保证操作中按要求施工,杜绝质量问题的出现。

在本工程施工过程中将采用二级交底模式进行技术交底。

第一级为项目总工程师(质量经理),根据经审批后的施工组织设计、施工方案、作业指导书,对本工程的施工流程、进度安排、质量要求以及主要施工工艺等向项目全体施工管理人员,特别是施工工长、质检人员进行交底。第二级为施工工长向班组进行分项专业工种的技术交底。

在本工程中,将对以下技术保证进行重点控制:施工前各种大样图;原材料的材质证明、合格证、复试报告;各种试验分析报告;基准线、控制轴线、高程标高的控制;沉降观测;混凝土、砂浆配合比的试配及强度报告;钢结构吊装及焊接。

(3)施工操作中的质量控制措施

施工操作人员是工程质量的直接责任者,故从施工操作人员自身的素质以及对他们的管理均要有严格的要求,对操作人员加强质量意识的同时,加强管理,以确保操作过程中的质量要求。

① 对每个进入本项目施工的人员均要求达到一定的技术等级,具有相应的操作技能,特殊工种必须持证上岗。对每个进场的劳动力进行考核,同时,在施工中进行考察,对不合格的施工人员坚决要求其退场,以保证操作者本身具有合格的技术素质。

② 加强对每个施工人员的质量意识教育,提高他们的质量意识,自觉按操作规程进行操作,在质量控制上加强其自觉性。

③ 施工管理人员,特别是工长及质检人员,应随时对操作人员所施工的内容、过程进行检查,在现场为他们解决施工难点,进行质量标准的测试,随时指出达不到质量要求及标准的部

位,要求操作者整改。

④ 在施工中各工序要坚持自检、互检、专业检制度,在整个施工过程中,做到工前有交底,过程有检查,工后有验收的"一条龙"操作管理方式,以确保工程质量。

(4) 施工材料的质量控制措施

① 物资采购

施工材料的质量,尤其是用于结构施工的材料质量,将会直接影响到整个工程结构的安全,因此材料的质量保证是工程质量保证的前提条件。

为确保工程质量,施工现场所需的材料均由材料部门统一采购,对本工程所需采购的物质进行严格的质量检验控制。

② 产品标识和可追溯性

为了保证本工程使用的物资设备、原材料、半成品、成品的质量,防止使用不合格品,必须以适当的手段进行标识,以便追溯和更换。

(5) 施工中计量管理的保证措施

计量工作在整个质量控制中是一个重要的措施,在计量工作中,我们将加强各种计量设备的检测工作,并在济南市指定权威的计量工具检测机构(经业主及监理同意),按公司的计量管理文件进行周检管理。同时,按要求对各操作程序绘制相应的计量网络图,使整个计量工作符合国家计量规定的要求,使整个计量工作完全受控,从而确保工程的施工质量。

8.7 安全管理措施

8.7.1 安全管理目标与方针

本工程的安全管理目标是:××市安全文明施工工地。

工程施工中确保安全生产无事故,创建安全卫生型文明环保型施工现场。在施工管理中,始终如一地坚持"安全第一、预防为主"的安全管理方针,以安全促生产,以安全保目标。

根据国家的有关安全法律法规和"一标准、五规范"以及有关的安全技术规范安排施工和进行检查,杜绝违规作业。

编制了本工程的《职业健康安全方案》和《安全施工组织设计》,指导了本工程的施工安全。

【知识链接】

"一标准、五规范"

"一标准"是指:《建筑施工安全检查标准》(JGJ 59—2011)。

"五规范"是指:《建筑施工高处作业安全技术规范》(JGJ 80—1991);《龙门架及井架物料提升机安全技术规范》(JGJ 88—2010);《施工现场临时用电安全技术规范》(JGJ 46—2005);《建筑施工扣件式钢管脚手架安全技术规范》(JGJ 130—2011);《建筑施工门式钢管脚手架安全技术规范》(JGJ 128—2010)。

8.7.2 安全保证体系的建立

严格按照安全管理体系的要求对施工安全进行科学系统的管理,建立健全施工现场的安全保证体系,成立项目的安全管理小组,责任到人,实行目标管理。

8.7.3 安全制度管理

1)安全技术管理制度

除本《施工组织设计》和《职业健康安全方案》以及《安全施工组织设计》外,凡重大分项工程及安全防护均应编制安全方案。

专业分包应结合各自的专业施工编制相应的安全生产方案,经其上级主管部门审批后报本项目部备案。

2)安全技术交底制

施工员向班组、土建负责人向施工员、项目总工程师向土建负责人及施工队层层交底。交底要有文字资料,内容要求全面、具体、针对性强。交底人、接受人均应在交底资料上签字,并注明收到日期。

3)安全教育制度

所有的新工人入场都应进行入场教育;特殊工种职工实行持证上岗制度,对电工、电气焊工、起重吊装工、机械操作工、架子工等特殊工种实行持证上岗,无证者不得从事上述工种的作业。

4)安全检查制度

项目部每周做定期的安全检查,平时做不定期检查,每次检查都要有记录,对查出的事故隐患要限期整改。对未按要求整改的要给单位或当事人以经济处罚,直至停工整顿。

5)安全验收制度

凡大中型机械安装、脚手架搭设、电气线路架设等项目完成后,都必须经过有关部门检查验收合格后方可试车或投入使用。

6)安全生产合同制度

项目经理与企业签订"安全生产责任书",劳务队与项目部签订"安全生产合同",操作工人与劳务队签订"安全生产合同"并订立"安全生产誓约",用"合同"和"誓约"来强化各级领导和全体员工的安全责任及安全意识,加强自身安全保护意识。

7)事故处理"四不放过制度"

发生安全事故,必须严格查处。做到事故原因不明、责任不清、责任者未受到教育、没有预防措施或措施不力不得放过。

8.7.4 危险源的辨识与评价

项目经理部在开工前根据本项目工程特点、施工现场周边环境(工程所处位置、周围居民情况等)对危险源进行识别,评价的依据为《危害辨识、风险评价及风险控制程序》(CCEF/QSP/A01—2003)。

评价时按各施工阶段确定项目可能存在的危险、危害因素,针对辨识、评价出的重大危险源编制职业健康安全管理方案,制定预防措施,经事业部总工审批后实施。

施工过程中,项目经理部应根据不同施工阶段(基础、主体、装饰),及时组织对所辖区域存在的危险源进行重新辨识、评价。如出现新的重大危险源,项目经理部应对职业健康安全管理方案进行修订,修改后的管理方案报区域/专业公司总工审批后实施。

项目经理部在组织对危险源的辨识、评价过程中,应如实填写"危险源辨识评价表"、"危险源清单",并由事业部总工审批。对评价出的危险源,项目部在施工过程中要密切关注。

8.7.5 安全防护措施

建立与本工程相适应的安全防护措施,预防安全事故的发生。本工程的安全防护措施应包括:个人安全防护系统,如安全帽、安全带等;用电安全防护设施,如漏电保护器等;脚手架安全防护;临边、四口的安全防护;各种防护棚等。

1)脚手架防护

(1)本工程二层以下的主体结构施工采用落地式双排钢管脚手架,以上采用悬挑脚手架,按 20 m 一挑。

(2)脚手架操作人员应是经过培训合格的专业架子工。

(3)外脚手架每层满铺脚手板,使脚手架与结构之间不留空隙,外侧用密目安全网全封闭。

(4)安全网在国家定点生产厂购买,并索取合格证。进场后,由项目部安全员验收合格后方可投入使用。

(5)脚手架的验收制度:所有的脚手架均经过验收后方准使用。

2)"四口"防护

(1)通道口:用钢管搭设宽 2 m、高 4 m 的架子,顶面满铺双层竹笆,两层竹笆的间距为800 mm,用铁丝绑扎牢固。

(2)预留洞口:

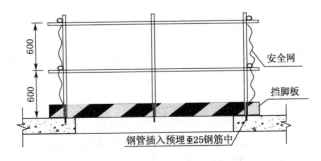

图 8-5 预留洞口安全防护

边长在 500 mm 以下时,楼板配筋不要切断,用木板覆盖洞口,并固定。楼面洞口边长在 1 500 mm 以上时,四周必须设 2 道护身栏杆,如图 8-5 所示。

竖向不通行的洞口用固定防护栏杆;竖向需通行的洞口,装活动门扇,不用时锁好。

(3)楼梯口

楼梯扶手用粗钢筋焊接搭设,栏杆的横杆应为 2 道。

(4)电梯井口

电梯井的门洞用粗钢筋做成网格与预留钢筋焊接。正在施工的电梯井筒内搭设满堂钢管架,操作层满铺脚手板,并随着竖向高度的上升逐层上翻。井筒内每两层用木板或竹笆封闭,作为隔离层。

3)临边防护

(1)楼层在砖墙未封闭之前,周边均需用粗钢筋制作成护栏,高度不小于 1.2 m,外挂安全网,刷红白警戒色。

(2)外挑板在正式栏杆未安装前,用粗钢筋制作成临时护栏,高度不小于 1.2 m,外挂安全网。

4)交叉作业的防护

凡在同一立面上、同时进行上下作业时,属于交叉作业,遵守下列要求:

(1)禁止在同一垂直面的上下位置作业,否则中间应有隔离防护措施。

(2)在进行模板安拆、架子搭设拆除、电焊、气割等作业时,其下方不得有人操作。模板、架子拆除必须遵守安全操作规程,并应设立警戒标志,专人监护。

(3)楼层堆物(如模板、扣件、钢管等)应整齐、牢固,且距离楼板外沿的距离不得小于 1 m。

(4)高空作业人员带工具袋,严禁从高处向下抛掷物料。

(5)严格执行"三宝一器"使用制度。凡进入施工现场的人员必须按规定戴好安全帽,按规定要求使用安全带和安全网。用电设备必须安装质量好的漏电保护器。现场作业人员不准赤膊,高空作业不得穿硬底鞋。

5)临时用电管理措施

施工现场用电须编制专项施工组织设计,并经主管部门批准后实施;施工现场采用三相五线制配电系统,楼梯间照明和行灯电压采用 36 V 安全电压;所有施工用电应由专业电工进行施工。

6)机械安全措施

(1)中小型机械应在操作场所悬挂安全操作规程牌,操作人员应熟悉其内容,并按要求操作。应持证上岗,操作时专心致志,不得将自己的机械交他人操作。机械要做到上有盖、下有垫,电箱要有安全装置,要有漏电保护装置。

(2)对电锯、钢筋机械,其传动部分应有防护罩,电锯应有安全装置,要有漏电保护装置。

(3)电焊机一次线接机处应有保护罩,电线不得任意布放,放置露天应有防雨装置。手把线不乱拉,手把要绝缘,不漏电,不随意拖地。

(4)搅拌机应放平、安稳,离合器、制动器要灵敏可靠。

(5)乙炔瓶上应有明显标志,瓶上应有防震圈,要防暴、防晒。

（6）大型机械由专人负责，并定期做好记录。

7）消防管理措施

（1）建立义务消防队

以本项目经理为义务消防队队长，以项目安全负责人为副队长，项目施工人员组成义务消防队员。

定期进行教育训练，熟练掌握防火、灭火知识和消防器材的使用方法，做到能防火和扑救火灾。

（2）防火教育

① 现场要有明显的防火宣传标志，每月对职工进行一次防火教育，定期组织防火检查，建立防火工作档案。

② 电工、焊工从事电气设备安装和电、气焊切割作业，要有操作证和用火证。动火前，要清除附近易燃物，配备看火人员和灭火用具。用火证当日有效，动火地点变换要重新办理用火证手续。

③ 施工材料的存放、保管应符合防火安全要求，库房应用非燃材料支搭。易燃易爆物品应专库储存，分类单独存放，保持通风、用火符合防火规定。

④ 保温材料的存放与使用必须采取防火措施。

8.8 文明施工与环保管理措施

8.8.1 文明施工管理措施

（1）施工现场成立以项目经理为组长，主任工程师、生产经理、工程部主任、工长、技术、质量、安全、材料、保卫、行政卫生等管理人员为成员的现场文明施工管理小组。

（2）实行区域管理制度，划分职责范围，工长、班组长分别是包干区域的负责人，项目按《文明施工中间检查记录》表自检评分，每月进行总结考评。

（3）加强施工现场的安全保卫工作，完善施工现场的出入管理制度，施工人员佩戴证明其身份的证卡，禁止非施工人员擅自进入。

（4）严格遵守国家环境保护的有关法规及武汉市环境保护条例和公司的工作标准，参照《环境保护》系列标准的要求，制定本工程防止环境污染的具体措施。

（5）建立检查制度。采取综合检查与专业检查相结合，定期检查与随时抽查相结合，做好环境保护。实现绿色施工是本工程的管理目标之一。

8.8.2 环保管理措施

（1）建立环境管理体系。

（2）加强对现场人员的培训与教育，提高现场人员的环保意识。

根据环境管理体系运行的要求,结合环境管理方案,对所有可能对环境产生影响的人员进行相应的培训。

（3）施工现场防扬尘措施

施工垃圾使用封闭的专用垃圾道或采用容器吊运,严禁随意凌空抛撒造成扬尘。施工垃圾要及时清运,清运前,要适量洒水减少扬尘。

施工现场要在施工前做的施工道路规划和设置,尽量利用设计中永久性的施工道路。路面及其余场地地面要硬化,闲置场地要绿化。

水泥和其他易飞扬的细颗粒散体材料尽量安排库内存放,露天存放时要严密苫盖,运输和卸运时防止遗撒飞扬,以减少扬尘。

施工现场要制定洒水降尘制度,配备专用洒水设备及指定专人负责,在易产生扬尘的季节,施工场地采取洒水降尘。

（4）茶炉、大灶的消烟除尘措施

茶炉采用电热开水器,食堂大灶使用液化气。

（5）门口设置冲刷池和沉淀池,防止出入车辆的遗撒和轮胎夹带物等污染周边和公共道路。

（6）油漆油料库的防漏控制。施工现场要设置专用的油漆油料库,油库内严禁放置其他物资,库房地面和墙面要做防渗漏的特殊处理,储存、使用和保管要专人负责,防止油料跑、冒、滴、漏、污染水体。

（7）禁止将有毒有害废弃物用作土方回填,以免污染地下水和环境。

（8）其他污染的控制措施。木模通过电锯加工的木屑、锯末必须当天进行清理,以免锯末刮入空气中;钢筋加工产生的钢筋皮、钢筋屑及时清理。

建筑物外围立面采用密目安全网,降低楼层内风的流速,阻挡灰尘进入施工现场周围的环境。

（9）项目经理部制定水、电、办公用品(纸张)的节约措施,通过减少浪费、节约能源达到保护环境的目的。

（10）建筑材料

当建筑材料和装修材料进场检验,发现不符合设计要求及规范规定时,严禁使用;工程中使用的无机非金属建筑材料和装修材料必须有放射性指标检测报告,并应符合设计要求和规范规定;室内装修采用的人造木板及饰面人造木板,必须有游离甲醛含量和游离甲醛释放量检测报告,并应符合设计要求和规范规定;室内装修采用的水性涂料、水性胶粘剂、水性处理剂必须有总挥发性有机化合物和游离甲醛含量检测报告;溶剂型涂料、溶剂型胶粘剂必须有总挥发性有机化合物、苯、游离甲苯二异氰酸酯含量检测报告,并应符合设计要求和规范规定;建筑材料和装修材料的检测项目不全或检测结果有疑问时,必须将材料送有资格的检测机构进行检验,检验合格后方可使用。装修用的稀释剂和溶剂,严禁使用苯、工业苯、石油苯、重质苯及混苯;严禁在工程室内用有机溶剂清洗施工用具。

本章小结

本章主要介绍工程实际案例,建筑面积 43 104.81 m^2,地下 1 层,地上中部 6 层,两端部 4 实际层,建筑总高度为 25.1 m,局部 31.2 m,主体结构为现浇框架结构项目的施工组织设计。

通过对本章的学习,掌握单位工程施工组织设计和施工作业(方案)设计编制的主要方法和过程,使学生能结合本实际案例掌握施工组织设计的施工部署、施工进度计划的编制和施工平面图的布置。

思考与练习

1. 结合本章的实际案例,简述单位工程施工组织设计的内容及编写方法。

2. 具体参观本学院附近的某高层建筑施工现场,谈谈自己对高层建筑施工组织设计的看法。

参 考 文 献

[1] 周国恩. 建筑施工组织与管理[M]. 2 版. 北京:高等教育出版社,2001.

[2] 余群舟,刘元珍. 建筑工程施工组织与管理[M]. 北京:北京大学出版社,2006.

[3] 李海涛,赵光磊. 建筑施工组织与管理[M]. 北京:中国建材工业出版社,2013.

[4] 翟丽旻,姚玉娟. 建筑施工组织与管理[M]. 北京:北京大学出版社,2006.

[5] 钱大行. 建筑施工组织[M]. 2 版. 大连:大连理工大学出版社,2009.

[6] 郝增宝. 建筑施工组织与管理[M]. 北京:中国建材工业出版社,2013.

[7] 危道军. 建筑施工组织[M]. 北京:中国建筑工业出版社,2004.

[8] 蔡雪峰. 建筑施工组织[M]. 武汉:武汉理工大学出版社,2002.

[9] 王辉. 建筑施工项目管理[M]. 北京:机械工业出版社,2009.

[10] 张萍. 建筑施工组织[M]. 北京:北京邮电大学出版社,2013.

[11] 全国一级建造师执业资格考试用书编写委员会. 建设工程项目管理[M]. 3 版. 北京:中国建筑工业出版社,2011.

[12] 全国一级建造师执业资格考试用书编写委员会. 建筑工程管理与实务[M]. 3 版. 北京:中国建筑工业出版社,2011.

[13] 全国二级建造师执业资格考试用书编写委员会. 建设工程施工管理[M]. 3 版. 北京:中国建筑工业出版社,2011.

[14] 全国二级建造师执业资格考试用书编写委员会. 建筑工程管理与实务[M]. 3 版. 北京:中国建筑工业出版社,2011.

[15] 中华人民共和国建设部. 建设工程项目管理规范(GB/T 50326—2006)[S]. 北京:中国建筑工业出版社,2006.